基礎生物学テキストシリーズ 9

生物統計学
BIOSTATISTICS

向井 文雄 編著

化学同人

◆ 「基礎生物学テキストシリーズ」刊行にあたって ◆

　21世紀は「知の世紀」といわれます．「知」とは，知識(knowledge)，知恵(wisdom)，智力(intelligence)を総称した概念ですが，こうした「知」を創造・継承し，広く世に普及する使命を担うのは教育です．教育に携わる私たち教員は，「知」を伝達する教材としての「教科書」がもつ意義を認識します．

　近年，生物学はすさまじい勢いで発展を遂げつつあります．従来，解析が困難であったさまざまな問題に，分子レベルで解答を見いだすための新たな研究手法が次々と開発され，生物学が対象とする領域が広がっています．生物学はまさに躍動する生きた学問であり，私たちの生活と社会に大きな影響を与えています．生物学に関する正しい知識と理解なしに，私たちが豊かで安心・安全な生活を営み，持続可能な社会を実現することは難しいでしょう．

　ところで，生物学の進展につれて，学生諸君が学ぶべき事柄は増える一方です．理解しやすく，教えやすい，大学のカリキュラムに即したよい「生物学の教科書」をつくれないか．欧米の翻訳書が主流で日本の著者による教科書が少ない現状を私たちの力で打開できないか．こうした思いから，私たちは既存の類書にはない新しいタイプの教科書「基礎生物学テキストシリーズ」をつくり上げようと決意しました．

　「基礎生物学テキストシリーズ」が目指す目標は，『わかりやすい教科書』に尽きます．具体的には次の3点を念頭に置きました．① 多くの大学が提供する生物学の基礎講義科目をそろえる，② 理学部および工学部の生物系，農学部，医・薬学部などの1, 2年生を対象とする，③ 各大学のシラバスや既刊類書を参考に共通性の高い目次・内容とする．基本的には15時間2単位用として作成しましたが，30時間4単位用としても利用が可能です．

　教科書には，当該科目に対する執筆者の考え方や思いが反映されます．その意味で，シリーズを構成する教科書はそれぞれ個性的です．一方で，シリーズとしての共通コンセプトも全体を貫いています．厳選された基本法則や概念の理解はもちろん，それらを生みだした歴史的背景や実験的事実の理解を容易にし，さらにそれらが現在と未来の私たちの生活にもたらす意味を考える素材となる「教科書」，科学が優れて人間的な営みの所産であること，そして何よりも，生物学が面白いことを学生諸君に知ってもらえるような「教科書」を目指しました．

　本シリーズが，学生諸君の勉学の助けになることを希望します．

　　　　　　　　　　　　　　　　　　　　シリーズ編集委員　　中村　千春
　　　　　　　　　　　　　　　　　　　　　　　　　　　　　　奥野　哲郎
　　　　　　　　　　　　　　　　　　　　　　　　　　　　　　岡田　清孝

基礎生物学テキストシリーズ 編集委員

中村　千春　神戸大学名誉教授, 前龍谷大学特任教授　Ph.D.

奥野　哲郎　京都大学名誉教授, 前龍谷大学農学部教授　農学博士

岡田　清孝　京都大学名誉教授, 基礎生物学研究所名誉教授, 総合研究大学院大学名誉教授　理学博士

「生物統計学」執筆者

祝前　博明	京都大学名誉教授　Ph.D.		7章, 14.1節
大澤　良	前筑波大学生命環境系教授　農学博士		6章, 9章
大山　憲二	神戸大学大学院農学研究科教授　博士(農学)		4章, 8章, 11章, 14.2.1項
野村　哲郎	京都産業大学生命科学部教授　農学博士		
			2章, 3章, 5章, 10章, 14.2.2項, 14.3節
◇向井　文雄	全国和牛登録協会会長, 神戸大学名誉教授　農学博士		1章
守屋　和幸	三重県総合博物館館長, 京都大学名誉教授　農学博士		12章, 13章

(五十音順, ◇は編著者)

はじめに

「21世紀は知の世紀」といわれ，知の継承とともに新たな創造が教育・研究の使命としてますます重要になってきている．知的活動からは必然的に日々さまざまな情報が生みだされ，多様なメディアを通して発信されている．日夜，過剰ともいえる情報に翻弄されているという現状であり，必要な情報を取捨選択して，有益な「知」の受け手としてだけではなく，発信者としても正確な情報を簡潔明瞭に伝達する責任は重大である．世の中には「統計学で嘘をつく方法」という類の書籍が少なからず出版されているように，われわれは数値として目にする情報を，そのマジックに惑わされて容易に信用してしまう傾向があり，統計情報の読み取りと作成能力が問われている．この必要性の高まりと，生物学を網羅的に理解するためには統計的方法の知識が欠かせないとの要望が，当初予定されたシリーズに新たに生物統計学を加える動機となった．

本書『生物統計学(Biostatistics)』は《基礎生物学テキストシリーズ》の一部をなすものであり，生物を材料にした実験計画の策定，データの収集・整理・分析・解釈・公表という，生物学の実験や研究を行うために避けては通れない最も基礎的な統計的方法を解説することを目指した入門書である．生物統計学は，シリーズを構成する遺伝学や生理学などほかの多くの分野とは異なり，特定の学問分野に捕らわれることなく，広く生物現象を解明・解析するための理論に基づく方法を提供する学問体系である．しかしながら，理工系学部で生物学や農学を専攻する学生にとっては，教養基礎科目として履修する統計学の分布論や検定論などの無機的な数学的記述はなじみにくく，また，理論自体にも興味がわかないことが多いようである．著者らも多くの学生からそのような声を身近に聞いてきた．とはいえ，生物をテーマにした実験や研究が対象とする生命現象は，人為的にコントロールすることが困難な要素が多く，複雑に絡み合った現象から個別の要素を解きほぐし，背景に潜む因果関係を明らかにすることによって，実験データから間違いのない解釈と結論を導くことが求められる．

今日，生物学を専攻する学生にとって，統計学は生命現象とはいささか疎遠な学問領域と受け取られがちである．しかし，本書でも取り上げる基本的手法の多くは，動植物の遺伝現象の解明や，農業分野における穀物の生産性向上の作付け体系を確立するために考えだされてきた歴史的経緯があり，生物を対象にすればこそ生みだされた方法も枚挙にいとまがない．統計学は，限られた条件のなかで最大の成果を得るための手法を学ぶ分野であり，意志決定のための重要なツールであり，近年のDNA情報を活用した遺伝学や生物工学の発展を踏まえて，バイオインフォマティクスなど新たな解析技術を修得する基礎知識としていっそう重要度を増してきている．これらの必要性から生物統計学は，諸外国の生物学や農学，医・薬学などの学部に所属するフレッシュマン(1年生)が履修すべき必修科目としてカリキュラムに組み込まれている．

本書の著者は，いずれも統計学を専門にするものではなく，動植物の育種改良や集団遺伝学の教育・研究に長年にわたり携わってきており，それぞれの専門分野で学部学生や大学院生の教育と研究に不可欠の道具として統計学を教え，活用してきた．同時に，学部１，２年生対象の生物統計学の講義を担当し，履修学生が突き当たる諸課題にも直面してきた．生物統計学に関する教科書はすでに多数出版されているが，著者らはこれまで生物統計学を担当し，教えることの困難さを痛感した経験をもとに，自らが講義に利用しやすい教科書の作成を目指した．

　本書は，本シリーズのほかの教科書と同様に，学部１，２年生を対象として，15コマ２単位用として構成した．章立てとしては，専門用語を身につけながら基礎的事項からより高度な手法へと学生諸君が順次進めるように14章から構成し，1章から3章を基礎の部，4章から11章を実践の部，12章から14章を応用の部とする三部立てとしている．2単位の講義では時間的に足りないかもしれないが，履修学生の専攻分野に応じて取捨選択していただきたい．

　1章では，実験から得られるデータの性格と記述のための基本的な統計量に触れ，2章では実験結果として得られる多様な現象を標本とし，そのデータから普遍性を導くために標本と母集団との関係を身近な例題を用いて解説し，3章ではデータのバラツキを分布として少数のパラメータで表現することを学ぶ．これらの章では，統計的方法を理解しやすくするために基礎的な専門用語の説明も行っている．4章では，実験の最も初歩的な段階で浮かぶ疑問，すなわち行った実験処理の効果があるのかないのか，を知る手法を理解しながら数的処理の基本を身につけ，5章では，実験で得られた標本平均などから普遍性のある母集団の平均をどのように推定するのかを学ぶ．6章では，目的に沿った実験計画を立てるときに留意しなければならない原則を示し，続く7章では，実験につきもののバラツキの分析手法であり統計的手法の代表格である分散分析法を学び，実験区の水準ごとのバラツキの意味と，実験の目的でもある要因の効果を客観的に評価するための原理を理解する．8章では，日常的な生活の場でも頻繁に見聞きする相関と回帰の基礎的な考え方を学ぶ．9章では血液型や病気の患者数などの発生頻度，10章では比率や割合などメンデル遺伝学の分析でなじみ深い分析に用いられる代表的手法，11章では官能検査やアンケートなどの順位や順序といった分布の型を前提としないデータの分析法など，データの特性に応じた手法の重要性を理解する．

　12章以降は応用編ではあるが，12章の統計処理アプリケーションソフトウェアは各章のさまざまな例題や練習問題を自ら解くために早い段階でマスターすることが望ましい．統計的手法と合わせてRの利用に習熟するためには，できるだけ多くの数値例に触れることが重要であり，各章の欄外には例題を分析したRの使用例を示している．13章ではデータの成り立ちを数学的に表現するモデルの概念を導入して，重回帰分析や最小二乗分散分析など，より実用の場面で利用することの多い手法を紹介する．さらに14章では，生物の発育を表現する発育曲線の作成や，多くの形質を分析する際に利用される多変量解析の入門的な手法を紹介するとともに，動植物の育種改良の基礎となる変異を巧みに

応用した量的遺伝に，本書で紹介した統計的方法がどのように活用されているかを概説する．この章は，基礎と実践の部を学んだ後に，さらに興味のある学生が必要に応じて学んでほしい．

本書では，シリーズの理念であるわかりやすい教科書を目指して，例題を通じた統計的方法の理解と活用を主体に作成したために，統計学の理論や数学的厳密性をある程度犠牲にしたが，これらはさらに高度な内容を網羅した優れたほかの専門書に委ねたい．また，分析手法を理解する早道は，例題を参考にして自らが多くの問題を解くことであり，本書ではできるだけ動植物にかかわる例題を用いて説明を行い，章末に数題の練習問題を用意した．統計学の講義ではデータの数値計算を欠かすことができないが，学生はややもすると億劫になり，練習問題を解かないことが多い．しかし，それではせっかくの努力の成果が半減してしまう．幸いに近年，パソコン用の優れた統計ソフトが多数存在しており，それらを活用して一つ一つの例題を解くことをぜひとも推奨したい．本書では，多数の統計ソフトのなかから，世界的に多くの分野で活用されており，日々改良が重ねられているフリーソフトであるRを用いた詳細な解答例を出版社のホームページ（http://www.kagakudojin.co.jp）に掲載しているので，それを足がかりにして自らが便利なRの利用法を積極的に開拓してくれることを切望している．

本書が実験や研究の遂行と結果を解釈するための一つの指針となり，学生諸君が大学生活を通じて活用し，数的思考の楽しさを感じていただければ，著者一同の望外の喜びである．

平成23年2月

著者を代表して
向井　文雄

目次

1章　データの表示と要約統計量

1.1　データのタイプ ………………………………………………………………… 1
1.2　データの要約 …………………………………………………………………… 2
1.3　グラフ …………………………………………………………………………… 4
1.4　データの要約に用いる統計量 ………………………………………………… 6
　　Column　現代統計学を築いた研究者たち　*7*
● 練習問題　*13*

2章　統計的推測の基本

2.1　母集団と標本 …………………………………………………………………… 15
2.2　母数と統計量 …………………………………………………………………… 16
2.3　統計的推測の概要 ……………………………………………………………… 20
　　Column　不偏分散について　*18*
● 練習問題　*21*

3章　代表的な分布

3.1　確率変数と確率分布 …………………………………………………………… 23
3.2　正規分布 ………………………………………………………………………… 24
3.3　離散確率変数の代表的な分布 ………………………………………………… 28
3.4　標本分布 ………………………………………………………………………… 31
　　Column　自由度について　*33*
● 練習問題　*36*

4章　二つの平均値の比較

4.1	仮説検定	39
4.2	過誤のタイプ	41
4.3	両側検定と片側検定	41
4.4	対応のない標本の平均値の比較	42
4.5	対応のある標本の平均値の比較	46

　Column　3群以上の比較には　46

●練習問題　47

5章　区間推定

5.1	区間推定の考え方	49
5.2	母平均の区間推定	50
5.3	母分散の区間推定	54

　Column　コンピュータと乱数列　54

●練習問題　55

6章　実験計画

6.1	実験誤差	59
6.2	フィッシャーの3原則	60
6.3	完全無作為化法	61
6.4	乱塊法	62
6.5	ラテン方格法	63

　Column　フィッシャーの実験計画法　61

●練習問題　65

7章　分散分析

7.1　一元配置の分散分析 ……………………………………………………… 67
7.2　二元配置の分散分析 ……………………………………………………… 77
7.3　三元配置の分散分析 ……………………………………………………… 85
　　Column　数理統計学者，集団遺伝学者，そして「愛煙家」としてのフィッシャー　*87*
●練習問題　88

8章　相関と回帰

8.1　相関係数 …………………………………………………………………… 91
8.2　 相関係数の検定 …………………………………………………………… 94
8.3　直線回帰 …………………………………………………………………… 95
8.4　回帰式の検定 ……………………………………………………………… 97
8.5　回帰の推定値と推定誤差 ………………………………………………… 99
　　Column　「回帰」の由来　*100*
●練習問題　101

9章　適合度と独立性の検定

9.1　適合度検定 ………………………………………………………………… 103
9.2　分割表による独立性の検定 ……………………………………………… 108
　　Column　メンデルの実験は正しかったのか？　*106*
●練習問題　111

10章　比率に関する推測

- 10.1　二項分布の正規分布による近似 ……………………………… 113
- 10.2　母比率の区間推定 ……………………………………………… 114
- 10.3　比率の検定 ……………………………………………………… 116
  - Column　視聴率に一喜一憂する意味　*118*
- ●練習問題　118

11章　ノンパラメトリック法

- 11.1　正規性の検定 …………………………………………………… 121
- 11.2　データの記述 …………………………………………………… 122
- 11.3　符号検定 ………………………………………………………… 123
- 11.4　符号付順位検定 ………………………………………………… 127
- 11.5　順位和検定 ……………………………………………………… 130
- 11.6　順位相関係数 …………………………………………………… 133
  - Column　ノンパラメトリック検定とフランク・ウィルコクソン　*127*
- ●練習問題　134

12章　統計処理アプリケーションソフトウェア

- 12.1　Rについて ……………………………………………………… 137
- 12.2　Rのインストール，起動，終了処理 ………………………… 137
- 12.3　Rで扱うデータ構造 …………………………………………… 138
- 12.4　Rを用いた統計処理 …………………………………………… 141
- 12.5　Rによるグラフ描画 …………………………………………… 143
  - Column　ソフトウェアの名前　*140*
- ●練習問題　145

13章　線形モデル

13.1　重回帰分析　　147
13.2　不つり合い型データの分散分析　　151
　　Column　三上（さんじょう）　*151*
●練習問題　155

14章　生物学的応用

14.1　成長曲線の当てはめ　　157
14.2　情報の縮約と分類　　160
14.3　量的形質の遺伝　　172
　　Column　量的遺伝学と分子遺伝学　*174*
●練習問題　189

■参考図書　　193
■付　表　　195
■索　引　　201

練習問題の解答は，化学同人ホームページ上に掲載されています．
https://www.kagakudojin.co.jp

1章 データの表示と要約統計量

　研究や実験からは，さまざまな情報を含んだデータが結果として得られる．とりわけ生物を材料とする実験は，誕生から成熟まで長時間にわたる観察実験の結果であり，ときに当初のもくろみどおり生育しなかったり，死亡したり，さらに個体の変異に悩まされたり，データを得るまでに多大な時間，労力，経費が必要となる．このため，研究の目的を達成するためには，得られたデータから最大限に情報を引きだすのに適した手法を採用する必要がある．そこでは，実験結果としてどのような性格をもったデータが得られているのかを理解しておくことが第一歩であり，そこから抽出される結果を明確にして，実験から得られる結論を多数の人に誤りなく理解してもらうために適切に表示することが重要である．

1.1　データのタイプ

　実験の性格によっては観測値が少数の場合から万を超える場合もあり，数値の性格をまったく異にするデータに直面することもある．最も自然な分類は，**計量値**(metric value)と**計数値**(counted value)の2種類に区別することである．身近な例としては，身長や体重のように連続して表される数値は計量値であり，血液型や毛色，花の色などの出現数は計数値である．したがって，データの特性によって記述や取扱いが異なる．ここでは，代表的なデータのタイプを紹介する．

(1) 名目データ(nominal data)

　最も単純なデータのタイプであり，データの属性を表すカテゴリーを示すため，数値がラベルとして割り当てられる場合によく使われる．性比をカウントするのに雄に0，雌に1の数値を割り当てるのが典型的な例であり，数値の大きさ，順番は意味をもたない．近年ではコンピュータによるデータ処理のために頻繁に利用されている．性比のような例では，**2値**(dichotomous)

あるいは **2 項** (binary) となるが，遺伝情報の実体である核酸 (DNA) ではアデニン (A) に 1，グアニン (G) に 2，チミン (T) に 3，シトシン (C) に 4 を割り当てれば，4 種類に分類したデータとして処理できる．

(2) 順序データ (ordinal data)

カテゴリー間の順序関係や大小関係が重要になるデータのタイプである．今年のコメの作柄を表すのに，豊作に 3，平年作に 2，凶作に 1 を割り振ったり，疾病の程度を致死 (4)，重度 (3)，中程度 (2)，軽度 (1) と分類したりする場合であり，数値の大きさではなく順序自体に意味があり，数値の加減乗除は意味をもたない．

(3) 順位データ (ranked data)

観測値をある規則に従って並べ替え，その並びの位置によって数値を割り当てるというデータのタイプである．わが国の死因の順位や小学生の好みのお菓子などのアンケート結果などでは，観測値の大きさや出現頻度よりもその相対的な順位が重要になり，また国ごとの死因別順位の比較により食生活の問題点をあぶりだすなど，重要なデータタイプとして利用されている．

(4) 離散データ (discrete data)

このデータタイプの典型は，女性が生涯に生む子供の数，1 年にわが国に上陸する台風の数や年ごとの交通事故数などであり，一般的に整数 (加算数) で，中間値は取らない．数値の大きさと順位がともに重要で，出現する離散観測値間の距離に意味があり，算術処理が可能である．ただし，算術処理の結果得られる数値は，ある交差点での昨年と今年の交通事故数が 9 件と 12 件である場合，その平均は 10.5 件となり，整数にはならず，頻度の相対的大小を表す．

(5) 連続データ (continuous data)

多くの測定可能な観測値のデータタイプであり，整数のように特定の数値に限定されないで小数を取ることができる．ヒトの身長や体重，イネの草丈や収量，1 年間に乳牛が生産する乳量，肉牛の体重など，生物の実験にかかわる多くの観測値が属する最も一般的なデータである．連続データは，離散データや順序データ，2 値データに変換して解析されることがある．変換により解析が容易になり，データの特性が把握しやすくなる一方，連続データのもつ情報量の損失が生じて正確さが失われることもあり，研究調査の目的に照らして利用することが重要である．

1.2 データの要約

多数の観測値の特性を把握し記述する最初の手順は，分布表を作成し，数値データの特性を視覚的に表現できるグラフに図示することである．データの分布の状態を調べることはデータを解析する際に最も基礎的なことである．

ないがしろにされがちではあるが，異常値の発見や解析手法の選択には必須であり，データ解析の第一歩である．

一揃いの観測値の整理に一般に用いられるのは，**度数（頻度）分布** (frequency distribution) である．また，特定の階級（区間）に属する観測値の度数だけではなく，その階級に属する割合〔相対頻度（度数），relative frequency〕を検討することが必要な場合もある．とくに，実験区分ごとに観測値数が異なるデータを比較するときに有用である．なお，先に述べたデータのタイプによって，階級や頻度の取り方が異なってくる．

表 1.1 にはある農場におけるブタの一腹産子数のデータ（離散データ）の数値例を示した．このデータを用いて分布表を作成してみよう．なお，この一腹産子は実際の観測値ではなく，**乱数** (random number) から発生させた仮想のデータである[*1]．

表 1.1 ブタの一腹産子数

10	12	13	8	4	12	9	10	10	9	5	11	9	14	15	11	12	11	10	13	12	15	10	11
8	10	9	9	4	12	7	13	11	14	12	5	7	7	11	13	12	15	14	4	6	8
9	7	14	6	8	12	8	8	13	11	8	7	13	12	7	6	13	9	6	15	10	14	10	10
8	6	10	11	12	9	9	11	5	10	9	14	13	4	12	4	11	10	11	12	11	13	10	10

*1 ブタは多胎動物であり，1回の分娩で出産する子ブタの頭数を一腹産子数 (litter size) という．産子数は品種によって異なり，多い品種（中国原産の梅山豚など）では約 20 頭程度を出産するが，少ない品種（イギリス原産のバークシャーなど）では 7 〜 8 頭である．ちなみにギネスブックに掲載されている出産記録は 1993 年 9 月にイギリスで生まれた 37 頭となっているが，さらに多い記録も報告されているようである．

産子数をカウントし，その度数をまとめると表 1.2 のような**度数分布表** (frequency table) に整理でき，産子数 10 頭の頻度が最も多いことがわかる．また，この階級の始まりを 4 として，階級間隔を 3 とした階級に区分し，表につくり替えると，表 1.3 のようにさらに簡略化できる．

表 1.2 ブタの一腹産子数（頭）の度数分布ならびに相対頻度分布

階級(頭)	4	5	6	7	8	9	10	11	12	13	14	15
度数(頭)	5	3	5	6	8	11	14	13	12	9	6	4
累積度数(頭)	5	8	13	19	27	38	52	65	77	86	92	96
相対頻度	0.05	0.03	0.05	0.06	0.08	0.12	0.15	0.14	0.13	0.09	0.06	0.04
累積相対頻度	0.05	0.08	0.14	0.20	0.28	0.40	0.54	0.68	0.80	0.90	0.96	1.00

表 1.3 階級区分した一腹産子数の度数分布表

階級(頭)	度数(頭)	相対頻度	累積度数(頭)
4〜6	13	0.135	13
7〜9	25	0.260	38
10〜12	39	0.406	77
13〜15	19	0.198	96

表 1.4 には，最もなじみのある連続データとして，平成 19 年度に文部科学省が実施した年齢別体格測定結果から身長と体重の年齢による推移を抜

1章　データの表示と要約統計量

粋した．年齢範囲は小学1年生から成人に及び，年齢による成長（発育）の状況や性差の発現の様子が読み取れる．数値は出典のとおり，小数点以下2位まで表示してあるが，表記する桁数なども計測する機器の精度や有効桁数に依存して決めるべきである．表はあまり複雑にせず，項目には明確な名称（ラベル）を付し，観測値の測定単位を特定しておくことが必要である．

表1.4 日本人の年齢別身長と体重

年齢	男子			女子		
	人数	身長(cm)	体重(kg)	人数	身長(cm)	体重(kg)
6	1124	116.91	21.41	1114	116.20	21.16
7	1113	122.66	23.91	1119	121.91	23.65
8	1125	128.40	27.30	1114	127.92	26.81
9	1122	133.79	30.55	1116	133.62	29.95
10	1110	139.28	34.47	1115	140.49	34.17
11	1122	145.13	38.25	1120	147.05	38.97
12	1400	152.72	43.92	1399	152.19	44.20
13	1400	160.79	49.64	1398	155.09	46.79
14	1394	165.44	54.01	1402	156.84	49.69
15	1404	168.36	58.84	1380	157.20	51.29
16	1400	169.73	60.49	1391	157.65	52.35
17	1390	170.46	62.64	1390	157.93	52.71
18	1046	171.36	63.39	1041	158.48	52.35
19	779	171.39	63.42	810	158.69	51.58
20～24	1505	172.26	65.80	1408	158.45	50.75

1.3 グラフ

　データを度数分布表に整理することによって実験結果や分布の概要が把握できるが，グラフに図示することによってデータの分布の特性を視覚的にとらえることができる．また，研究会や学会発表など，限られた紙面や時間のなかでのプレゼンテーションでは，結果をどのように説得力のあるグラフとして表示するかは重要な点である．

　血液型や産子数，動物や植物の品種数などのような名目データや順序データでは，同じ属性に含まれる標本数を数えてその度数分布を**ヒストグラム**(histogram) として図示することが一般的であり，階級が少ない場合には円グラフで表示したりする[*2]．さらに，体重や身長のような連続データであっても，階級に区分し，その階級に属する度数分布をヒストグラムとして図示することにより，さまざまな要因の影響の比較が容易になる．横軸には，連続データをある規則に則って区間に分け，縦軸には度数または相対頻度を示す．連続データの区間の取り方によって階級数が決まるが，階級数が多くて

*2　棒グラフ (bar chart) はヒストグラムと類似しているが，棒グラフはデータの数値の大きさを棒の高さ（長さ）で示したものであるのに対し，ヒストグラムは階級ごとの度数を棒の高さ（長さ）で示したものである．

も少なくても分布形状の把握が難しくなる．通常は，標本数が多い場合には階級数を多く，データ数が少ないときには階級数を少なく設定するとよい．

図 1.1 は，表 1.2 のブタの一腹産子数をヒストグラムに表した図であり，産子数の分布として少ないほうへ裾野が広がった分布をしていることがわかる．図 1.2 は同じく，離散データを 4 階級に区分して，その相対頻度を**円グラフ**（circle graph）として表示した図で，視覚的に産子数の出現頻度が把握しやすくなっている．

図 1.1　ブタの一腹産子数の度数分布

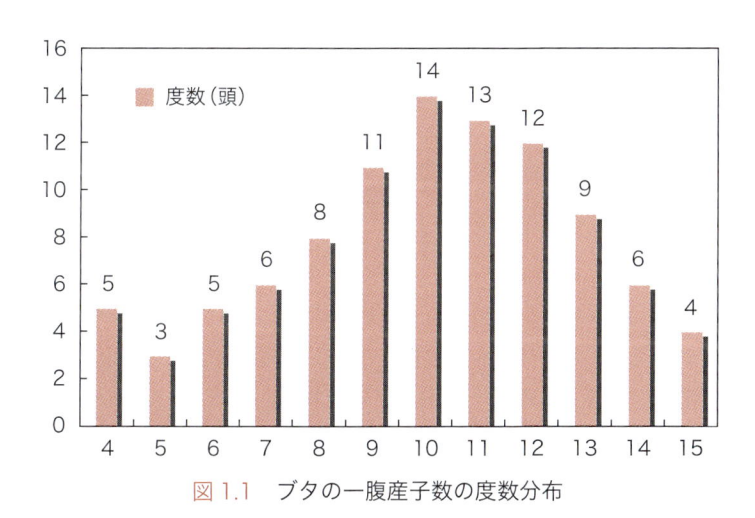

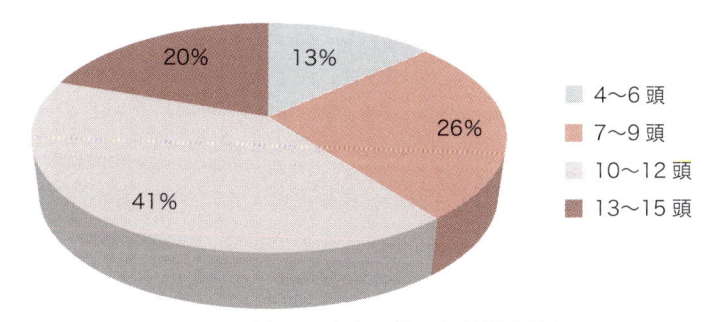

図 1.2　ブタの一腹産子数の相対頻度分布

表 1.4 には身長と体重の多数の観測値が並んでおり，詳細な数値の比較は可能であるが，加齢に伴う成長や性差の発現の様相を把握するのは難しい．一般には，成長などの経時的に連続したデータの表示には図 1.3 のような**線グラフ**（line graph）が用いられる[*3]．

身長，体重ともに成長の典型的な様相である**シグモイドカーブ**（S字状曲線）を描いており[*4]，12 歳頃までは女子が大きい傾向にあるが，13 歳以降には男子が優位となり，さらに女子が男子に比べ早期に成熟期を迎え，平衡状態（プラトー，plateau）に達している状況が一見して把握できる．さらに，

*3　生物の大きさだけではなく集団のサイズの変遷などの人口動態などを示す成長曲線（growth curve）は，重さや長さ，個体数を一定の時間間隔をおいて測定することによって描かれ，成長の様相の研究に欠かせない．

*4　シグモイドカーブを示す成長様相を定量的に表現するための代表的な非線形成長曲線（nonlinear growth curve）の導出法については 14 章で学ぶ．

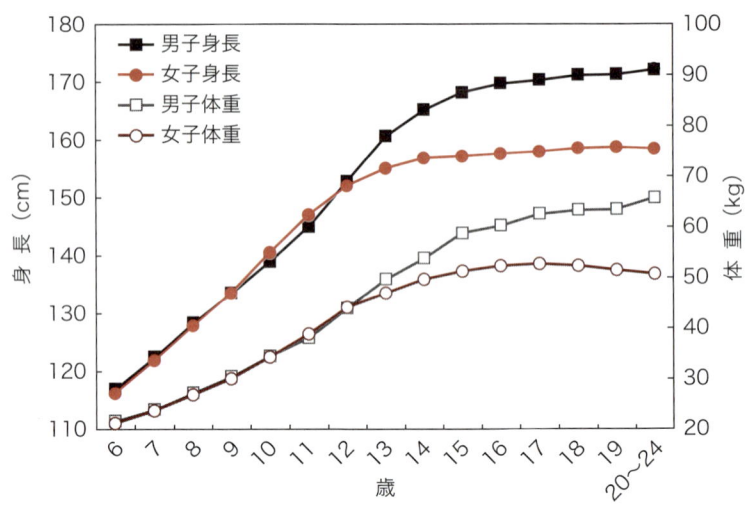

図 1.3 日本人の身長と体重の年齢による推移

体重に比べて身長のほうが早期に平衡状態に達し，成熟速度(傾き)が大きいことなど，表からでは得にくい情報もただちに読み取れる．

実験結果から得られるデータタイプは多岐にわたるが，12章で紹介するコンピュータソフトにはさまざまなグラフ描画機能が備わっており，試行錯誤を経て説得力のあるグラフの作成を心がけるべきである．

1.4 データの要約に用いる統計量

データを度数分布表に整理し，グラフ化することによってデータの特性や分布の形状を簡潔に表現することができる．しかしながら，データの分布の特性をより客観的に表現するためには，データを数値的に少数の統計量に要約することが必要である．データの分布を表現する代表的な統計量としては，分布の中心を示す尺度，分布のバラツキを表す尺度，分布の対称性と尖りの程度など形状を示す尺度などが代表的な統計量として用いられる．

表 1.5 は，アユ漁の解禁に先立ち，今年のアユの生育状況を調べるために，試験的に捕獲したアユ8個体の魚長の標本であり，このデータをこの節で学ぶ統計量の算出例として用いる[*5]．

表 1.5 アユの魚長

番号(順位)	1 (6)	2 (1)	3 (2)	4 (3)	5 (8)	6 (7)	7 (5)	8 (4)
魚長(cm)	16.5	12.8	14.4	15.0	18.2	17.5	16.0	15.5

1.4.1 中心を示す統計量

得られたデータから集団の中心的な傾向を示す統計量としては，**平均**

[*5] 12章で解説するアプリケーションソフトウエアRを用いる場合には，まずデータを適当な変数に格納する必要がある．ここでは，以下のようにして「アユの魚長」という変数(もちろん，日本語は説明用であり，アルファベットが簡便)に8個体の魚長を格納する．
> アユの魚長 <- c(16.5,12.8, 14.4,15.0,18.2,17.5,16.0,15.5)
なお，">"はRでコマンドの入力を促す記号，"<-"は変数やプログラムに数値や関数などの情報の入力を促す記号を示す．

(mean),**中央値** (median),**最頻値** (mode),**幾何平均** (geometric mean)および**調和平均** (harmonic mean) などがあり,これらを総称して**代表値**という.

(1) 平　均

平均または**算術平均** (arithmetic mean) は,1 群のデータの中心を示すものであり,連続データだけではなく離散データにも一般によく用いられる.n 個の観測値を $x_1, x_2, \cdots, x_n$ とすると,平均値は次式で算出される.

$$\bar{x} = \frac{1}{n}(x_1 + x_2 + \cdots + x_n) = \frac{1}{n}\sum_{i=1}^{n} x_i$$

ここで,$\sum_{i=1}^{n} x_i$ は観測値 x_i,すなわち 1 番目の観測値 x_1 から n 番目の観測値 x_n までを加算するという意味で,ギリシャ文字 Σ(シグマ)は和を示す記号である.

表 1.5 のアユの魚長の平均値は

$$\bar{x} = \frac{16.5 + 12.8 + 14.4 + 15.0 + 18.2 + 17.5 + 16.0 + 15.5}{8} = 15.74 \,(\text{cm})$$

Column

現代統計学を築いた研究者たち

現代統計学の発展は多くの研究者の業績の蓄積によるものであるが,生物を素材にした研究から,その黎明期を築いた 4 人を紹介したい.

まず,指紋の発見者でもあり,相関や回帰の現象を定式化した F. ゴールトン(1822〜1911)と,彼が設立した生物測定研究所の後継者となった K. ピアソン(1857〜1936)である.ピアソンは観測値が確率分布に従い,分布の形状を表すさまざまな統計量を用いて,ダーウィンの進化論の証明に取り組んだ 20 世紀初頭の生物統計学の黎明期を築いた開拓者であり,ピアソン積率相関はあまりにも有名である.

1930 年代にピアソンと論争を繰り広げた R. A. フィッシャー(1890〜1962)は,今日,あらゆる科学分野で利用されている実験計画法や分散分析法の生みの親といっても過言ではなく,現代統計学だけではなく集団遺伝学の泰斗である.彼はイギリスのロザムステッド農事試験場の技師として「堆肥の山を調べ上げて」コムギの収穫量にかかわる要因を斬新な手法で解析し続け,農業科学雑誌にコムギの「収量変動の研究 I〜VI」(1921〜1929)を公表した.この業績が,現代統計学の出発点となっていることは,農学や生物学に興味を抱く学生諸君にはぜひ心にとめておいていただきたい.

最後に,本名ではなく,ペンネームが検定法にその名を残す W. S. ゴセット(1876〜1937)を忘れるわけにはいかない.彼もギネスビール醸造会社において,ビール製造過程で麦芽汁を発酵させるための酵母量を決定するという現実的な問題を研究の出発点にしており,1908 年にピアソンが編集長を務めるバイオメトリカ誌に,スチューデントというペンネームで「平均についての起こりうる誤差」という短い論文を発表した.その重要性をフィッシャーが気づき,現在頻繁に活用されるスチューデントの t 検定が誕生した.ゴセットはその後,30 年間にもわたり,ペンネームで仮説検定や有意性検定の統計分布理論に関する論文を書き続けた.

となる*6. ただし，平均値は分布が左右対称の場合には中心を示す優れた統計量であるが，左右対称でない場合や，極端に大きいあるいは小さい観測値（はずれ値，outlier）に対しては敏感で，中心からずれる傾向がある．結果として過度に大きくあるいは小さく見積もられることがある．

(2) 中央値

データの中心を示すものとして，データを大きさの順に並べたときの中央にくる値を**中央値**あるいは**メディアン**と呼び，50パーセント点（**パーセンタイル**, percentile）とされる*7. 中央値は離散および連続データだけでなく，順序データについても用いられ，中位数とも呼ばれる．これは，はずれ値があったり，左右に裾を引く歪んだ分布にも強い頑健な代表値である．

観測値を小さいほうから並べ替えたとすると，標本数により以下のようになる．

$$x_{(n+1)/2} \quad (n\,が奇数)$$

$$\frac{(x_{n/2} + x_{(n/2)+1})}{2} \quad (n\,が偶数)$$

表1.5の標本数は8尾と偶数であることから，中央値は4番目の15.5と5番目の16.0の平均$(15.5 + 16.0)/2 = 15.75$（cm）となる*8.

(3) 最頻値

1群の観測値の**最頻値**（モード）は，頻度が最も高い観測値である．この統計量はすべてのデータタイプに応用できるが，連続データを階級に区分してその頻度によって最頻値を求める場合，階級の間隔によって変化することがある．

標本の中心を示す統計量は分布の形に大きく依存する．対称かつ**一峰性**（unimodal）の分布では，算術平均値，中央値および最頻値はおおよそ同じになる．図1.4のように分布が右に裾を引く（歪む）場合，算術平均値は中央値の右に，逆に左に歪んでいる場合には左に位置する．一方，対称ではあるが**二峰性**（bimodal）の分布の場合，平均値と中央値はおおむね同じになるが，実際的には起こりうる可能性のきわめて低い代表値となってしまう．二峰あるいは多峰を示すデータは，何らかの原因で区別できる特性を備えたデータ群（母集団）で構成されていることが多く，その原因を明確にするか，データ群ごとに別べつに取り扱うことが必要である．表1.5の例では観測値が8尾であり，最頻値を算出する意味は薄い．

(4) 幾何平均

n個の観測値を$x_1, x_2, \cdots, x_n$とした幾何平均値は，以下のように算出できる．

---

*6 Rを用いれば，
> mean(アユの魚長)
[1] 15.7375
として算術平均値が計算できる．

*7 n個の観測値を数値の小さいほうから大きいほうへ順番に並べ替えてn個を等分に100分割して順位づけ，数値x以下の観測値の度数の割合がp%であるような順位をpパーセンタイル順位（percentile rank）といい，xをpパーセンタイルあるいは第p百分位数と呼ぶ．とくに，50パーセンタイルは第2四分位数（中央値である），25および75パーセンタイルは四分位数（quartile）と呼び，25と75パーセント点をそれぞれ第1四分位数（first quartile），第3四分位数（third quartile）という．なお，パーセンタイルの算出法については11章において学ぶ．Rを用いれば，
> quantile(アユの魚長)
  0%   25%   50%   75% 100%
12.80 14.85 15.75 16.75 18.20
のように，最小値，第1四分位数，中央値，第3四分位数および最大値が一度に得られる．

*8 Rを用いれば，
> median(アユの魚長)
[1] 15.75
として中央値が得られる．

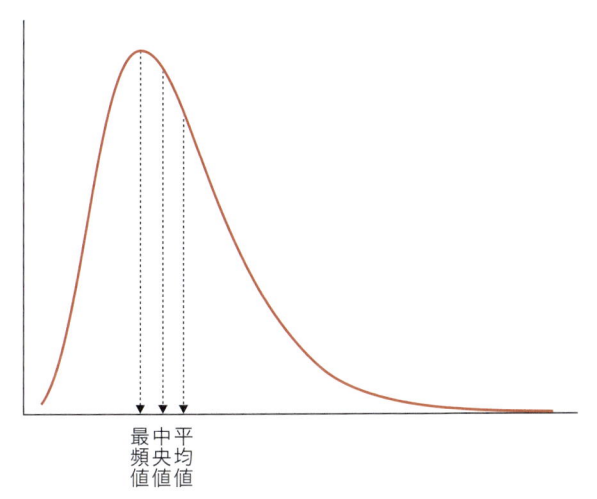

1.4 データの要約に用いる統計量

図1.4 分布の形と中心を表す尺度の関係

（最頻値／中央値／平均値）

$$G = \sqrt[n]{x_1 \times x_2 \times \cdots \times x_n} = \sqrt[n]{\prod_{i=1}^{n} x_i}$$

上式を対数変換すれば，

$$\log G = \frac{1}{n} \sum_{i=1}^{n} \log x_i$$

となり，幾何平均値の対数は，観測値それぞれの対数の平均である．ただし，観測値はすべて正である必要がある．幾何平均は等比級数に従う観測値に当てはめられるため，比率などの平均を多く取り扱う免疫関係のデータの解析などに用いられる．**相乗平均**とも呼ばれる．表1.5を用いれば，

$$\log G = \frac{1}{8}(\log 16.5 + \log 12.8 + \cdots + \log 15.5)$$

$$= \frac{1}{8}(2.80336 + 2.54945 + \cdots + 2.74084) = 2.75064$$

$$G = e^{2.75064} = 15.65 \text{(cm)}$$

と算出できる[*9]．

(5) 調和平均

観測値 $x_i\,(i = 1, 2, \cdots, n)$ をそのままの値ではなく，逆数 $1/x_i$ に変換して統計量を計算する場合がある．逆数についての算術平均値を求め，そのまた逆数を求めたものを**調和平均値**といい，次式で算出できる．ただし，$x_i > 0$ とする．

[*9] Rを用いれば，
> exp(mean(log(アユの魚長)))
あるいは
> prod(アユの魚長)^(1/length(アユの魚長))
[1] 15.65268
として幾何平均値が得られる．length( ) は，データの個数（n）を求める関数である．

$$H = \left(\frac{1}{n}\sum_{i=1}^{n}\frac{1}{x_i}\right)^{-1} = \frac{n}{\sum_{i=1}^{n}(1/x_i)}$$

この代表値は率あるいは速度を扱うのに便利である．表 1.5 のアユの魚長の調和平均値は

$$H = \left[\frac{1}{8}\left(\frac{1}{16.5}+\frac{1}{12.8}+\cdots+\frac{1}{15.5}\right)\right]^{-1} = \frac{1}{\frac{1}{8}(0.5139462)} = 15.57\,(\text{cm})$$

と算出できる[*10]．

*10 Rを用いれば，
> 1/mean(1/(アユの魚長))
[1] 15.56583
として調和平均値が得られる．

1.4.2 変動を示す統計量

データは，代表値から大きいほう，または小さいほうにばらつく．そのような変動の大きさを示す統計量として，**偏差平方和** (sum of squares of deviation)，**分散** (variance)，**標準偏差** (standard deviation)，**変動係数** (coefficient of variation)，**標準誤差** (standard error) などがある．

(1) 偏差平方和

n 個の標本の観測値 $(x_1, x_2, \cdots, x_n)$ と，これらの標本の平均値 $(\bar{x})$ との偏差 $(x_i - \bar{x})$ の 2 乗（平方）の総和を**偏差平方和**(SS) と呼び，

$$SS_x = (x_1-\bar{x})^2 + (x_2-\bar{x})^2 + \cdots + (x_n-\bar{x})^2$$
$$= \sum_{i=1}^{n}(x_i-\bar{x})^2 = \sum_{i=1}^{n}x_i^2 - \frac{1}{n}\left(\sum_{i=1}^{n}x_i\right)^2$$

のように，観測値の総和 Σx と 2 乗和 Σx^2 を用いて簡便に求められる．

表 1.5 のアユの魚長の偏差平方和は

$$\sum_{i=1}^{8}x_i = 16.5 + 12.8 + \cdots + 15.5 = 125.9$$
$$\sum_{i=1}^{8}x_i^2 = 16.5^2 + 12.8^2 + \cdots + 15.5^2 = 2002.19$$
$$SS_x = 2002.19 - \frac{1}{8}(125.9)^2 = 20.8388\,(\text{cm}^2)$$

と算出できる．

(2) 分散または平均平方

偏差平方和を標本数 n で割った統計量，すなわち偏差の 2 乗の平均値を**平均平方**(MS: mean square) あるいは**標本分散** (sample variance) といい，

$$s_x^{\,2} = \frac{SS_x}{n}$$

と算出できる．表1.5のアユの魚長の標本分散は，$s_x^2 = \frac{1}{8}(20.8388) = 2.6048 (\text{cm}^2)$ となる．

一方，2章で詳細に述べるが，「偏差の和は0である」あるいは「平均を標本より推定した」ため，n個の偏差の一つは自動的に決まり，任意の値を取りうる偏差の数は$n-1$である．標本数nではなく1を引いた値$n-1$で「偏差の2乗」和を除した値を**不偏分散**（unbiased variance）と呼び，分散の推定量として一般に用いられている[*11]．

$$v_x = V = \hat{\sigma}^2 = \frac{SS_x}{(n-1)}$$

表1.5のアユの魚長の不偏分散は，$v_x = \frac{1}{(8-1)}(20.8388) = 2.9770$ (cm^2) と推定できる[*12]．なお，7章で紹介する分散分析法では，この分散の推定値が平均平方（MS）として利用される[*13]．

(3) 標準偏差

不偏分散の平方根を**標準偏差**といい，分散とともにバラツキを表す重要な統計量の一つで，通常はSDで表記される．

$$SD = \sqrt{v_x}$$

表1.5の魚長の標準偏差は，$SD = \sqrt{2.9770} = 1.7254 (\text{cm})$ となる[*14]．

(4) 変動係数

標準偏差の大きさは，取り扱う特性や測定単位など，平均値の大小によって異なる値を示す．そこで，変動の大きさを相対的に比較する値として**変動係数**がある．変動係数は平均値の異なる群間，単位の異なる群間での変動の比較に用いられ，CVで示される．

$$CV = \frac{\sqrt{v_x}}{\bar{x}}$$

また，変動係数は%単位で表示されることもある．表1.5のアユの魚長の変動係数は，$CV = \frac{1.7254}{15.74} = 0.1096$ あるいは 10.96% である[*15]．

(5) 標準誤差

1群のデータに変動があるように，繰り返して同じ実験を行った場合に得られた平均値のあいだにも変動が生じる．この平均値の標準偏差を**標準誤差**と呼ぶ．標準誤差は平均値の精度を表す数値である．通常はSEで示され，次式によって求められる．

[*11] 不偏分散を表す記号は，取り扱う分野や手法によってVや$\hat{\sigma}^2$などが伝統的に用いられており，本書でも章により適宜使い分ける．

[*12] Rを用いれば，
> var(アユの魚長)
[1] 2.976964
として不偏分散が計算できる．標本分散を求めるには，以下のように不偏分散を$(n-1)/n$倍する必要がある．
> n <- length(アユの魚長)
> var(アユの魚長)*(n-1)/n
[1] 2.604844

[*13] 不偏分散は，母集団の分散の**不偏推定量**（unbiased estimator）であり，母集団の分散の推定値としてよく用いられる．統計パッケージを用いる場合には，標本分散か不偏分散のどちらが推定されているのか注意する必要がある．なお，平均についても標本平均と呼ばれるが，標本平均は不偏推定量である．なお，不偏推定量について詳しくは，2章で学ぶ．

[*14] Rでは 平方根を求める関数sqrt()を用いて
> sqrt(var(アユの魚長))
[1] 1.725388
として標準偏差が計算できる．

[*15] Rを用いれば
> sqrt(var(アユの魚長))/mean(アユの魚長)
[1] 0.1096355
として変動係数が計算できる．

$$SE = \sqrt{\frac{v_x}{n}}$$

表 1.5 のアユの魚長の標準誤差は，$SE = \sqrt{\dfrac{2.9770}{8}} = 0.61\,(\text{cm})$ である[*16]．

1.4.3　分布の形状を示す統計量

　データはその特性や標本の抽出の仕方によって，生物の観察データで一般的に見られる釣鐘型の対称分布（後の章で詳述する正規分布，normal distribution）からズレることがある．そのズレの程度を示す統計量として，左右対称性からのゆがみの尺度として**歪度**（わいど）(skewness) および中心値のとがり具合と左右への裾野の広がりを示す**尖度**（せんど）(kurtosis) がある[*17]．なお本書では，分布の右側を上側，左側を下側と，それぞれ目的に応じて表記を使い分ける．

(1) 歪度あるいはゆがみ，ひずみ

　n 個の観測値の歪度は

$$a_3 = \frac{1}{n}\sum_{i=1}^{n}\left(\frac{x_i - \bar{x}}{s_x}\right)^3$$

で求められ，左右対称の分布では $a_3 = 0$，図 1.4 のように最頻値が左に偏り，右に裾野を引いている分布では $a_3 > 0$，逆に左に裾を引いている分布では $a_3 < 0$ となる．表 1.5 のアユの魚長の例は，観測数が 8 個と分布の形状を求めるには少数例であるが，参考のために例示すると，歪度は

$$a_3 = \frac{1}{8}\left[\left(\frac{16.5 - 15.74}{\sqrt{2.6048}}\right)^3 + \left(\frac{12.8 - 15.74}{\sqrt{2.6048}}\right)^3 + \cdots + \left(\frac{15.5 - 15.74}{\sqrt{2.6048}}\right)^3\right]$$

$$= \frac{1}{8}[0.10545 + (-6.02937) + \cdots + (-0.00319)] = -0.2166$$

とほとんど 0 ではあるが，わずかに左に裾を引いた分布となっていることがわかる[*18]．

(2) 尖度あるいはとがり

　n 個の観測値の尖度は

$$a_4 = \frac{1}{n}\sum_{i=1}^{n}\left(\frac{x_i - \bar{x}}{s_x}\right)^4 - 3$$

で求められ，正規分布の尖度は $a_4 = 0$ となり，このような分布は**中尖** (mesokurtic) といわれる．ピークが高く尖り，両端に長く広がる分布は a_4

[*16] R を用いれば，
```
> sqrt(var( アユの魚長 )/length
( アユの魚長 ))
[1] 0.6100168
```
として標準誤差が計算できる．標準誤差の詳しい意味は 3 章で学ぶ．

[*17] 分布の形状を見るためには多数の観察値が必要であり，その場合，標本分散と不偏分散から算出した標準偏差はほぼ同じ値に近づくため，ここでは標本標準偏差を用いて算出する．

[*18] R を用いれば，便宜上，
```
> x <- アユの魚長
> n <- length(x)
> ssd <- sqrt(var(x)*(n-1)/n)
```
とおき，
```
> sum(((x-mean(x))/ssd)^3)/n
[1] -0.2166275
```
として歪度が求まる．

>0 となり，**急尖** (leptokurtic) といわれる*19．逆に，中央が扁平で両袖の裾が短い分布は $a_4<0$ となり，**緩尖** (platykurtic) といわれ，極端な場合には台形のような形状を示す．アユの魚長の例では，

$$a_4 = \frac{1}{8}\left[\left(\frac{16.5-15.74}{\sqrt{2.6048}}\right)^4 + \left(\frac{12.8-15.74}{\sqrt{2.6048}}\right)^4 + \cdots + \left(\frac{15.5-15.74}{\sqrt{2.6048}}\right)^4\right] - 3$$

$$= \frac{1}{8}[0.04982 + 10.97394 + \cdots + 0.000468] - 3 = -0.7023$$

と，0 より小さく，中心が平坦な分布となっていることを示している．

*19 一般に正規分布の尖度は 0 あるいは 3 の両者が用いられるが，本書では正規分布からの偏りを見るために 0 と定義する．

練習問題

1 偏差平方和 $SS = \sum_{i=1}^{n}(x_i - \bar{x})^2$ は，$\sum_{i=1}^{n} x_i^2 - \frac{1}{n}\left(\sum_{i=1}^{n} x_i\right)^2$ のように簡便な式で算出できるが，簡便式を導く過程を自ら導きなさい．

2 あるマウス系統の離乳時体重(g)を以下に示した．これらのデータをもとにして，平均値，偏差平方和，分散，標準偏差，変動係数および標準誤差を求めなさい．

| 9.4 | 9.2 | 9.0 | 9.0 | 9.5 | 9.4 | 9.6 | 9.3 | 9.4 | 9.2 |

3 血糖値を測定するための検量線を作成する目的で，2 名の測定者により比色計（OD = 540）を用いて，グルコースを定量含む標準試薬の吸光度を測定し，この 2 名の測定者による観測値を表に示した．補正値（実測値からブランクを引いた値）を用いて，各測定者による検量線を描き，測定者によりどのような違いがあるのか，また，検量線を実用に供するようにするにはどのようにすればよいかを述べなさい．

標準試薬(mg)	測定者1		測定者2	
	実測値	補正値	実測値	補正値
0（ブランク）	0.073	–	0.069	–
50	0.135	0.062	0.125	0.056
100	0.193	0.120	0.151	0.082
150	0.219	0.146	0.225	0.156
200	0.253	0.180	0.292	0.223
300	0.353	0.280	0.359	0.290

4 3 品種のコムギを 1 区画 10 a の圃場で栽培し，区画あたりの収穫量(kg/10 a)を調べた．区画および品種ごとの収穫量に関する代表値ならびに標準偏

差を求め，それぞれの要因ごとにどのような差異があるか検討しなさい．
ただし，1区画の圃場内での品種はランダムに配置されているとする．

区画	品　種		
	A	B	C
1	8	9	16
2	14	11	17
3	12	10	14
4	8	7	12
5	16	11	18
6	11	9	13

(単位：kg/10 a)

2章 統計的推測の基本

　ある大学の男子学生の体重に興味があるとき，全員の測定値を得ること（全数調査）は不可能ではない．もし全員について体重の測定値が得られたら，統計的手法の役割の第一歩は，1章で学んだ方法でデータを「記述・要約」することである．しかし，生物を取り扱う実験や調査で出会う多くの場面では，全数調査が不可能な多数の個体の集まりが対象になる．このような場合には，一部の少数の個体についてデータを収集し，そのデータから全個体について何らかの推測を行うことになる．本章では，このような統計的推測の基本的な考え方を学ぶ．

2.1　母集団と標本

　多数のイワナを池で養殖しているものとしよう．ある年のイワナの成育状態を調べる目的で，池から20個体を捕獲して体長を測定した．この場合，知りたいのは捕獲した20個体のイワナの体長ではなく，池のなかの全イワナの成育状態である．池のなかの全イワナのように，興味の対象となるすべての個体の集まりを**母集団**(population)と呼び，母集団から抜きだされた各個体を**標本**(sample)，抽出されたn個体を「大きさnの標本」という．また，母集団から標本を抜きだすことを**標本抽出**(サンプリング，sampling)という．

　上の例では，池のなかのイワナの数は有限である．このように有限数の要素からなる母集団を有限母集団という．これに対して，無限数の要素からなる母集団を無限母集団という．たとえば，血管のなかを単位時間内に流れる血液量を知りたい場合，測定(すなわち標本抽出)は事実上無限回行うことができ，対象となる母集団は無限に要素をもつ無限母集団と見なされる．

　標本抽出を行うとき最も注意すべき点は，標本が，母集団の特徴(厳密には，3章で学ぶ分布)を反映するように抽出しなければならないことである．たとえば，池のなかに15 cmと20 cmのあいだの体長をもつイワナが多けれ

ば，標本のなかにもこの区間の体長のイワナが多く含まれ，25 cm 以上の体長のイワナが少なければ，標本のなかでも少なくなるような標本抽出を行わなければならない．これを実現するには，母集団のどの個体も等しいチャンスで標本に含まれるような抽出を行えばよい．このような標本抽出を**無作為抽出**(random sampling)という[*1].

*1 本書を通じて，標本は無作為抽出によって得られたものとするが，標本の抽出方法には，母集団がいくつかの層（たとえば年齢など）に分かれ，層のあいだで異質性が認められるときに行う層別抽出法など，いくつかの方法がある．

2.2 母数と統計量

母集団の平均値や分散などの特性値を**母数** (parameter) と呼び，母平均，母分散などという．統計的推測の目的の一つは，母数を標本から推定することにある．推定に用いられる統計量を**推定量** (estimator) といい，標本から得られる具体的な値を**推定値**(estimate)という．ここでは，平均値と分散について母数と統計量の関係を見てみよう．

2.2.1 母平均と標本平均

キイロショウジョウバエの腹部に生えている小剛毛(腹節腹板剛毛)の数には，個体変異がある．ある地域に生息するキイロショウジョウバエの剛毛数の平均値(母平均)が μ であるとしよう．もちろん，その値は，実際にはわからない．そこで，この地域のキイロショウジョウバエから無作為に n 個体の標本を抽出し，剛毛数を調べたところ，$x_1, x_2, \cdots, x_n$ であったとしよう．したがって，標本の平均値は

$$\bar{x} = \frac{x_1 + x_2 + \cdots + x_n}{n}$$

である．一般に，標本の平均値を**標本平均**(sample mean)という．直観的に，標本が無作為抽出によって得られたものなら，標本平均が母平均の推定値として利用できると考えられる．このことを詳しく見てみよう．

仮に，この地域のすべてのキイロショウジョウバエ(母集団)について，剛毛数がわかっているものとしよう（もちろん，これらの個体数は現実には全数調査が不可能な数である）．すべての個体の剛毛数は，31 から 42 のあいだの 12 の階級(クラス)に分けられるものとする．表 2.1 は，クラス(剛毛数)別の個体数を示したものである．

表2.1　キイロショウジョウバエの剛毛数別の個体数

クラス	1	2	3	4	5	6	7	8	9	10	11	12
剛毛数	31	32	33	34	35	36	37	38	39	40	41	42
個体数	N_1	N_2	N_3	N_4	N_5	N_6	N_7	N_8	N_9	N_{10}	N_{11}	N_{12}

平均値＝合計値 / 全個体数であることに注意すれば，この集団の剛毛数の平

均値(母平均)は

$$\mu = \frac{31 \times N_1 + 32 \times N_2 + 33 \times N_3 + \cdots + 42 \times N_{12}}{N}$$

である．ここで，N は母集団の全個体数 $(N_1 + N_2 + \cdots + N_{12})$ である．上の母平均の式は，次のように書き直すことができる．

$$\mu = 31 \times \frac{N_1}{N} + 32 \times \frac{N_2}{N} + 33 \times \frac{N_3}{N} + \cdots + 42 \times \frac{N_{12}}{N}$$
$$= 31 \times p_1 + 32 \times p_2 + 33 \times p_3 + \cdots + 42 \times p_{12}$$

ここで，$p_i = N_i/N$ であり，これは無作為抽出した 1 個体が i 番目のクラスの剛毛数をもつ確率でもある．**期待値** (expected value) は，値 x とその値が出現する確率の積をすべての値について足し算したものであるから，母平均 μ は母集団から無作為抽出した 1 個体の剛毛数の期待値と見ることもできる．一般に，母集団から無作為抽出した一つの標本の測定値を x，その期待値を $E[x]$ で表せば，

$$E[x] = \mu$$

である．

次に，標本平均 $\bar{x}$ の期待値を考えてみよう．標本平均の期待値とは，母集団から n 個体の標本を抽出して標本平均を求めることを，何回も繰り返したときの標本平均の期待値である．この期待値は

$$E[\bar{x}] = E\left[\frac{x_1 + x_2 + \cdots + x_n}{n}\right] = \frac{1}{n} E[x_1 + x_2 + \cdots + x_n]$$
$$= \frac{1}{n} \{E[x_1] + E[x_2] + \cdots + E[x_n]\}$$

である[*2]．さらに，無作為抽出した 1 個体の剛毛数の期待値は，すでに見たように μ であるから，

$$E[x_1] = E[x_2] = \cdots = E[x_n] = \mu$$

であることに注意すれば，

$$E[\bar{x}] = \mu$$

である．すなわち，標本平均の期待値は母平均に等しい．一般に，標本から求めた推定量の期待値が母数に一致するとき，その推定量は不偏性があるといい，不偏性のある推定量を**不偏推定量** (unbiased estimator) であるという．

*2 計算で用いた期待値を導く操作上のルールは，x と y を変数とすると

$$E[ax + by] = aE[x] + bE[y]$$
a, b は定数

である．なお期待値の計算では，

$$E[xy] = E[x]E[y]$$

は一般には成り立たない．この関係が成り立つのは，x と y が独立なときだけである．ここで独立とは，x と y のあいだに，一方が大きければもう一方も大きい（あるいは，もう一方は小さい）という傾向がないことである．たとえば，身長の高い人ほど体重も重い傾向があるので，人の身長と体重は独立ではなく相関関係にあり，上の関係式は成り立たない．

したがって，標本平均は母平均の不偏推定量である．

2.2.2　母分散，標本分散，不偏分散

母集団における分散は，**母分散** (population variance) と呼ばれる．この分散を σ^2 で表そう．

一方，この母集団から無作為抽出によって得られた n 個体の標本の分散，すなわち**標本分散** (sample variance) は，標本平均 $\bar{x}$ を用いて 1 章で示したように，

$$s_x^2 = \frac{1}{n}\{(x_1 - \bar{x})^2 + (x_2 - \bar{x})^2 + \cdots + (x_n - \bar{x})^2\}$$

として得られる．標本分散は母分散の推定量の一つであるが，その期待値は

Column

不偏分散について

統計学をはじめて学ぶものにとって，標本分散と不偏分散の違い，とくに不偏分散の計算において偏差平方和を標本の大きさ n ではなく $n-1$ で割ることの意味は気になる点である．本章では「不偏」という考え方に基づいて説明したが，もう少し詳しく見てみよう．

表 2.1 で示したショウジョウバエの剛毛数の場合には，母分散は

$$\sigma^2 = \frac{1}{N}\{(31-\mu)^2 \times N_1 + (32-\mu)^2 \times N_2 + \cdots \\ + (42-\mu)^2 \times N_{12}\}$$
$$= (31-\mu)^2 \times p_1 + (32-\mu)^2 \times p_2 + \cdots \\ + (42-\mu)^2 \times p_{12}$$

と書ける．したがって，母集団から無作為抽出した一つの標本を x として，母平均のときと同じように期待値を用いて母分散を表せば，

$$\sigma^2 = E[(x-\mu)^2]$$

となる．

一方，標本分散を求めた式に $x_1 - \bar{x} = x_1 - \mu - (\bar{x} - \mu)$ などを代入して整理すると，

$$s_x^2 = \frac{1}{n}\{(x_1-\bar{x})^2 + (x_2-\bar{x})^2 + \cdots + (x_n-\bar{x})^2\}$$
$$= \frac{1}{n}[(x_1-\mu)^2 + (x_2-\mu)^2 + \cdots + (x_n-\mu)^2 \\ -2\{(x_1-\mu)+(x_2-\mu)+\cdots \\ +(x_n-\mu)\}(\bar{x}-\mu) + n(\bar{x}-\mu)^2]$$
$$= \frac{1}{n}[(x_1-\mu)^2 + (x_2-\mu)^2 + \cdots \\ + (x_n-\mu)^2] - (\bar{x}-\mu)^2$$

と変形できる．さらに

$$\sigma^2 = E[(x_1-\mu)^2] = E[(x_2-\mu)^2] = \cdots = E[(x_n-\mu)^2]$$

であるから，標本分散 s_x^2 の期待値は

$$E[s_x^2] = \sigma^2 - E[(\bar{x}-\mu)^2]$$

である．上の式は，標本分散の期待値は母分散 σ^2 よりも $E[(\bar{x}-\mu)^2]$ だけ小さいことを示しており，標本分散は母分散の偏った（不偏でない）推定量であることがわかる．

$$E[s_x{}^2] = \frac{n-1}{n}\sigma^2$$

となる*3. したがって，標本分散の期待値は標本の大きさ n が大きくなるに従い母分散に近づくが，n が小さいときには，母分散を常に過小に推定することがわかる．すなわち，標本分散は母分散の不偏推定量ではない*4．

上の式は，標本分散を $n/(n-1)$ 倍した統計量，すなわち

$$\frac{n}{n-1}s_x{}^2 = \frac{1}{n-1}\{(x_1-\bar{x})^2 + (x_2-\bar{x})^2 + \cdots + (x_n-\bar{x})^2\}$$

を $\hat{\sigma}^2$ とおけば，その期待値が

$$E[\hat{\sigma}^2] = \sigma^2$$

*3 この式の導き方や不偏分散についてさらに詳しく知りたい人は，下のコラムを参照．

*4 不偏推定量のほかにも，好ましい性質をもつ推定量として代表的なものに，**最尤推定量**（maximum likelihood estimator）がある．不偏推定量と最尤推定量は，同じ推定値を与えるとは限らない．たとえば標本平均は，母平均の不偏推定量であるとともに最尤推定量である．しかし，標本分散は母分散の不偏推定量ではないが，最尤推定量である．

ここで

$$(\bar{x}-\mu)^2 = \left[\frac{1}{n}\{(x_1-\mu) + (x_2-\mu) + \cdots + (x_n-\mu)\}\right]^2$$

と書けるから，$E[(\bar{x}-\mu)^2]$ は

$$E[(\bar{x}-\mu)^2] = \frac{1}{n^2}\{E[(x_1-\mu)^2] + E[(x_2-\mu)^2] + \cdots + E[(x_n-\mu)^2]\} = \frac{1}{n}\sigma^2$$

である．上の式のなかに $E[(x_1-\mu)(x_2-\mu)]$ などの項が現れないのは，$x_1, x_2, \cdots, x_n$ は互いに独立であるため，

$$E[x_1 x_2] = E[x_1]E[x_2] = \mu^2$$

などの関係が成り立つことに注目すれば，

$$E[(x_1-\mu)(x_2-\mu)] = E[x_1 x_2] - \mu E[x_1] - \mu E[x_2] + \mu^2 = 0$$

などが成り立つからである．なお 3 章で見るように，

$$E[(\bar{x}-\mu)^2] = \frac{1}{n}\sigma^2$$

は，母集団から n 個体の標本を抽出して標本平均を求めることを，何回も繰り返したときの標本平均の分散である．

これを，すでに得た $E[s_x{}^2] = \sigma^2 - E[(\bar{x}-\mu)^2]$ に代入すると，

$$E[s_x{}^2] = \frac{n-1}{n}\sigma^2$$

を得る．したがって

$$\frac{n}{n-1}E[s_x{}^2] = E\left[\frac{1}{n-1}\{(x_1-\bar{x})^2 + (x_2-\bar{x})^2 + \cdots + (x_n-\bar{x})^2\}\right] = \sigma^2$$

であり，

$$\hat{\sigma}^2 = \frac{1}{n-1}\{(x_1-\bar{x})^2 + (x_2-\bar{x})^2 + \cdots + (x_n-\bar{x})^2\}$$

とおけば，不偏分散の式が得られる．不偏分散は，標本分散の偏りを取り除くために，標本分散を $n/(n-1)$ 倍したものと考えることができる．

であることを示している．すなわち，$\hat{\sigma}^2$ が母分散の不偏推定量であり，1 章で不偏分散として説明した統計量である．1 章で述べたように，一般に標本から母分散を推定するときには標本分散ではなく不偏分散を用いることの理由も，上の説明から理解できるであろう．

2.3 統計的推測の概要

図 2.1 に，本書で学ぶ統計的推測の概要をまとめた．母集団の平均値や分散などの母数をデータ（標本）から推定する場合，本章で見たように，標本平均や不偏分散などのように一つの値として推定する場合を**点推定** (point estimation) といい，上限値と下限値を定めて母数がその区間に含まれるであろうという推論を行う場合を**区間推定** (interval estimation) という．区間推定の詳細は 5 章で学ぶ．

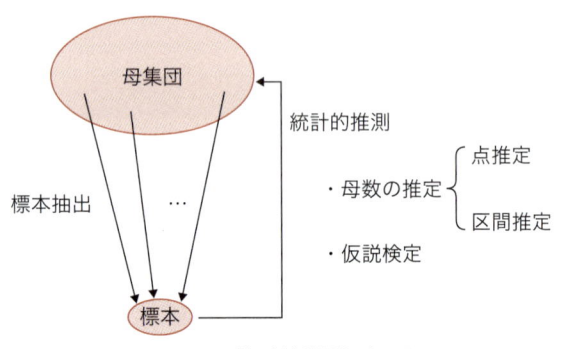

図 2.1 統計的推測の概要

もう一つの重要な統計的推測は，**仮説検定**（test of hypothesis）である．仮説検定とは，あらかじめ母数について仮定を設けて，その仮定が正しいかどうかを実験や調査から得られたデータによって検証する手続きである．たとえば，ある薬剤をマウスに投与したとき腫瘍の大きさが小さくなるかどうかを調べる目的で，薬剤を投与したグループと投与しなかったグループで腫瘍の大きさを比較するときには，薬剤の効果の有無を仮説検定する．仮説検定の考え方は 4 章で学び，7 章と 9 章ではその応用を学習する．

最後に，母集団の定義について述べておこう．本章の最初で示したイワナの成育状態の調査では，母集団は池全体のイワナであることは明らかである．しかし，母集団が明確に定義されないまま，統計的推測が行われてしまうことがある．たとえば，ある近交系[*5]のマウス数匹に薬剤を投与して腫瘍の大きさを調べる実験から得られたデータに対して仮説検定を行い，薬剤の効果が認められると結論づけたとしよう．実験者が母集団について明確な定義をもたないなら，すべての近交系のマウス，さらにはほかの動物種に対しても薬剤の効果があると考えてしまうかもしれない．しかし，この実験に供さ

[*5] 近親交配を繰り返して遺伝的背景をそろえた個体群．実験の誤差をできるだけ小さくするために，動物実験でよく用いられる．

れたマウスは近交系からの標本であるから，母集団はこの近交系のすべてのマウスとなる．したがって，厳密には統計的推測は，この近交系マウスにのみ適用されるべきである．マウス全体やほかの動物種へ結果を演繹するのは，統計学的推測ではなく生物学的推論である．

練習問題

1 ある樹木の葉のふちには棘(とげ)があり，1枚の葉あたりの棘数には10本から16本の変異がある．各棘数の葉が占める割合について，次の表のような数値がわかっている．葉あたりの棘数の平均値と分散を求めなさい．分散の計算方法は，本章のコラムを参照すること．

棘数	10	11	12	13	14	15	16
割合	0.09	0.10	0.21	0.23	0.19	0.11	0.07

2 次のデータは，ある里山で採集したオオクワガタの雄20個体の体長である．この里山に生息するオオクワガタの雄（母集団）の体長に関する平均値と分散の不偏推定量を求め，結果をアプリケーションソフトウェアRで確認しなさい．なお，採集は体長について無作為に行ったものとする．

51.2	63.5	48.9	58.1	55.4	41.7	40.8	53.1	60.5	51.5
46.9	47.7	51.4	52.9	49.9	48.2	41.1	56.3	50.9	42.9

(単位：mm)

3 上のオオクワガタのデータをcm単位で表したら平均値と分散はどのように変化するかを考えなさい．また実際に平均値と分散を計算して，その考えが正しいことを確認しなさい．

3章 代表的な分布

　1章では，データが与えられたときにヒストグラムを作成したり記述統計量を計算したりして，データのもつ情報を要約することを学んだ．また，2章では標本と母集団の関係，さらに標本から母集団の特性を推測する統計学における基本的な姿勢を学んだ．以降の章で学ぶ具体的な統計検定や推測の理解には，これらの知識に加えて分布の概念が必要になる．そこで本章では，生物データの統計解析で仮定される代表的な分布について学ぶ．

3.1　確率変数と確率分布

　ある地域に生息するモンシロチョウの前翅の長さを調査する目的で，その地域で何個体かを採集して測定するものとしよう．この調査では，地域内に生息するすべてのモンシロチョウからなる集団が母集団であり，採集した個体が標本である．

　モンシロチョウの前翅の長さをXとすると，Xはさまざまな値を取る**変数**(variable)である．しかし，標本として測定される値(観測値)は，まったく無秩序に現れるのではなく，母集団におけるXの分布を反映して出現するはずである．すなわち，前翅の長さが28.0 mmのモンシロチョウが観測される(採集される)できごと(事象)は，母集団に28.0 mmの個体が含まれる割合に依存して出現する．このように，ある確率に従って数値が与えられる変数を**確率変数**(random variable)という．確率変数の取りうる値を小さい順に並べて，各値が観察される確率をヒストグラムで表したものが**確率分布**(probability distribution)である．原則として，確率変数はX, Y, Zなど大文字で表し，それらが具体的に取る値をx, y, zなど小文字で表す．

3.2 正規分布
3.2.1 母集団に仮定する最も一般的な分布

図3.1(a)は，ある地域で採集したモンシロチョウ10個体の前翅の長さをヒストグラムで表したものである．出現度数に大きな凹凸があり，この図からは調査した地域に生息するすべてのモンシロチョウの集団(母集団)における前翅の長さの分布を想像することは難しい．しかし，標本数を100個体に増やすと，図3.1(b)に見られるようにヒストグラムに一定の特徴が現れてくる．すなわち，ヒストグラムは中心付近にピークを示し，両端に行くに従ってなだらかに出現頻度が低下する釣鐘状を呈している．このことから，おそらく母集団における確率分布も同様の型の分布を示すであろうと想像できる．

モンシロチョウの例に限らず，生物が備える特性の多くには，上で述べたような釣鐘状の分布型が現れる．このような分布に対して，一般的に最もよく当てはまる確率分布として**正規分布**(normal distribution)がある．当てはまりのよさは，これまでの経験によって支持されているだけではなく，数理統計における**中心極限定理**(central limit theorem)に支えられている．この定理の重要な点は，多くの確率現象を重ね合わせた一つの特性は正規分布に従うことを保証するものである[*1]．モンシロチョウの前翅の長さについても，幼虫期の気温，餌の量や質などの多くの環境要因，さらには個体がもつ多くの遺伝子の効果などが重ね合わされて決まるものとすれば，その分布が正規分布に従うと仮定する根拠になる．なお，正規分布はその発見者である大数学者ガウスの名にちなんで，**ガウス分布**(Gaussian distribution)と呼ばれることもある[*2]．

正規分布において，値xを取る個体が占める割合，すなわち母集団から無作為に1個体を抽出したとき，その個体の観測値が値xを取る確率は，

[*1] 18世紀末にド・モアブルが，二項分布の場合にこの定理が成り立つことを示した．その約150年後に，一般的な証明がリンデベルグとレヴィによって与えられた．

[*2] ヨハン・カール・フリードリヒ・ガウス (1777～1855)．ドイツに生まれ，数学の多くの分野に巨大な足跡を残した．天文台に勤務した頃，測定誤差の数理解析を行う過程で正規分布を発見した．

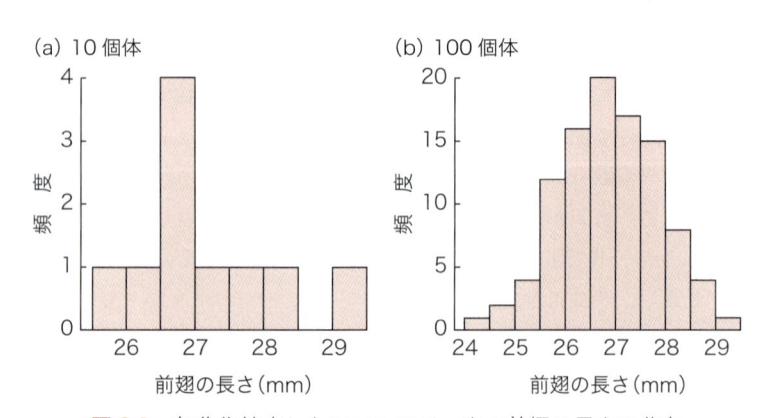

図3.1 無作為抽出したモンシロチョウの前翅の長さの分布

$$f(x) = \frac{1}{\sigma\sqrt{2\pi}} \exp\left\{-\frac{(x-\mu)^2}{2\sigma^2}\right\}$$

によって与えられる．ここで，μ は平均，σ^2 は分散（ここでは，それぞれ母平均と母分散）である．関数 $f(x)$ は，正規分布の**密度関数**（density function）と呼ばれる．また，母集団において x 以下の値をもつ個体の割合は，

$$F(x) = P(X \leq x) = \int_{-\infty}^{x} f(y)\mathrm{d}y$$

として得られる．関数 $F(x)$ は**分布関数**（distribution function）と呼ばれる．正規分布に限らず，すべての分布関数は

$$F(\infty) = \int_{-\infty}^{\infty} f(x)\mathrm{d}x = 1$$

となる性質を備えている．このことは，起こりうる可能性のあるすべての事象についての確率の和が1であることから理解できる．正規分布の密度関数の式は，本書を読み進めるうえで記憶する必要はないが，分布が平均と分散だけで決定されることに注目してほしい．したがって，正規分布を仮定した統計的手法では，平均と分散が手法の核となる．平均 μ，分散 σ^2 の正規分布を $N(\mu, \sigma^2)$ と表記し，確率変数 X がこの正規分布に従うことを

$$X \sim N(\mu, \sigma^2)$$

で表す．

図 3.2 は，正規分布集団の頻度分布を，密度関数をもとに描いたものである．分布の中心は平均 μ にあり，分布は完全に左右対称な釣鐘状の形を示す．密度関数の変曲点における x の値は，$\mu-\sigma$ および $\mu+\sigma$（すなわち，平均 ± 標準偏差）であり，集団を構成する個体の約 68% がこの範囲に入る．さら

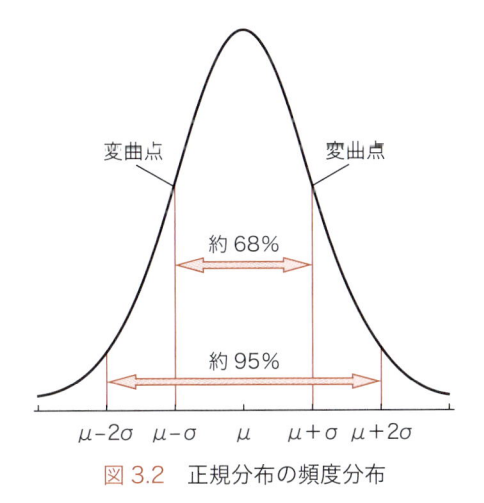

図 3.2 正規分布の頻度分布

に範囲を $\mu \pm 2\sigma$ に広げると，約 95% の個体がそのなかに含まれる．

3.2.2 標準正規分布

母平均 (μ) と母分散 (σ^2) は，母集団を全数調査しないとわからない値であるが，ここではそれらがわかっているものとして話を進めよう．先に示したモンシロチョウの集団では，前翅の長さ (mm) の母平均および母分散をそれぞれ，$\mu = 27.0$ および $\sigma^2 = 1.21$ とする．図 3.3 (a) は，正規分布 $N(27.0, 1.21)$ を仮定したモンシロチョウ集団の前翅の長さの頻度分布を示したものである．この集団で，前翅の長さが 28.5 mm 以上の個体が占める割合，すなわち前翅の長さが 28.5 mm 以上の個体が採集できる確率〔$P(X \geq 28.5)$〕は，図 3.3 (a) で示した斜線部分の面積として与えられる．その確率は，密度関数 $f(x)$ の式に母平均と母分散の値を代入して

$$P(X \geq 28.5) = \int_{28.5}^{\infty} f(x)\,dx = 1 - F(28.5)$$

を計算すれば得られるが，実際に上の積分を計算することはきわめて面倒である[*3]．ここでは，もっと簡便な方法を考えてみよう．

まず，平均 $\mu = 0$，分散 $\sigma^2 = 1$ の正規分布 $N(0, 1)$ を考えよう．この正規分布は**標準正規分布** (standardized normal distribution) といい，その密度関数を $\varphi(z)$ で表す．すなわち，

$$\varphi(z) = \frac{1}{\sqrt{2\pi}} \exp\left(-\frac{z^2}{2}\right)$$

である．図 3.3 (b) に，標準正規分布 $N(0, 1)$ の頻度分布を示した．標準正規分布に従う変数 Z が，正の値 z 以上の値を取る確率は，標準正規分布表

[*3] 説明の都合上，計算が困難であるとしたが，R を用いれば
> 1-pnorm(28.5,mean=27.0, sd=sqrt(1.21))
あるいは
> pnorm(28.5,mean=27.0, sd=sqrt(1.21),lower.tail=FALSE)
として，目的とする確率
[1] 0.08634102
が得られる．

(a) モンシロチョウの集団における前翅の長さの分布 $N(27.0, 1.21)$ を仮定

(b) 標準正規分布 $N(0, 1)$

28.5 mm は，標準正規分布ではいくらに対応するか？

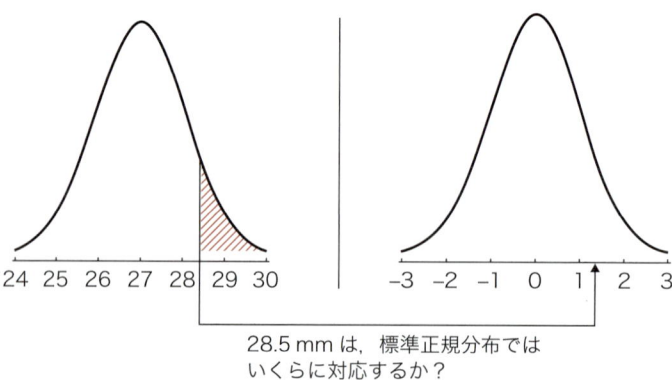

図 3.3 (a) モンシロチョウ集団における前翅の長さの分布，および (b) 標準正規分布

として巻末の付表1に与えてある．たとえば，$z = 1.0$以上の値を取る確率は，付表1から$P(Z \geq 1.0) = 0.1587$として得られる[*4]．また，分布が左右対称であることから，$z = -1$以下の値を取る確率も$P(Z \leq -1.0) = 0.1587$である．

次に，変数Xの分布が，平均μ，分散σ^2の一般の正規分布$N(\mu, \sigma^2)$に従うとし，次のような変数の変換を施そう．

$$Z = \frac{X - \mu}{\sigma}$$

変換された新たな変数Zの平均は0，分散は1となり，変数Zは標準正規分布$N(0, 1)$に従う．このような変換を**Z変換** (z-transform) あるいは**標準化** (standardization) という[*5]．

さて，モンシロチョウの前翅の長さに話をもどそう．母集団では，$\mu = 27.0$，$\sigma^2 = 1.21$（すなわち，$\sigma = 1.1$）であった．したがって，前翅の長さ28.5 mmは，標準正規分布においては

$$z = \frac{28.5 - 27.0}{1.1} = 1.364$$

の値に相当する．付表1より，標準正規分布でZが1.364以上の値を取る確率$P(Z \geq 1.364)$として0.0863を得る[*6]．Z変換では，ZとXは1対1に対応しているので，母集団において28.5 mm以上の前翅の長さをもつ個体は8.63%含まれることになる．

今度は，モンシロチョウの集団で前翅の長さについて下位10%を選んだとしたら，何mm以下の個体が選ばれるのか，という問題を考えてみよう[*7]．付表1は，与えられたzの値以上のものの出現する確率（上側確率）を示しているので，$P(Z \geq z) = 0.1$となるzを表から求めると$z = 1.2816$を得る．標準正規分布は0を中心とした左右対称な分布であるから，$z = -1.2816$以下のものが出現する確率も0.1，すなわち$P(Z \leq -1.2816) = 0.1$である．最後に$z = -1.2816$が元のモンシロチョウの集団では何mmに相当するかを考える．これには，Z変換の逆変換

$$X = Z\sigma + \mu$$

を行うことにより，求める値として，$x = -1.2816 \times 1.1 + 27.0 = 25.590$を得る．したがって，モンシロチョウの集団で前翅の長さについて下位10%の個体群には，前翅が25.59 mm以下の個体が含まれることになる．

平均μ，分散σ^2の一般正規分布$N(\mu, \sigma^2)$と標準正規分布$N(0, 1)$のあいだをつなぐZ変換とその逆変換の関係は，図3.4のようにまとめられる．

[*4] Rでは
> 1-pnorm(1.0)
あるいは
> pnorm(1.0,lower.tail=FALSE)
として，目的とする確率
[1] 0.1586553
が得られる．

[*5] 「受験戦争の申し子」である偏差値は，（Z変換した得点）× 10 + 50として得られる．

[*6] Rでは
> 1-pnorm(1.364)
あるいは
> pnorm(1.364,lower.tail=FALSE)
として，目的とする確率
[1] 0.08628378
が得られる．

[*7] この問題は，Rを用いれば
> qnorm(0.1,mean=27.0,sd=sqrt(1.21))
[1] 25.59029
として直接に解くこともできる．

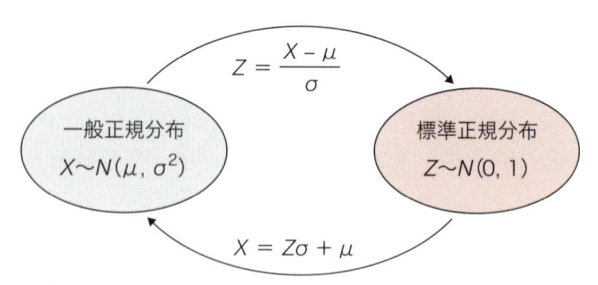

図 3.4　一般正規分布と標準正規分布の関係

3.3 離散確率変数の代表的な分布
3.3.1 二項分布

モンシロチョウの前翅の長さのように連続的な値を取る確率変数を，**連続確率変数**（continuous random variable）という．これに対して，1 匹のマウスが産む子供の数のように離散的な値を取る確率変数を，**離散確率変数**（discrete random variable）という．まず，離散確率変数の代表的な分布として，二項分布を示す．

日本の国蝶であるオオムラサキには，ノーマル型とスギタニ型と呼ばれる二つの型が知られている．ノーマル型は後翅前面の後端に赤斑があり，翅の裏面はクリーム色であるのに対して，スギタニ型は後翅前面の後端の赤斑が退化あるいは消失し，翅の裏面は白色になる．これは，遺伝的な変異であると考えられている．いま，ある地域ではスギタニ型が 20%の割合（$p = 0.2$）で含まれているものとしよう．したがって，ノーマル型の割合は 80%（$q = 0.8$）である．この地域で，オオムラサキを無作為に 4 個体採集したとき，そのなかに含まれるスギタニ型の個体数 X は，$\{0,1,2,3,4\}$ の値を取る離散確率変数である．

具体的に，採集した 4 個体のなかにスギタニ型が 2 個体含まれる確率 $P(x = 2)$ を求めてみよう．便宜上，個体を採集した順に並べ，ノーマル型に 0，スギタニ型に 1 を与える．4 個体から 2 個体を選ぶ組み合わせの数は

$$_4C_2 = \begin{pmatrix} 4 \\ 2 \end{pmatrix} = \frac{4!}{2!(4-2)!} = 6$$

であるから[*8]，採集した 4 個体に 2 個体のスギタニ型が含まれる場合の数は 6 通り考えられる．すなわち，(1,1,0,0)，(1,0,1,0)，(1,0,0,1)，(0,1,1,0)，(0,1,0,1)，(0,0,1,1) の 6 通りである．これらが起こる確率は，いずれも $p^2q^2 = 0.0256$ であるから，

$$P(x = 2) = 6p^2q^2 = 0.1536$$

を得る．同様に，$P(x = 0)$，$P(x = 1)$，$P(x = 3)$，$P(x = 4)$を求めると，

[*8] R では，$_4C_2$ は
> choose(4,2)
[1] 6
として計算できる．また，階乗の計算は，たとえば 4! なら
> factorial(4)
[1] 24
とする．

$$P(x=0) = {}_4C_0 p^0 q^4 = 1 \times 0.8^4 = 0.4096$$
$$P(x=1) = {}_4C_1 p^1 q^3 = 4 \times 0.2 \times 0.8^3 = 0.4096$$
$$P(x=3) = {}_4C_3 p^3 q^1 = 4 \times 0.2^3 \times 0.8 = 0.0256$$
$$P(x=4) = {}_4C_4 p^4 q^0 = 1 \times 0.2^4 = 0.0016$$

となる．x が取りうるすべての値に関する確率の和が，$\sum_{k=0}^{4} P(x=k) = 1$ となっていることが確認できる．

一般に母集団が A および B の二つのタイプに分けられ，それぞれのタイプに属する要素の割合が p および $q = 1 - p$ であるとき，大きさ n からなる標本集団にクラス A の標本が $k(= 0, 1, \cdots, n)$ 個含まれる確率は，

$$p_k = P(x=k) = {}_nC_k p^k q^{n-k} = \frac{n!}{k!(n-k)!} p^k (1-p)^{n-k}$$

で与えられる．これは正規分布のような連続確率変数の密度関数に相当するが，いまのように対象としている確率変数が離散確率変数であるときには，**確率関数**（probability function）という[*9]．また，上のような確率関数に従う分布を**二項分布**（binomial distribution）と呼ぶ．二項分布に従う確率変数 X の平均（期待値）と分散は

$$E[X] = np$$
$$V[X] = npq = np(1-p)$$

[*9] 離散確率変数についても密度関数ということがある．

である．標本集団に含まれるクラス A の標本の比率を確率変数としたときには，その平均と分散は

$$E[X] = p$$
$$V[X] = \frac{pq}{n} = \frac{p(1-p)}{n}$$

となる．

3.3.2 ポアソン分布

ランダムに発生する現象が，一定時間や一定面積内で発生する回数 k は，**ポアソン分布**（Poisson distribution）に従う．ポアソン分布の確率関数は

$$p_k = \frac{\lambda^k}{k!} e^{-\lambda}$$

である．ここで，λ は正の定数である．また，$k = 0$ のとき，$k! = 1$ とする．ポアソン分布の平均と分散は等しく，

$$E[X] = V[X] = \lambda$$

である．

たとえば，ある山林を $10\,\mathrm{m} \times 10\,\mathrm{m}$ の区画に分割し，各区画内に生えるカシの本数を調べて表 3.1 のような結果を得たとしよう．この調査では，計 70 個の区画が設けられ，全区画で計 68 本のカシが確認された．カシは，この山林内にランダムに分布していると考えてもよいだろうか？ この問題を考えるため，まず 1 区画あたりに生えるカシの平均本数を

$$E[X] = \lambda = \frac{68}{70} = 0.971$$

として求める．図 3.5 は，$\lambda = 0.971$ のポアソン分布から期待される k 本のカシが生える区画数が占める割合と，表 3.1 から求めた観測割合を比較したものである．厳密には，9 章で学ぶ方法によって，期待度数と観測度数が一致する程度（適合度）を検定する必要があるが，山林内にカシはほぼランダムに分布していると考えてよさそうである．

表 3.1 カシが生える本数別の区画の数

区画内のカシの本数	区画数
0	28
1	25
2	11
3	4
4	1
5	1
計	70

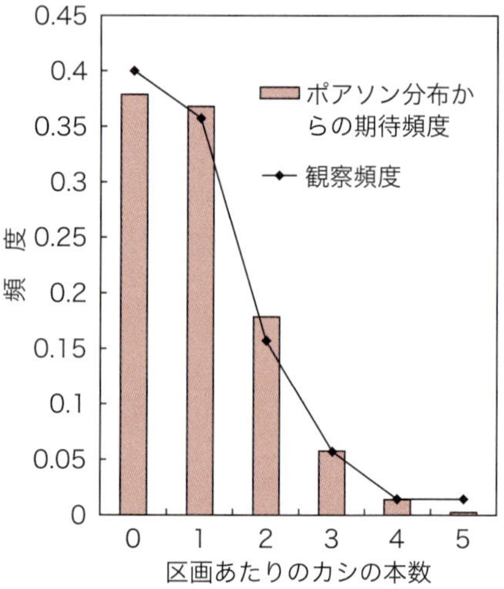

図 3.5 区画あたりカシの本数の観測頻度とポアソン分布から期待される頻度

*10 二項分布の平均を $\lambda = np$ として，確率関数を

$$p_k = \frac{n}{n} \cdot \frac{n-1}{n} \cdots \frac{n-k+1}{n}\left(1 - \frac{\lambda}{n}\right)^{-k}\left(1 - \frac{\lambda}{n}\right)^{n}\frac{\lambda^k}{k!}$$

と変形して，$\lim_{n\to\infty}(1 - \lambda/n)^n = e^{-\lambda}$ に注意しながら $n\to\infty$ とすれば，ポアソン分布の確率関数が得られる．

ポアソン分布は，標本数 n が多く，出現確率 p が小さいときの二項分布の近似を与える[*10]．すなわち，「多数の標本に含まれる稀なタイプの数」を近似する分布でもある．たとえば，ある町で 1 日に起こる交通事故の数などはポアソン分布で近似できる．

ここでは，日本で普通に見かけるテントウムシの一種ナミテントウの鞘翅の色紋について考えてみよう．ナミテントウの鞘翅の色紋は，二紋型，四紋

型，斑型および紅型の四つの型に大別できる．日本では斑型の出現頻度が最も低く，とくに北海道では出現頻度が 1% 前後の地域が多い．いま，北海道のある地域では斑型の出現頻度が 1%（$p = 0.01$）であるとしよう．この地域で 1000 個体を無作為に採集したとき，斑型が 5 個体含まれる確率は，二項分布の確率関数を用いて，

$$p(x=5) = \frac{1000!}{5!(1000-5)!} \times 0.01^5 \times 0.99^{1000-5}$$

として得られる．しかし，実際に上の式の階乗計算をすると，きわめて大きな数を扱うことになり，計算が困難である[*11]．

そこで，ポアソン分布による近似を考えてみる．採集した 1000 個体には，平均して $1000 \times 0.01 = 10$ 個体の斑型が含まれることが期待されるので，$\lambda = E[X] = 10$ である．したがって，1000 個体を採集したとき斑型が 5 個体含まれる確率は，

$$p_5 = \frac{10^5}{5!} \times e^{-10} = 0.0378$$

として得られる．

[*11] Rを用いれば
> choose(1000,5)*0.01^5*0.99^995
[1] 0.03745311
として計算できる．本文中で示したポアソン分布による近似値（0.0378）は，この値にきわめて近い．

3.4 標本分布

以下では，標本平均の分布と正規分布から導かれる代表的な標本分布を簡単に定義しておく．これらの分布の有用性は，本書を読み進むと理解できるはずである．以降の章で該当する分布がでてきたとき，もう一度この節の説明を読み直すと理解が深まるであろう．

3.4.1 標本平均の分布

正規分布する母集団から n 個の標本を抽出して標本平均を求めることを何回も繰り返すものとしよう．各回の標本平均は，当然，異なる値を取るが，母集団の平均(母平均)μとはまったく無関係な値は取らないであろう．すなわち，各回の標本平均 $\bar{x}$ は，母平均 μ の回りに集まって出現し，母平均 μ から離れた値の出現頻度は低くなるに違いない．この直観は正しく，標本平均 $\bar{x}$ は母平均 μ を平均にもつ正規分布に従う．これは，先に述べた中心極限定理から導かれる結論である．標本平均 $\bar{x}$ を多数回求めたとき，その平均（すなわち，標本平均 $\bar{x}$ の期待値）が母平均 μ になることは，標本平均が母平均の不偏推定量であるとして，すでに 2 章で学んだとおりである．また，標本平均 $\bar{x}$ が従う正規分布の分散〔$V(\bar{x})$〕は

$$V(\overline{x}) = \frac{1}{n}\sigma^2$$

*12 導き方に興味のある人は，2章のコラムを参照．

となる*12．

以上の結果は，次のようにまとめられる．一般正規分布 $N(\mu, \sigma^2)$ に従う母集団から抽出した n 個の標本の標本平均 $\overline{x}$ は，正規分布 $N(\mu, \sigma^2/n)$ に従う．すなわち，

$$\overline{x} \sim N(\mu, \sigma^2/n)$$

である．5章では，この結果を用いて平均値の区間推定を行う．この結論は，標本数 n が多ければ（$n \geq 30$ 程度），母集団が正規分布以外の分布に従うときでも成り立つ．

なお1章で示した標準誤差，すなわち

$$SE = \frac{\hat{\sigma}}{\sqrt{n}}$$

は，母分散 σ^2 の不偏推定量(不偏分散) $\hat{\sigma}^2$ を用いて推定した標本平均の分布の標準偏差である．

3.4.2 標本分散に関連した分布——χ^2 分布

次に，n 個の標本から求めた標本分散 s_x^2 の分布について考えよう．まず，**自由度** (degree of freedom) n の **χ^2 分布**（カイ二乗分布，chi-square distribution）を，標準正規分布 $N(0, 1)$ から抽出された n 個の標本($z_1, z_2, \cdots, z_n$)の2乗和

$$v = z_1^2 + z_2^2 + \cdots + z_n^2$$

*13 自由度については，次頁のコラムを参照．

が従う分布と定義しよう*13．自由度 n の χ^2 分布を $\chi^2(n)$ で表すと，

$$v \sim \chi^2(n)$$

である．図3.6には，いくつかの自由度の χ^2 分布を示した．χ^2 分布は，自由度が小さいときにはゼロのほうに偏った分布を示すが，自由度が大きくなるに従って左右対称な分布になる．自由度が十分に大きいときには，χ^2 分布は正規分布で近似できる．

一般正規分布 $N(\mu, \sigma^2)$ から得られた n 個の標本を Z 変換した値の2乗和

$$v = \left(\frac{x_1 - \mu}{\sigma}\right)^2 + \left(\frac{x_2 - \mu}{\sigma}\right)^2 + \cdots + \left(\frac{x_n - \mu}{\sigma}\right)^2$$

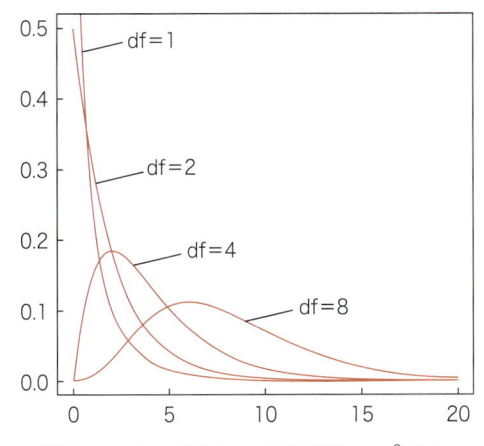

図 3.6 さまざまな自由度(df)の χ^2 分布

も自由度 n の χ^2 分布に従うことは明らかである．この式の母平均 μ を標本平均 $\bar{x}$ で置き換えて

$$w = \left(\frac{x_1 - \bar{x}}{\sigma}\right)^2 + \left(\frac{x_2 - \bar{x}}{\sigma}\right)^2 + \cdots + \left(\frac{x_n - \bar{x}}{\sigma}\right)^2$$

をつくる．w も χ^2 分布に従うが，その自由度は v のときよりも 1 だけ小さくなり，$n-1$ となる．すなわち，

Column

自由度について

初学者だけでなく，統計学を学んだ人にとっても，自由度はわかりにくい概念である．本章でも

$$w = \frac{(x_1 - \bar{x})^2}{\sigma^2} + \frac{(x_2 - \bar{x})^2}{\sigma^2} + \cdots + \frac{(x_n - \bar{x})^2}{\sigma^2}$$

が，どうして自由度 $n-1$ の χ^2 分布に従うのか，疑問をもった人が多いはずである．この説明には高度な数理統計の知識が必要であるが，$n=2$ のときは w が自由度 $n-1=1$ の χ^2 分布に従うことを以下のように簡単に示すことができる．

$n=2$ のとき，$\bar{x} = (x_1 + x_2)/2$ であるから，w は

$$w = \frac{(x_1 - x_2)^2}{2\sigma^2}$$

と書ける．いま，$y = x_1 - x_2$ と置けば，y は平均 0，分散 $2\sigma^2$ の正規分布に従う．すなわち，$y \sim N(0, 2\sigma^2)$ である．y を Z 変換して，その 2 乗を考えれば $y^2/2\sigma^2$ であり，これは w に等しい．したがって，χ^2 分布の定義より w は自由度 1 の χ^2 分布に従う．

2 章で見たように，不偏分散を求めるときにも，偏差平方和を標本の大きさ（データの個数）n ではなく $n-1$ で割った．この場合には，偏差平方和を求めるのに必要な標本平均を同じ標本から計算しているので，標本平均が $\bar{x}$ の標本において n 番目の標本は

$$x_n = n\bar{x} - (x_1 + x_2 + \cdots + x_{n-1})$$

となり，実際に自由に値を取ることのできる標本は $n-1$ 個しかない，すなわち自由度は $n-1$ であると考えることもできる．

$$w \sim \chi^2(n-1)$$

である．

標本分散 s_x^2 が

$$s_x^2 = \frac{1}{n}\{(x_1 - \overline{x})^2 + (x_2 - \overline{x})^2 + \cdots + (x_n - \overline{x})^2\}$$

であるから，$w = ns_x^2/\sigma^2$ と書け，ns_x^2/σ^2 も自由度 $n-1$ の χ^2 分布に従う．すなわち，

$$\frac{ns_x^2}{\sigma^2} \sim \chi^2(n-1)$$

である．不偏分散 $\hat{\sigma}^2$ についても，

$$\frac{(n-1)\hat{\sigma}^2}{\sigma^2} \sim \chi^2(n-1)$$

となる．

χ^2 分布は，多くの統計的問題に利用される重要な分布である．本書でも，この分布の定義を直接に利用して，5 章で分散の区間推定を行う．また 9 章では，χ^2 分布による検定（χ^2 検定）を観測度数と理論度数のあいだの適合度を調べるときに用いる．

3.4.3　二つの標本分散の比に関する分布——F 分布

独立な二つの確率変数 X と Y が，それぞれ自由度 m および自由度 n の χ^2 分布に従うとき，比

$$F = \frac{X/m}{Y/n}$$

は自由度対 (m, n) の **F 分布** (F-distribution) に従う[*14]．記号で表すと，$F \sim F(m, n)$ である．図 3.7 には自由度対 $(3, 16)$ の F 分布を示した．

同一の正規分布 $N(\mu, \sigma^2)$ から抽出された n_1 個の標本（標本 1）の標本分散 s_1^2 と n_2 個の標本（標本 2）の標本分散 s_2^2 は，それぞれ

$$\frac{n_1 s_1^2}{\sigma^2} \sim \chi^2(n_1 - 1) \quad \text{および} \quad \frac{n_2 s_2^2}{\sigma^2} \sim \chi^2(n_2 - 1)$$

であるから，その比は

[*14] F 分布は，ロナルド・フィッシャー（1890〜1962）の発見による．彼は数理統計学者としてだけでなく，集団遺伝学者としても著名．1 章および 7 章のコラムも参照．

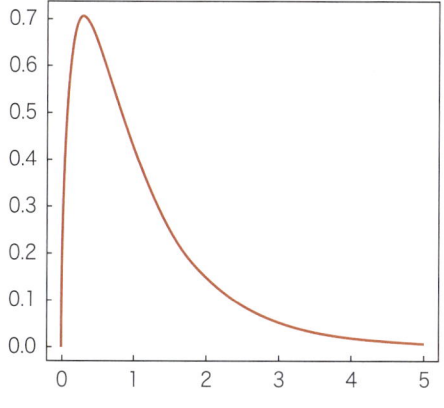

図3.7 自由度対(3, 16)のF分布

$$\frac{s_1^2 n_1/(n_1-1)}{s_2^2 n_2/(n_2-1)} \sim F(n_1-1, n_2-1)$$

となり，F分布に従う．標本1と標本2の不偏分散を，それぞれ$\hat{\sigma}_1^2$および$\hat{\sigma}_2^2$とすれば，$\hat{\sigma}_1^2 = s_1^2 n_1/(n_1-1)$および$\hat{\sigma}_2^2 = s_2^2 n_2/(n_2-1)$であるから，

$$\frac{\hat{\sigma}_1^2}{\hat{\sigma}_2^2} \sim F(n_1-1, n_2-1)$$

である．F分布による検定（F検定）は，4章における等分散の検定および7章で学ぶ分散分析に利用される．

3.4.4　t分布

標本平均$\bar{x}$が$N(\mu, \sigma^2/n)$に従うことは，すでに3.4.1項で学んだ．したがって，標本平均$\bar{x}$のZ変換

$$Z = \frac{\sqrt{n}(\bar{x}-\mu)}{\sigma}$$

は標準正規分布$N(0, 1)$に従う．このZ変換において，母標準偏差σをその不偏推定量$\hat{\sigma}$（不偏分散の平方根）で置き換えたものを，**T変換**（T transform）という．標本平均$\bar{x}$のT変換は，自由度$n-1$のt分布（t-distribution）に従う[*15]．すなわち，

$$T = \frac{\sqrt{n}(\bar{x}-\mu)}{\hat{\sigma}} \sim t(n-1)$$

である．

図3.8には，1から8の4種類の自由度のt分布を示した．正規分布と同

[*15] t分布はウィリアム・ゴセット（1876～1937）の発見による．詳しくは1章のコラムを参照．

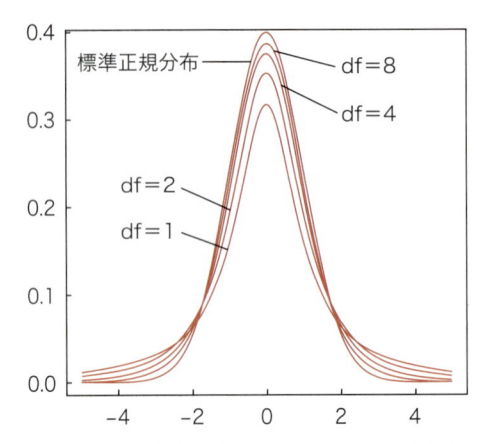

図 3.8 さまざまな自由度(df)をもつ t 分布と標準正規分布

じく，完全に左右対称な分布型であるが，正規分布よりも頂点が低く，分布の裾野はやや高くなる．自由度が大きくなるに従い，図から明らかなように t 分布は正規分布に近づく．

t 分布を用いた検定（t 検定）は 4 章で学ぶ平均値間の比較に用い，5 章では平均値の区間推定に t 分布を利用する．

練習問題

1 前翅の長さが平均 27.0 mm，分散 1.21 の正規分布に従うモンシロチョウの集団において，前翅が 25.5 mm 以下の個体が占める割合を求めなさい．また，この集団で前翅の長さについて上位 20%の個体群は，何 mm 以上の前翅の長さを示すか．まず，正規分布表を使って答えを求め，R を利用して答えが正しいことを確認しなさい．

2 上のモンシロチョウの集団を母集団として，20 個体を無作為抽出したときの前翅の長さの標本平均は，どのような分布に従うか．

3 以下に示した R のプログラムは，練習問題 1 のモンシロチョウの母集団から 100 個体を無作為抽出して標本平均を求める試行を 10,000 回繰り返して行い，10,000 個の標本平均の平均値と分散を求めるとともに，10,000 個の標本平均のヒストグラムを描くためのものである．このプログラムを

```
標本平均 <- numeric(length=10000)      # 10,000 個の標本平均を格納する場所を確保
for(i in 1:10000){                      # { } に囲まれた処理を 10,000 回繰り返す
標本 <- rnorm(n=100,mean=27.0,sd=1.1)   # 100 個体の標本抽出
標本平均 [i] <- mean( 標本 )            # 標本平均を計算して格納
}
mean( 標本平均 )                        #10,000 個の標本平均の平均値の計算
var( 標本平均 )                         #10,000 個の標本平均の分散の計算
hist( 標本平均 ,26,28)                  #10,000 個の標本平均のヒストグラムを作成
```

実行して，得られた標本平均の平均値と分散を 3.4.1 項で示した理論から期待される値と比較しなさい．また，同様の比較を，標本数を $n = 1000$ とした場合についても行いなさい．

4 中国が原産の梅山豚（メイシャントン）は，多産系のブタ品種として知られる．この品種の 1 頭の雌が 1 回の分娩で 13 頭の子ブタを産んだ．13 頭の子ブタのうち，5 頭が雄である確率を求めなさい．なお，性比は 1:1 とする．

5 貯蔵豆類の害虫であるヨツモンマメゾウムシとブラジルマメゾウムシの 2 種について，成虫の雌をそれぞれの種ごとに，アズキ 50 粒を入れたシャーレのなかで 12 時間産卵させた．その後，アズキ 1 粒ごとに産卵された卵を数えて，下の表のような結果を得た．それぞれの種について，図 3.5 のような図を描き，ポアソン分布から期待される頻度と比較して，2 種の産卵習性について考察しなさい．

ヨツモンマメゾウムシ		ブラジルマメゾウムシ	
産卵数	アズキ粒数	産卵数	アズキ粒数
0	6	0	26
1	38	1	17
2	6	2	5
3	0	3	2
4	0	4	0
5	0	5	0
計	50	計	50

4章 二つの平均値の比較

　動物の成長促進に効果があるという飼料添加物が新たに開発されたとしよう．その効果を実際に検証するには，添加物を含む飼料を与えるグループ（給与区）と添加物なしの飼料を与えるグループ（対照区）を設定し，両グループから成長に関するデータ（標本）を採取して比較するのが一般的である．このような比較は最も基本的な実験計画であるが，この添加物の効果を統計的に明らかにするためには，二つのグループのデータをどのように取り扱えばよいのだろうか．

4.1 仮説検定

　上記のような試験を行う研究者の興味は，その添加物が動物の成長に影響を与えるかどうかという点にある．ここで研究の対象を体重の増加量（増体量）とすれば，二つのグループの増体量に差があるのかどうかを知りたいのである．そこで，「添加物の効果はある」という仮説と「添加物の効果はない」という両方の仮説を立てたうえで，試験で得られたデータから判断材料となる統計量を計算し，どちらの仮説の信憑性がより高いのか結論を下す．この一連の流れを**仮説検定**（hypothesis testing）と呼ぶ．ここでは二つの平均値を比較するための仮説検定を示すが，二つ以上のグループからデータが得られた場合（7章）や，データが正規分布していない場合（11章）の仮説検定も存在し，状況に応じて適切な手法を選択しなければならない．

　この例では「添加物の効果はある」という仮説と「添加物の効果はない」という仮説を取り上げているが，研究者はその添加物の効果はあると考えて試験を行うのであって，結論として期待するのは通常「効果はある」という仮説のほうである．ここで，検定の結果，採択したい仮説が否定（棄却）された場合に採用（採択）しなければならない仮説，すなわち「効果はない」という仮説のことを，「効果はある」という仮説が無に帰るという意味で**帰無仮説**（null hypothesis）と呼んでいる．一方の「効果はある」という仮説は，帰無仮説に対応する意味で**対立仮説**（alternative hypothesis）と呼び，すべての仮説検定は分析に応じた適切な帰無仮説と対立仮説を設定することから始まる．ここで留意すべき点は，仮説検定でわれわれが知りたいのは標本における差や効果ではなく，あくまでもその標本が属する母集団における差や効果だということである．

いま，給与区の平均値と対照区の平均値の差を x_d と置き，同じ試験を無限に繰り返せたと仮定してみよう．このとき母集団に相当する無限個の x_d が得られるが，帰無仮説が正しく「添加物の効果はない」ならば，x_d は平均0の周りに分布し，頻度は図4.1のようになると期待される．

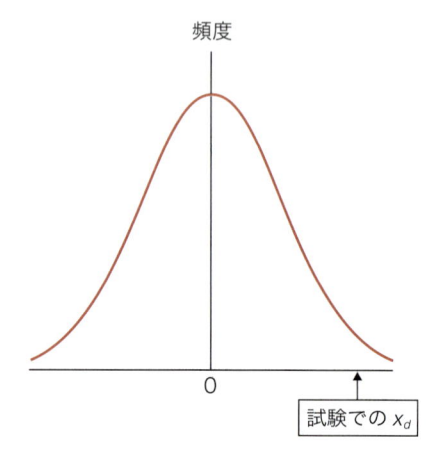

図4.1　給与区と対照区の平均値の差の分布

先に述べたように検定の目的は母集団の特性を知ることであるが，実際に行われる1回の試験からは x_d 一つが計算できるだけである．その試験の結果，x_d が0の近辺にあれば，おそらく添加物の効果はないと考え，帰無仮説を採択するだろう．しかし，その x_d が図の矢印のようなところに位置したら，どう結論づけるべきだろうか．帰無仮説が正しければ二つの区の平均値は違わないので，そのような x_d は起こりにくいはずであるが，実験誤差の影響で偶然にそのような x_d が得られたと考えるべきなのか．あるいはその差には意味がある，すなわち**有意**（significant）と解釈し，添加物の差はないという帰無仮説のほうを疑うべきなのか．

仮説検定では事前に母集団の分布上に基準を設け，得られた x_d がその基準を超えるときに帰無仮説を疑う．この基準は試験の目的によって分布の右裾や左裾，あるいはその双方に設定し，分布全体の面積を1としたときの割合で表す．ここで，基準を超える部分は帰無仮説を棄却する範囲なので**棄却域**（rejection region）といい，分布全体の面積に対する棄却域の割合を**有**

意水準 (significance level) と呼んでいる．また，棄却域とそうでない部分を分ける地点を**棄却限界値** (critical value) という．有意水準を 0.05（5%）とした仮説検定で x_d が棄却域に落ちた場合，これは（実際には不可能だが）同じ試験を 100 回繰り返したとき，帰無仮説が正しければ 5 回ほどしか起こらない稀な現象であったことを意味する．仮説検定では稀な現象が起こったという偶然を認めず，帰無仮説を棄却し「添加物の効果はある」という対立仮説を採択するのである．

4.2 過誤のタイプ

2 章で学んだように，実験で得られた標本は母集団の一部分であるので，そこから 100% の信頼度で母集団の特性に関する結論を下すことはできない．したがって，採択する仮説に対してある程度の誤りの可能性を認めたうえで仮説検定は行われる．この誤りを**過誤** (error) というが，仮説検定で起こりうる過誤には以下の二つのタイプがある．

	帰無仮説が正しい	対立仮説が正しい
帰無仮説を採択	過誤なし	第二種の過誤
対立仮説を採択	第一種の過誤	過誤なし

第一種の過誤 (type I error) は，本当は帰無仮説（H_0）が正しいにもかかわらず対立仮説（H_1）を採択してしまう過誤で，その確率を α で表す．これはつまり有意水準（**危険率**とも呼ばれる）のことであり，α の確率で起こりうる稀な標本を観測したがゆえに，本当は正しい帰無仮説を棄却してしまう過誤である．一方，対立仮説が正しいときに帰無仮説を採択してしまう誤りを**第二種の過誤** (type II error) といい，β で表す[*1]．

飼料添加物の例に当てはめると，第一種の過誤は，本当は「添加物の効果はない」のに「添加物の効果はある」と結論づける誤りであり，この誤りを小さくするには α を小さく設定しておき，標本から求めた統計量が α に対応する棄却限界値を上回る際に有意であると判断すればよい．一般に生物統計学では α を 5% に設定することが多いが，1% や 0.1%，ときには 10% という有意水準を設定することもあり，明確なルールが存在するわけではない．これは第一種の過誤を犯したときに発生する損害の大きさにより決定されるべき性質のものである．

逆に，毒性試験などでは第二種の過誤を小さくすることが求められる．これは，毒性があるのにないと判断してしまう誤りを防ぐためである．

4.3 両側検定と片側検定

添加物の効果の有無を考えたとき，二つのグループの差 x_d は正の場合も

[*1] 対立仮説（H_1）が正しいときに H_1 を採択する確率は，
$P = 1 -$（H_1 が正しいときに H_0 を採択する確率）$= 1 - \beta$
であり，これを検定の**検出力** (power of test) と呼ぶ．

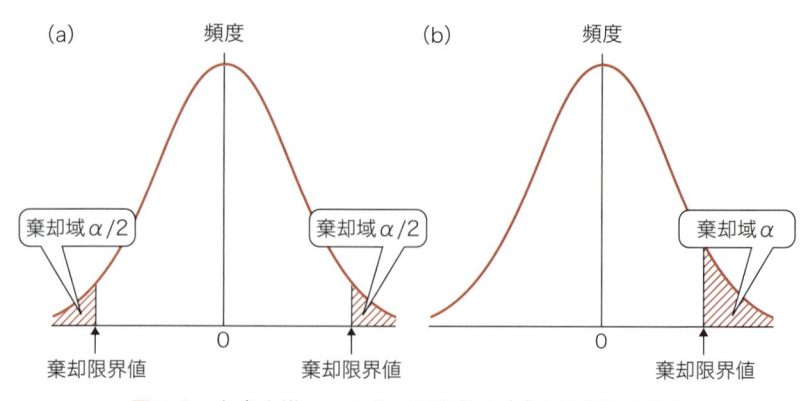

図4.2 有意水準αのときの両側検定(a)と片側検定(b)

あれば負の場合もある．単に差の有無を検定の対象とする場合にはx_dの符号は問題ではなく，0から遠いほどその差は有意であると考える．これは図4.2(a)のように分布の両側に棄却域が存在している状況であり，**両側検定** (two-sided test) と呼ばれている．

一方，実験の性質により，その正負まで含めて検定したいときがある．先の例のように開発した添加物が増体によい効果を与えると期待されているときには，給与区と対照区の差は正でなければならない．このとき，棄却域は図4.2(b)のように分布の右(上)側にのみ存在し，**片側検定** (one-sided test) と呼ばれている．

有意水準が同じαでも，検定が両側か片側かで棄却限界値が異なってくる．片側検定では分布の一端にαの棄却域が存在するが，両側検定では上下それぞれの棄却域が$\alpha/2$で，両端を合わせてαとなっている．したがって，片側検定は符号が検定の対象になる点で両側検定より厳しく，両側検定は有意と判断するに必要なx_dの大きさの点で片側検定より厳しいといえる．

4.4 対応のない標本の平均値の比較

具体的なデータを使用して実際に仮説検定を行ってみよう．ここでは，ウマのサラブレッド種5頭とアラブ種4頭の体高(cm)を比較し(表4.1)，両品種に差があるか有意水準5%の両側検定で判断することにしよう．このような二つの標本における平均値の比較は，t分布を利用して仮説検定を行うことから **t 検定** (t-test) と呼ばれている．t検定における前提は二つの母集団が正規分布に従い，分散が等しい(等分散)ということである．正規性が保て

表4.1 ウマの体高(cm)に関するデータ

サラブレッド	160, 168, 158, 165, 161
アラブ	153, 155, 149, 152

るかどうかは 11 章で示す**ジャック・ベラ検定**などを参照すること．

サラブレッドとアラブは異なる品種なので，両者は対応のない標本という．一方，同じ個体を二つの環境で測定したような場合にはそれぞれのデータに関連があるので，測定値間に対応のある標本となり，分析方法が異なる．

例題での帰無仮説(H_0)および対立仮説(H_1)はそれぞれ

H_0：サラブレッドとアラブの体高に差はない
H_1：サラブレッドとアラブの体高に差はある

と書ける．サラブレッドの体高の平均を $\bar{x}_1$，アラブの体高の平均を $\bar{x}_2$ とし，それぞれの母平均を μ_1 および μ_2 とすれば，二つの仮説は

H_0：$\mu_1 - \mu_2 = 0$（または$\mu_1 = \mu_2$）
H_1：$\mu_1 - \mu_2 \neq 0$（または$\mu_1 \neq \mu_2$）

とも表記できる．さらにサラブレッドとアラブの標本数をそれぞれ n_1 および n_2，体高の偏差平方和をそれぞれ SS_1 および SS_2 とすると，両品種を込みにした共通の分散は，

$$v = \frac{SS_1 + SS_2}{(n_1 - 1) + (n_2 - 1)}$$

で得られる．サラブレッドとアラブに差があるかどうかは，共通の分散から得られる標準誤差で体高の差を割った統計量

$$t_0 = \frac{\bar{x}_1 - \bar{x}_2}{\sqrt{v\left(\dfrac{1}{n_1} + \dfrac{1}{n_2}\right)}}$$

により判断する．帰無仮説のもとで，t_0 は自由度 $\varphi = n_1 + n_2 - 2$ の t 分布に従うことが知られている．例題では

$\bar{x}_1 = 162.4$，$\bar{x}_2 = 152.25$，$SS_1 = 65.2$，$SS_2 = 18.75$

なので，

$$t_0 = \frac{162.4 - 152.25}{\sqrt{\dfrac{65.2 + 18.75}{5 + 4 - 2}\left(\dfrac{1}{5} + \dfrac{1}{4}\right)}} = 4.369$$

が得られる．自由度は 7 である．

ここでは 5%水準での両側検定を考えているので，分布の両側に存在するそれぞれ 2.5%の棄却域のどちらかに t_0 があれば帰無仮説を棄却し，有意な

差があると判断する．巻末の t 分布表〔付表 3〕を見ると自由度 $\varphi = 7$ と片側確率 0.025（すなわち両側確率 $\alpha = 0.05$）の交わるところの数値は 2.365 であり，この値が棄却限界値〔これを $t(7; 0.025)$ と表記する〕に相当する．得られた $t_0 = 4.369$ は 2.365 よりずっと大きく，結論は差がないとする H_0 を棄却し，H_1 を採択することになる．つまり「サラブレッドとアラブの体高は 5% 水準で有意に差がある」と結論できる．これは，母集団に差がないにもかかわらず標本の採り方で偶然そのような差が起こってしまう確率は小さいことを意味し，両品種の体高に明らかな差が存在していると考えてよいことを示している[*2]．

一般に分布表は上側（右側）の棄却域に対する限界値を示したものであるが，現実には $\bar{x}_1 < \bar{x}_2$ のとき t_0 は負の値となるので，下側（左側）の限界値と比較したい場合もある．このようなときは，t 分布が左右対称の形であることに注意し，t_0 の絶対値と t 分布表の数値を比較すればよい．

次に同じデータで 5% 水準での片側検定を実施してみよう．このとき，

H_0：サラブレッドとアラブの体高に差はない

H_1：サラブレッドの体高はアラブの体高より大きい

とする．これらは

$H_0 : \mu_1 - \mu_2 = 0$（または $\mu_1 = \mu_2$）

$H_1 : \mu_1 - \mu_2 > 0$（または $\mu_1 > \mu_2$）

とも表記できる．検定の材料となる t_0 は 4.369 と同じであるが，棄却限界値が異なる．片側検定は棄却域が分布の一方のみに存在するので，t 分布表の自由度 $\varphi = 7$ と片側確率 0.05 の交わる値 $t(7; 0.05) = 1.895$ が棄却限界値である[*3]．得られた t_0 は棄却限界値より大きいので，こちらも帰無仮説は棄却され，「サラブレッドの体高はアラブの体高より 5% 水準で有意に大きい」と結論できる．ちなみに上記の対立仮説において，t_0 が 0 か負となる場合（すなわち $\bar{x}_1 \leq \bar{x}_2$ のとき）は，いうまでもなく帰無仮説が採択される．

上記の手法は，厳密には二つのグループが等分散であるという仮定のもとに成り立っているが，等分散かどうかは一般に分散比を用いた F 検定により実施する．例題のサラブレッドとアラブの体高に関して等分散の検定を 5% 水準で行うと，それぞれの分散を v_1 および v_2 と置けば，その分散比は

$$F_0 = \frac{v_1}{v_2} = \frac{SS_1/(n_1-1)}{SS_2/(n_2-1)} = \frac{65.2/4}{18.75/3} = 2.608$$

となる．このように標本から計算される分散比は，3 章で見たように，分子の自由度 $\varphi_1 = n_1 - 1$ および分母の自由度 $\varphi_2 = n_2 - 1$ の F 分布に従うこと

[*2] 最近ではこのような事前に設定した有意水準との比較ではなく，得られた t_0 が何% 水準の仮説検定での棄却限界値に相当するかを結果として示すことも多い．これには R の利用が便利であり，pt 関数に t_0 と自由度 φ を
> pt(4.369,7)
のように与えると，0.998361 が返される．これは自由度 7 の t 分布において t_0 が 4.369 より小さくなる確率を表している．つまり，$t_0 \geq 4.369$ となるような逆の確率は 0.001639 であることと同義であり，実際 R に
> 1-pt(4.369,7)
とすれば上記の値となる．例題では正の t_0 が得られたが，両側検定は差の符号を検定の対象にしないため $t_0 \leq -4.369$ も同じ確率で起こりうると考える．ここで t 分布が左右対称であることを利用すれば，$t_0 \geq 4.369$ の起こる確率を 2 倍すれば何% 水準での棄却限界値に相当するかを知ることができる．つまり R を利用すれば，
> 2*(1-pt(4.369,7))
と表され，0.003278 が返される（* は乗算を意味する）．検定の結果は probability（確率）の頭文字を取り「サラブレッドとアラブの体高は $p = 0.003$ で有意に差がある」と結論される．つまり例題のような体高の差は帰無仮説が正しいときには 0.3% 程度の確率でしか起こらないことを意味している．

[*3] R では qt 関数により棄却限界値が求められる．ここでは
> qt(0.05,7)
とすれば，t 分布の下側を 5% で区切る t 値が -1.895 であることがわかる．t 分布は左右対称なので，1.895 が上側を 5% で区切る棄却限界値である．また
> 1-pt(4.369,7)
とすれば正確な p 値が求められる．

が知られており，F_0 と F 分布表の数値を比較することで有意かどうかの検定を行う．F 分布は自由度の組み合わせにより異なった形状となることから，分布の上側確率について代表的な有意水準のみ表が提供されている．ここでは 5%水準の両側検定を考えていることから，F 分布の 2.5%点を示した付表 6 を利用し，自由度 $\varphi_1 = 4$ および $\varphi_2 = 3$ の交わる数値である 15.101 を読み取る[*4]．F_0 はこの数値より小さいので，標本の分散が異なるとはいえない．つまり，5%水準で消極的にではあるが等分散であると考えてよい．

分散比の算出は F 分布表が上側確率のみを示している関係上，分子に必ず大きいほうの分散を置く必要があり，例題とは逆に $v_1 < v_2$ であれば

$$F_0 = \frac{v_2}{v_1}$$

とし，自由度も分子が $n_2 - 1$，分母が $n_1 - 1$ となることに留意する．

一方で等分散性が棄却された場合には，異分散にも対応した t 検定（**ウェルチの t 検定**）を用いるべきである．ウェルチの t 検定を例題に適用すると，

$$t_0 = \frac{\overline{x}_1 - \overline{x}_2}{\sqrt{\dfrac{v_1}{n_1} + \dfrac{v_2}{n_2}}} = \frac{162.4 - 152.25}{\sqrt{\dfrac{16.3}{5} + \dfrac{6.25}{4}}} = 4.622$$

である．ここでの自由度は

$$\varphi = \frac{\left(\dfrac{v_1}{n_1} + \dfrac{v_2}{n_2}\right)^2}{\dfrac{v_1^2}{n_1^2(n_1-1)} + \dfrac{v_2^2}{n_2^2(n_2-1)}} = \frac{\left(\dfrac{16.3}{5} + \dfrac{6.25}{4}\right)^2}{\dfrac{16.3^2}{5^2 \times (5-1)} + \dfrac{6.25^2}{4^2 \times (4-1)}} = 6.701$$

であるが，整数とはならず，補間法により棄却限界値を算出する．すなわち，$\varphi = 6.701$ の棄却限界値は $\varphi = 6$ と $\varphi = 7$ のあいだにあるので，自由度の逆数により

$$q = \frac{\dfrac{1}{6.701} - \dfrac{1}{7}}{\dfrac{1}{6} - \dfrac{1}{7}} = 0.268$$

を求めると，$t(6, 0.05/2)$ および $t(7, 0.05/2)$ に与える重みとして，それぞれ q および $1 - q$ が得られる．ここで $t(6, 0.05/2)$ および $t(7, 0.05/2)$ は 2.447 および 2.365 であるので，

[*4] R では
qf(0.025,4,3,lower.tail=FALSE)
> 2*(1−pf(2.608,4,3))
とすれば正確な F 値と p 値が求められる．

$$t(6.701; 0.05/2) = q \times 2.447 + (1-q) \times 2.365$$
$$= 0.268 \times 2.447 + (1-0.268) \times 2.365 = 2.387$$

となる[*5]．したがって，品種間の体高に有意な差があると結論づけることができる．二つの独立な標本を比較する際には，経験的に分散が等しいと考えられるときを除いて，ウェルチの t 検定の採用が主流になりつつある[*6]．

*5 Rのpt関数は小数の自由度にも対応しており，
>2*(1-pt(4.622,6.701))
とすれば p 値として 0.00271 が返される．

*6 Rではt.testによりt検定が可能であるが，ウェルチの t 検定がデフォルトである．すなわち，データが含まれる二つのベクトルを
>thor <- c(160,168,…,161)
>arab <- c(153,155,…,152)
と定義し，
>t.test(thor,arab)
とすればウェルチの t 検定を実施し，
>t.test(thor,arab,var.equal=T)
とすれば等分散を仮定した t 検定を行う．

4.5 対応のある標本の平均値の比較

同じ個体の呼吸数や体温を高温下と低温下で測定した標本や，2種類の薬品を同一の被験者に投与して得た標本などは，標本が独立ではなく互いになんらかの関係性をもつため，前節の手法を適用してはならない．ここでは，5個体の放牧牛の歩数を5月と11月に測定した例を考える．表4.2より5月と11月には平均で427歩の違いがあり，季節変動があるように見受けられる．行動量（1日あたりの歩数）に変化があるのかどうか，5%水準の両側検定で比較してみよう．

表 4.2 ウシの歩数に関するデータ

	個 体				
	A	B	C	D	E
5月の歩数	3986	3284	4125	4365	3649
11月の歩数	4823	3625	4718	4122	4256
差	837	341	593	−243	607

先と同様に，検定の対象となる仮説を明確にする．個体AからEの歩数の変化を検定したいので，帰無仮説(H_0)と対立仮説(H_1)は

H_0：ウシの5月の歩数と11月の歩数に差はない ($\delta = 0$)

Column

3群以上の比較には

3群以上の平均値の比較に，t 検定をすべての組み合わせで繰り返す誤った分析を行っている場面に遭遇することがある．母集団の平均値が等しいとき，t 検定の有意水準 α は，検定結果が $1-\alpha$ の確率で有意とならないことを保障している．たとえば4群の総当たりを t 検定で比較すると $4 \times (4-1)/2 = 6$ 回の t 検定が必要となるが，このとき $(1-\alpha)^6$ の確率で有意差は検出されない．つまり α を5%とすれば $1-(1-0.05)^6 = 0.265$ の確率で有意差が検出されることとなり，設定の5倍になってしまう．このような3群以上の比較には，全体として有意水準 α を保障する多重比較の手法（7章）を利用すべきである．

H₁：ウシの5月の歩数と11月の歩数に差はある($\delta \neq 0$)

となる．ここで，δ は5月と11月の歩数の差の平均 $\bar{d}$ の母平均である．検定に用いる統計量は，v_d を差の不偏分散，n を比較する組数（ここでは個体数）として，

$$t_0 = \frac{\bar{d}}{\sqrt{\frac{v_d}{n}}}$$

で表され，帰無仮説のもとで t_0 は自由度 $\varphi = n-1$ の t 分布に従う．例題では，

$$t_0 = \frac{427}{\sqrt{\frac{171088}{5}}} = 2.308 < t(4; 0.05/2) = 2.776$$

なので帰無仮説を採択する[*7]．ここでの自由度は個体数（組数）から1を引いた4である．なお，自由度を対応のない場合のように8とすると，5％水準の棄却域に入り，「差がある」という誤った結論を導くことになる．

仮に，植相がまばらになり，一定量の草を摂取するためには11月のほうが歩き回らなければならないという仮説が設定できるならば，片側検定も可能である．その際の5％水準の棄却限界値は $t(4; 0.05) = 2.132$ であり，こちらは有意な差があるとの結論を得る[*8]．

また，H₀ が棄却できないときに「歩数に差はない」という結論を下すのは厳密には間違いである．検定の結果は「差がある」という仮説が否定されたにすぎず，逆の仮説「差がない」ということを積極的に証明したわけではない．したがって，例題の結論は「ウシの5月と11月の歩数には有意な差があるとはいえない」となる．もし H₀ が棄却できないときに「差がない」といえるならば，t_0 の計算式からわかるように「差がない」ことを示すには小さな標本で試験を行うほうが有利となり，誤りであることは容易に理解できよう．

[*7] Rでは
>2*(1-pt(2.308,4))
とすれば正確な p 値が求められる．また差を含んだベクトル
>dif <- c(837,341,…,607)
を用い
>t.test(dif)
により検定が行える．

[*8] Rでは
>1-pt(2.308,4)
とすれば正確な p 値が求められる．

練習問題

1 自由度17の t 分布で $t_0 \geq 2.110$ となるような確率はいくらか．

2 自由度9の t 検定において，両側検定を仮定し有意水準に5％を設定した場合の棄却限界値の絶対値はいくらか．

3 自由度5の t 検定において，片側検定を仮定し有意水準に1％を設定した場合の棄却限界値の絶対値はいくらか．

4 トウモロコシの草丈（cm）に関して二つの処理区より下記のデータを得た．A区とB区の草丈に差があるといえるか．5％水準で検定しなさい．

A区	308	319	313	304	296	302	307
B区	236	260	245	275	251	245	

5 ウシの呼吸数（回/分）について6頭から下記のデータを得た．暑熱時の呼吸数は寒冷時より有意に多いといえるか．5％水準で検定しなさい．

	個体A	個体B	個体C	個体D	個体E	個体F
暑熱時	37	35	32	38	34	36
寒冷時	20	25	19	23	24	21

5章　区間推定

2章で学んだように，統計的推測の一つの重要な側面は，母集団の特徴を表す母数を標本から推定することである．推定には，母数を一つの値として推定する**点推定**(point estimation)と母数が含まれる区間を推定する**区間推定**(interval estimation)がある．本章では，区間推定の考え方と母平均および母分散の区間推定について学ぶ．

5.1　区間推定の考え方

台風の進路予想は，私たちになじみ深い区間推定の一つである．図5.1は平成19年8月1日15時における台風5号の進路予想である．図には一定時間後に台風の中心が到達すると予想される位置が円（予報円と呼ばれる）で示されている．この円の中心は，台風の到達する可能性が最も高い地点をピ

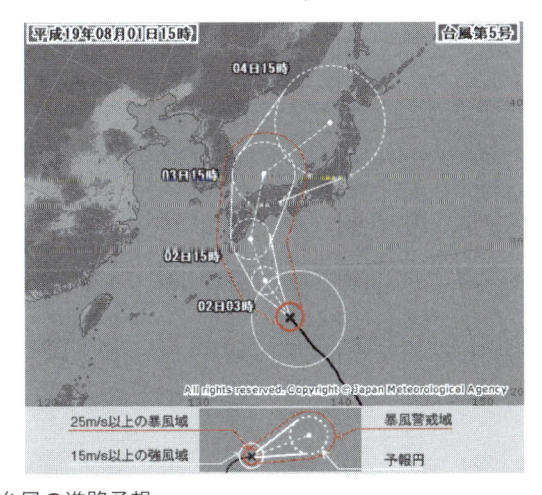

図 5.1　台風の進路予想
気象庁ホームページ(http://www.jma.go.jp/jma/kishou/know/typhoon/7-1.html)より．

ンポイントで予想したものであり，統計的推測における点推定と考えることができる．一方，予報円は台風の中心の到達地点の区間推定に相当する．台風の接近に対して注意を喚起し，広域にわたる被害を未然に防ぐには，ピンポイントの予報よりも予報円のほうがはるかに有効であろう．

台風の予報円は，台風の中心が70%の確率で到達すると予想される地域を示している．もし100%の確率で台風の進路を予想するなら，予報円は無限に大きくなり予報の意味をなさなくなる．逆に，予報円の大きさを小さくしすぎると，その円内に台風の中心が到達する確率も小さくなり，予報の正確度も低下する．

台風の予報円と同じように，母数の区間推定でも推定された区間に確率 $1-\alpha$ で母数が含まれるように，区間の下限と上限を定める．このようにして設定された区間を信頼度 $100(1-\alpha)$%の**信頼区間**（confidence interval）といい，区間の両端の点を**信頼限界**（confidence limit）という．一般には，$\alpha = 0.05$ とした95%信頼区間が設定されることが多い．

5.2 母平均の区間推定

3章で見たモンシロチョウの前翅の長さについて，もう一度考えてみよう．ある地域のモンシロチョウの集団（母集団）から20個体を採集して前翅の長さを測定し，表5.1のような結果を得た．

表5.1 モンシロチョウ20個体の前翅の長さ（単位：mm）

26.1	25.8	25.7	27.2	28.0	28.9	26.8	26.6	27.2	27.5
28.1	27.0	26.5	26.7	27.9	28.1	27.3	28.9	27.3	27.2

これら20個体の前翅の長さの平均（標本平均）は27.24 mmであり，これは母平均の点推定である．このデータから母平均を区間推定してみよう．

3章で見たように，母平均 μ，母分散 σ^2 をもつ正規分布に従う母集団から大きさ n（個体数 n）の標本を何回も抽出し，それぞれについて標本平均を求めると，標本平均 $\overline{X}$ は平均 μ，分散 σ^2/n をもつ正規分布に従う．すなわち，

$$\overline{X} \sim N(\mu, \sigma^2/n)$$

である．不自然な仮定ではあるが，まず母分散 σ^2 がわかっているものとしよう．

3章で示したように，標本平均を Z 変換すると標準正規分布に従う．すなわち，

$$Z = \frac{\sqrt{n}(\overline{X} - \mu)}{\sigma} \sim N(0, 1)$$

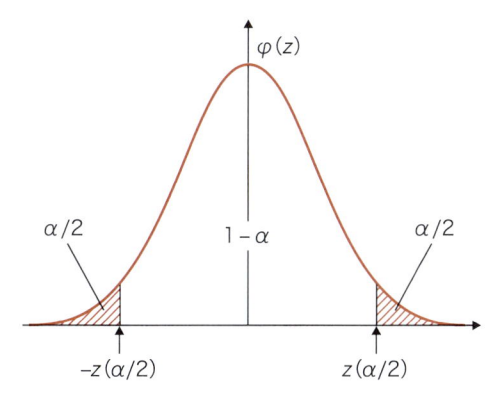

図 5.2　標準正規分布における両側 α/2 点
斜線部分の面積の和(確率)が α となる．

である．図 5.2 に示すように，標準正規分布の上側および下側の α/2 の点，すなわち $\pm z(\alpha/2)$ に対して，Z は確率 $1-\alpha$ で区間 $[-z(\alpha/2), z(\alpha/2)]$ に含まれる．すなわち，

$$1-\alpha = P\{-z(\alpha/2) \leq Z \leq z(\alpha/2)\}$$
$$= P\left\{-z(\alpha/2) \leq \frac{\sqrt{n}(\overline{X}-\mu)}{\sigma} \leq z(\alpha/2)\right\}$$

である．ここで $P\{a \leq X \leq b\}$ は，確率変数 X が区間 $[a, b]$ のあいだに入る確率を表す．上の式は，不等式を母平均について解いて，

$$1-\alpha = P\left\{\overline{X}-z(\alpha/2)\frac{\sigma}{\sqrt{n}} \leq \mu \leq \overline{X}+z(\alpha/2)\frac{\sigma}{\sqrt{n}}\right\}$$

と書くことができる．したがって，母平均 μ の信頼度 $100(1-\alpha)$％の信頼区間が

$$\left[\overline{X}-z(\alpha/2)\frac{\sigma}{\sqrt{n}},\ \overline{X}+z(\alpha/2)\frac{\sigma}{\sqrt{n}}\right]$$

として得られる．

データから標本平均値 $\overline{x}$ が得られたときには，上の式の確率変数 $\overline{X}$ を $\overline{x}$ で置き換えて，母平均 μ の信頼度 $100(1-\alpha)$％の信頼区間を

$$\left[\overline{x}-z(\alpha/2)\frac{\sigma}{\sqrt{n}},\ \overline{x}+z(\alpha/2)\frac{\sigma}{\sqrt{n}}\right]$$

として求めることができる．この信頼区間を，信頼限界を使って

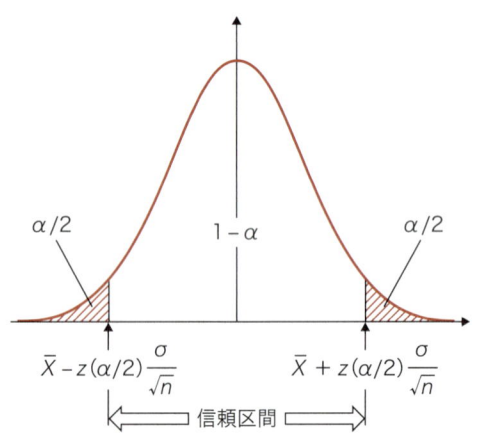

図 5.3 信頼度 100(1−α)％の信頼区間
斜線部分の面積の和(確率)が α となる．

$$\bar{x} \pm z(\alpha/2)\frac{\sigma}{\sqrt{n}}$$

と表すこともある(図 5.3)．

　$z(\alpha/2)$ の値は標準正規分布表から求められ，$\alpha = 0.05$ のときには $z(0.025) = 1.960$，$\alpha = 0.01$ のときには $z(0.005) = 2.575$ である．

　モンシロチョウの例では，$\bar{x} = 27.24$ で，母分散は $\sigma^2 = 1.21$ であるとしよう．$\alpha = 0.05$ とした信頼度 95％の信頼区間は，

$$\left[27.24 - 1.960 \times \frac{\sqrt{1.21}}{\sqrt{20}},\ 27.24 + 1.960 \times \frac{\sqrt{1.21}}{\sqrt{20}}\right] = [26.76, 27.72]$$

として得られる．

　ここで信頼区間の意味を考えてみよう．標本平均は抽出される標本ごとに異なり，標本平均を使って推定した信頼区間は，母平均を含むことも含まないこともあるだろう．信頼度 100(1−α)％の信頼区間とは，図 5.4 のように標本の大きさを固定し，標本抽出を 100 回繰り返して標本平均を 100 個得たとき，これらの標本平均を使って設定された 100 個の信頼区間のうち，母平均 μ を区間内に含む繰返しが 100 ×(1 − α) 個であると期待されることを意味している．図 5.4 では，母平均 100，母分散 9 の正規分布に従う母集団から標本の大きさ 100 の標本を 100 個求め，それぞれの標本平均と 95％信頼区間を求めた結果を示している[*1]．100 個の信頼区間のうち，赤色で示した 4 個(標本番号 26, 70, 73, 85)の信頼区間は母平均を含んでいない．

　これまでの説明では，母分散 σ^2 を既知としてきたが，現実には母分散も標本から推定する必要がある．3 章で学んだように，大きさ n の標本から求めた母分散の不偏推定値(不偏分散)を $\hat{\sigma}^2$ とすれば，標本平均 $\bar{X}$ の T 変換は

---

*1　信頼区間の推定および描画を行うための R のコードは p. 56 を参照．

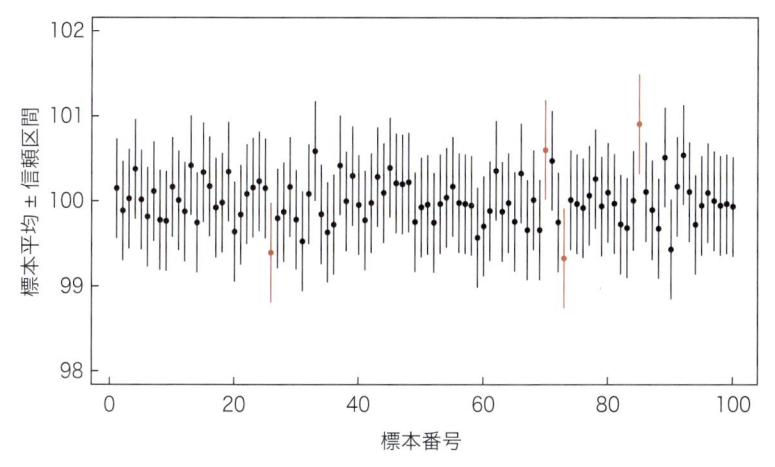

図 5.4　信頼区間の意味の説明図

自由度 $n-1$ の t 分布に従う．すなわち，

$$T = \frac{\sqrt{n}(\overline{X} - \mu)}{\hat{\sigma}} \sim t_{n-1}$$

である．自由度 $n-1$ の t 分布の上側 $\alpha/2$ 点を $t(n-1;\alpha/2)$ とすると（図 5.5），母平均 μ の信頼度 $100(1-\alpha)$ ％の信頼区間は，実際に得られた標本平均値 $\overline{x}$ と不偏分散 $\hat{\sigma}^2$ から

$$\left[\overline{x} - t(n-1;\alpha/2)\frac{\hat{\sigma}}{\sqrt{n}},\ \overline{x} + t(n-1;\alpha/2)\frac{\hat{\sigma}}{\sqrt{n}} \right]$$

として得られる．

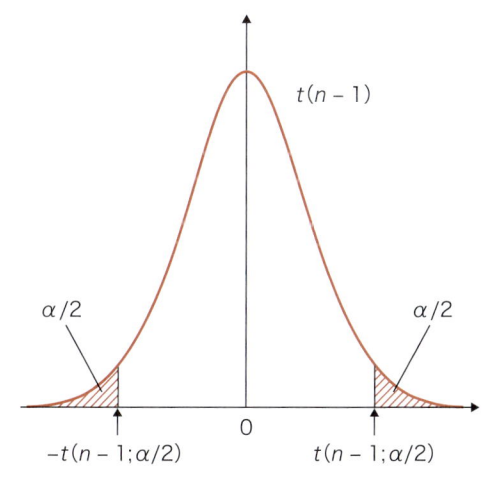

図 5.5　t 分布の両側 $\alpha/2$ 点
斜線部分の面積の和（確率）が α となる．

*2 t分布を用いて母平均の95％信頼区間を推定するためのRコードはp.57を参照.

モンシロチョウの例では，$\bar{x} = 27.24$，$\hat{\sigma}^2 = 0.808$(この平方根 $\hat{\sigma} = 0.898$)であり，95％信頼区間は [26.82, 27.66] と推定される[*2]．母分散が既知で標準正規分布を用いた例に比べ信頼区間が狭くなっているが，これは不偏分散 $\hat{\sigma}^2 (= 0.808)$ が仮定した母分散 ($\sigma^2 = 1.21$) より小さな値であったためである．

5.3 母分散の区間推定

母分散を区間推定するには，正規分布 $N(\mu, \sigma^2)$ に従う母集団から得た大きさ n の標本の不偏分散を $\hat{\sigma}^2$ とすると，3章で学んだように，$(n-1)\hat{\sigma}^2/\sigma^2$ が自由度 $n-1$ の χ^2 分布に従うことを利用する．すなわち

$$\frac{(n-1)\hat{\sigma}^2}{\sigma^2} \sim \chi^2(n-1)$$

である．したがって，自由度 $n-1$ の χ^2 分布の上側 $1-\alpha/2$ 点と下側 $\alpha/2$

Column

コンピュータと乱数列

標本抽出やシミュレーションなどには**乱数列** (random numbers) がよく利用される．乱数列とはランダムな数列(数値の並びがまったくでたらめ)であり，すでに得られている $x_1, x_2, \cdots, x_i$ の数列からは次の値 x_{i+1} がまったく予測できない数列のことである．乱数列の生成には古くは正二十面体の乱数サイコロなどが用いられたが，多量の乱数を生成するために最近ではコンピュータがよく利用されている．しかしながら，原理的にコンピュータで完全な乱数列を生成することはできない．コンピュータの乱数生成は用意されたプログラムに従って行われるため，サイコロ投げとは異なりプログラムに記述された手順で次にでる数は完全に決まる．乱数生成の初期値（乱数のseed）が同じであれば生成される乱数列は同じものとなる．また，コンピュータは無理数を扱うことができないので，真の一様乱数を生成することはできない（指定した実数の範囲には，有理数のほか，無限個の無理数が含まれているが，扱えるのは有理数だけである）．そのため，コンピュータで生成される乱数は擬似乱数と呼ばれ真の乱数とは区別される．とはいえ，最近のコンピュータの乱数生成プログラムは性能が向上してきたので，通常はコンピュータで生成した乱数列を用いてもとくに問題はない．

Rでは，一様乱数は runif (生成する乱数の個数, min＝最小値, max＝最大値)，正規分布は rnorm (生成する乱数の個数, mean＝平均値, sd＝標準偏差) で生成できる．その他の分布関数については12章に示した．なお，runif (50, min＝0, max＝6) とすると，0以上6未満の実数の乱数が50個生成される．サイコロ振りのように1以上6以下の整数の一様乱数が必要であれば floor(runif(50, min＝1, max＝7)) のように，関数 floor () と関数 runif () を組み合わせて用いる．また，正規分布の場合は分散ではなく，標準偏差(分散の平方根)を与える必要がある．たとえば，平均0，分散10の正規分布に従う乱数を50個生成するのであれば，rnorm (50, mean＝0, sd＝sqrt(10)) とする．rnorm (50, mean＝0, sd＝10) とすると，平均0，分散100の正規分布に従う乱数となるので注意が必要である．

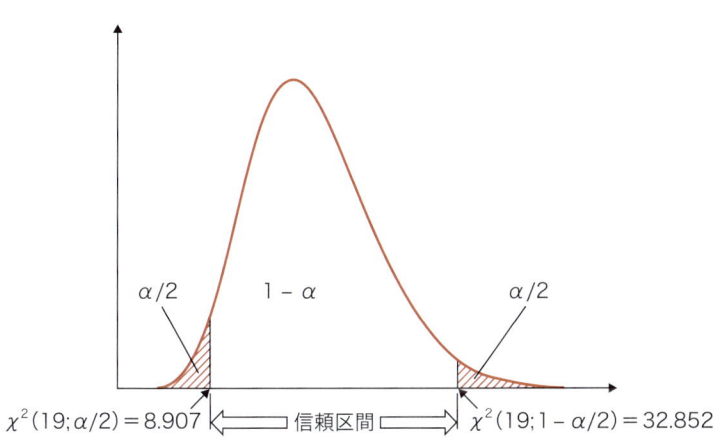

図 5.6 χ^2 分布の上側 $1-\alpha/2$ 点と下側 $\alpha/2$ 点(自由度 19, $\alpha = 0.05$ の場合)
斜線部分の面積の和(確率)が α となる.

点を,それぞれ $\chi^2(n-1; 1-\alpha/2)$ および $\chi^2(n-1; \alpha/2)$ とすると,

$$1 - \alpha = P\left\{\chi^2(n-1; \alpha/2) \leq \frac{(n-1)\hat{\sigma}^2}{\sigma^2} \leq \chi^2(n-1; 1-\alpha/2)\right\}$$

となる(図 5.6).これを σ^2 について解くと

$$1 - \alpha = P\left\{\frac{(n-1)\hat{\sigma}^2}{\chi^2(n-1; 1-\alpha/2)} \leq \sigma^2 \leq \frac{(n-1)\hat{\sigma}^2}{\chi^2(n-1; \alpha/2)}\right\}$$

を得る.したがって,母分散 σ^2 の信頼度 $100(1-\alpha)$% の信頼区間は

$$\left[\frac{(n-1)\hat{\sigma}^2}{\chi^2(n-1; 1-\alpha/2)}, \frac{(n-1)\hat{\sigma}^2}{\chi^2(n-1; \alpha/2)}\right]$$

として得られる.

モンシロチョウの例では,母分散 σ^2 の 95% 信頼区間は $[0.467, 1.721]$ と推定される[*3].

*3 χ^2 分布を用いて母分散の 95% 信頼区間を推定するための R コードは p.57 を参照.

練習問題

1 以下のデータは,ソバのある品種の 20 個体について,1000 粒の実の重さ(単位:g)を測った結果である.標本平均と不偏分散を求めなさい.さらに,母平均と母分散の信頼度 90% および 95% の信頼区間を求めなさい.

| 12.61 | 14.51 | 14.37 | 13.10 | 12.14 | 13.70 | 11.70 | 14.31 | 15.39 | 13.56 |
| 10.53 | 14.40 | 12.29 | 15.22 | 15.52 | 15.49 | 10.72 | 11.79 | 14.17 | 15.67 |

5章　区間推定

2 母分散 σ^2 が 1.0 である正規分布に従う母集団から標本抽出を行い，母平均の 95％信頼区間を推定する際，推定した区間の幅を 1.0 以下にするために必要な標本の大きさ n の最小値を求めなさい．

3 母平均 10，母分散 4 の正規分布に従う母集団から大きさ 25 の標本を抽出したところ，標本平均は 10.20，不偏分散は 4.20 であった．母分散 4 が既知として母平均 μ の 95％信頼区間を推定しなさい．

4 練習問題 3 について，母分散が未知として母平均および母分散の 95％信頼区間を推定しなさい．

5 練習問題 3 について，標本の大きさが 25 ではなく 100 として抽出を行った結果が，標本平均 10.20，不偏分散 4.20 であったとして練習問題 4 と同様に，母分散が未知として母平均および母分散の 95％信頼区間を推定しなさい．

6 信頼区間の推定に用いる信頼水準としては，95％あるいは 99％が一般的である．信頼水準が小さいほど信頼区間の幅は小さくなるので，たとえば信頼水準として 10％を用いるほうがより狭い範囲で母平均の区間推定ができる．しかしながら，信頼水準 10％の信頼区間の推定は実用的ではない．その理由を考えなさい．

```
*1  信頼区間の推定および描画を行うための R のコード
mu <- 100                              # 母平均
sigma2 <- 9                            # 母分散
sigma <- sqrt(sigma2)
n <- 100                               # 標本サイズ
alfa_half <- 0.025                     # 累積密度 1−α/2 = 0.975
z.value <- qnorm(1-alfa_half)          # 切断点の値
z.range <- z.value*sigma/sqrt(n)       #

n.rep <- 100                           # 標本抽出の反復回数
ave <- numeric(n.rep)                  # 標本平均のベクトル
lower <- numeric(n.rep)                # 下限値のベクトル
upper <- numeric(n.rep)                # 上限値のベクトル
flag <- numeric(n.rep)                 # 範囲外のフラグ
color <- c("black","red")

######## 標本抽出の実行 #####
for(i in 1:n.rep){
  ave[i] <- mean(rnorm(n,mean=mu,sd=sigma))   # 乱数を利用した標本平均の計算
  lower[i] <- ave[i]-z.range                  # 下限値の計算
  upper[i] <- ave[i]+z.range                  # 上限値の計算
  if((lower[i]>mu)||(upper[i]<mu)){           # 母平均が信頼区間に含まれるか判定
    cat(" 母平均を含まない   ",i,"\n")
    flag[i]=1
  }
}
```

```
######## 結果のグラフ表示（図 5.4 の作成）####
x.axis <- 1:n.rep
plot(x.axis,ave,ylim=c(98,102),xlab=" 標本番号 ",ylab=" 標本平均±信頼区間 ",
    pch=19,col=color[flag+1])
abline(100,0)
for(i in 1:n.rep){
 segments(i,ave[i],i,upper[i],col=color[flag[i]+1])      # 信頼区間の上限値の表示
 segments(i,ave[i],i,lower[i],col=color[flag[i]+1])      # 信頼区間の下限値の表示
}
```

*2　t 分布を用いた母平均の 95％信頼区間の推定のための R のコード
```
data <- c(                                   # 表 5.1 のデータをベクトルで保存
26.1,25.8,25.7,27.2,28.0,
28.9,26.8,26.6,27.2,27.5,
28.1,27.0,26.5,26.7,27.9,
28.1,27.3,28.9,27.3,27.2)
data.mean <- mean(data)                      # データの平均を求める
data.sd <- sd(data)                          # データの標準偏差（不偏分散の平方根を求める）
n <- length(data)                            # データ数を取得
t.alpha <- qt(0.975,19)                      # 切断点 t(19; 0.975) を求める
mu.lower <- data.mean-t.alpha*data.sd/sqrt(n)  # 下限値計算
mu.upper <- data.mean+t.alpha*data.sd/sqrt(n)  # 上限値の計算
cat("mean and sd ",data.mean,data.sd,"\n")
cat("lower and upper limit=",mu.lower,mu.upper,"\n")
```

*3　χ^2 分布を用いた母分散の 95％信頼区間の推定のための R のコード
表 5.1 のデータの保存，平均の計算，データ数の取得は *2 とまったく同じなので省略する．
```
data.var <- var(data)                        # 不偏分散を求める
chi.l <- qchisq(0.025,19)                    # χ²(19; 0.025) の切断点を求める
chi.u <- qchisq(0.975,19)                    # χ²(19; 0.975) の切断点を求める
var.lower <- (n-1)*data.var/chi.u            # 下限値計算
var.upper <- (n-1)*data.var/chi.l            # 上限値の計算
cat("lower and upper limits=",var.lower,var.upper,"\n")
```

6章 実験計画

　生物学における実験では，いくつかの品種の生育の違いや，異なる飼料を与えたときの動物の発育の違いなど，複数のグループの特性の比較を目的とすることが多い．このような実験では，多くの場合，実験に要するスペース，費用，労力などに制限があるので，与えられた制限のもとでグループ間の差の検出力を最大にするように実験を設計する必要がある．そのための実験配置と解析の方法が**実験計画法**(design of experiment)である．本章では，実験計画法の中核をなす実験配置の基本について学ぶ．実験計画に基づいて得られたデータの解析については，次章で説明する．

6.1　実験誤差

　実験誤差には**ランダム誤差**あるいは**偶然誤差**(random error)と**系統誤差**あるいは**定誤差**(systematic error)の2通りが考えられる．偶然誤差とは，同一条件で測定を繰り返した場合に見られるまったく偶然に生じる誤差である．一方，定誤差とは，圃場の地力のムラ，供試動物の日齢や体重差など，実験結果に偏りを生じうる要因による誤差である．

　たとえば，9匹のマウスを3匹ずつ三つのグループに分け，各グループに異なる飼料を与えて発育を比較する実験を計画したとしよう．マウスは個別にケージで飼育するものとする．この場合，同一のグループ内のマウスのあいだに見られる発育の違いは，偶然誤差と見なされる．偶然誤差を小さくするような措置は，グループ間の差，すなわち飼料の効果の検出力を高めることにつながる．

　一方，飼育室のスペースの制約から，飼育ケージを3個ずつ3段の棚に置く必要が生じたとしよう．飼育室内の上部と下部など，位置により温度や湿度，通気などマウスの発育に影響を与える環境要因に違いがあることが予想される．したがって，各段に置かれた飼育ケージのマウスの発育は，これ

らの室内環境の影響を受け，ケージの配置が定誤差を生じる原因となる．もし，実験者が上段に一つ目のグループ，中段に二つ目のグループ，下段に三つ目のグループの飼育ケージを置いたとしたら，飼料の違いによる発育の差と，飼育室内での環境の違いによって生じる発育の差を区別できなくなってしまう．このような状態を，「飼料」と「室内環境」の効果が**交絡**(confounding)しているという．当然，交絡があると，本来比較したい飼料の効果の違いに対する検出力が低下する．

6.2 フィッシャーの3原則

実験計画法を開発したフィッシャーは実験誤差の評価と制御のために，(1) **反復** (replication)，(2) **無作為化** (randomization)，(3) **局所管理** (local control)という三つの原則を提唱した．これを**フィッシャーの3原則** (Fisher's three principles)という．

(1) 反 復

先のマウスの発育に対する3種の飼料の効果を調べる実験では，各飼料を与えるグループに3匹のマウスが用いられた．このように，同一の処理区の実験の繰返しを**反復**という．実験の目的は，各処理区の平均を比較することである．3章で学んだように，各処理区の平均(標本平均)は，真の平均(母平均)の周りにばらつくが，そのバラツキの程度(分散)は反復数(標本の大きさ)を多くするほど小さくなる．すなわち，反復を増やせば処理区間での平均の違いを検出しやすくなる．

(2) 無作為化

複数の作物品種の収量を比較する目的で圃場に播種するものとしよう．圃場には地力にムラがあり，定誤差が生じることが懸念される．この場合，品種ごとにまとめて圃場に播種すると，「品種」と「地力」が交絡する可能性がある．そこで，圃場をいくつかの試験区に分割し，各試験区に品種をランダムに割り当てる処理が施される．このような処理を**無作為化**という．圃場試験の例では，無作為化によって地力のムラによる定誤差は品種間の収量の差から分離され，品種内に生じる偶然誤差として扱う解析が可能になる．

(3) 局所管理

すでに述べたように，実験の精度を上げるためには反復数を増やせばよい．しかし，これによって実験全体の規模が拡大し実験の管理が難しくなると，誤差がかえって増大してしまうことがある．この矛盾を解消するために**局所管理**が行われる．局所管理では，実験全体をいくつかのブロックに分け，各ブロック内ではできるだけ均一に管理をする．これによって，管理の不均一による定誤差の大部分をブロック間の差として扱った統計解析が可能になる．

以下では，これらの3原則に基づく代表的な実験配置として，完全無作

為化法，乱塊法，ラテン方格法について説明する．

6.3 完全無作為化法

完全無作為化法（completely randomized design）は，3 原則のうちの反復と無作為化を採用した実験配置である．たとえば，四つの作物品種（A, B, C, D）の収量を完全無作為化法による実験配置で比較するものとしよう．各品種内では，5 回の反復を行うものとする．まず圃場全体を 20（品種数 × 反復数）区画に分割する．次に，品種がランダムにこのうちの 5 区画に割り付けられるように播種する．割付の 1 例を図 6.1 に示す．このような割付は，

1 B	2 A	3 D	4 B	5 D
6 C	7 A	8 B	9 C	10 D
11 D	12 C	13 B	14 C	15 A
16 C	17 A	18 B	19 A	20 D

図 6.1 完全無作為化法による処理区の割付の 1 例
数字は区画番号，アルファベットは割り付けた処理区（品種）．

Column

フィッシャーの実験計画法

近代統計学の祖であるフィッシャー（Ronald Aylmer Fisher）は，1890 年 2 月 17 日に英国ロンドンの郊外（East Finchley）に生まれた．幼い頃から目がよくなかったため，家庭教師から紙とペンを使わずに数学を教えられた．フィッシャーの論文が直感的で難解であるのはこのためだともいわれている．ハロー校で学び，ケンブリッジ大学で統計学と量子論を修め，5 年間，公立校で教鞭をとったのち，1919 年に統計家としてロザムステッド農事試験場に招かれ，ここで後年に実験計画法と呼ばれる分野を開拓した．

当時，イギリスでは，人口が急増する一方で農耕地が減少する状態であったため，コムギの収量を高めるための農業試験への期待が高まっていた．ロザムステッド農事試験場では，緑肥作物アルファルファを鋤きこんで肥料とした場合と，牛糞あるいはヤギ糞を使った場合の効果をどのように比較すればよいのか，これらの肥料と市場に出まわりはじめた化学肥料の効果をどのように比較するのかなど，さまざまな要因の影響をどのように把握し，解析するのかが大きな問題になっていた．その解決のためにフィッシャーが招かれたのである．フィッシャーの理論の多くは農業試験の方法確立ならびにデータ解析というきわめて実践的な目的のもとに生みだされたのである．フィッシャー自身，「農業試験に特有な事情は，試験地として選ばれた耕地が非常に不均一で，場所によって地力が系統的にあるいは複雑に変化していることである．このような特殊性を解決するためには，試験区をランダムに配置するという考え方を打ちださざるをえなかった」と述べている．

表6.1に示すように1から20の自然数をランダムに並べ替えたもの（乱序数）をつくり，これを区画番号として最初の五つには品種A，次の五つには品種Bなどというように割り付け，圃場に配置すればよい[*1]．

*1 以下は，Rで1から20の乱序数を発生させるプログラムである．
```
n <- 20
data <- 1:n
x <- runif(n)
y <- cbind(data,x[1:n])
y <- y[order(y[,2]),]
data <- y[,1]
cat(" 乱序数：",data," ¥n")
```

表6.1　乱数による区画の割付例

乱序数	7	2	19	15	17	4	1	18	13	8
品種	A	A	A	A	A	B	B	B	B	B
乱序数	12	16	6	9	14	5	10	20	3	11
品種	C	C	C	C	C	D	D	D	D	D

データの配置例として，水稲の籾の収量に対する3種類の肥料の効果を調べる実験を考えてみよう．供試品種はコシヒカリとし，各肥料あたり5回の反復を行った．1ポットに1株を植えて，温室内でのポットは完全無作為化法に従って配置した．この実験の結果は表6.2のように集計される．データの統計解析は，7章で示す一元配置の分散分析によって行う．

表6.2　3種の肥料の水稲籾重（g）への効果を調べる実験の集計表

	肥料		
	A	B	C
繰返し	12	9	11
	12	8	10
	10	7	9
	9	8	9
	9	8	8

6.4　乱塊法

乱塊法（randomized block design）はフィッシャーの3原則，すなわち反復，無作為化，局所管理を満足する最も基本的な実験配置である．完全無作為化法の説明で用いた圃場試験を乱塊法で配置してみよう．

この圃場試験は，四つの品種の収量を品種あたり5回の反復によって比較するものであった．しかし，圃場は広く，左右の区画では環境が異なることが懸念されるが，図6.1で例示した完全無作為化法では右の区画の配置はD品種が多く，多少偏りが生じている．乱塊法では，圃場全体を反復数と等しいブロックに分割する．基本的な配置では，各ブロックに四つの品種が1回ずつ入るように配置する．ブロック内での品種は，完全無作為化法における配置の手順と同様にして無作為に配置する．乱塊法による配置の一例を図6.2に示す．

実験は，局所管理の原則に従ってブロック内の条件ができるだけ均一にな

	ブロック				
	1	2	3	4	5
	B	D	C	B	A
	A	B	D	C	D
	D	A	B	D	C
	C	C	A	A	B

図 6.2 乱塊法による処理区の割付の1例
数字はブロック番号，アルファベットは割り付けた処理区（品種）．各ブロックにすべての処理区（品種）が1回ずつ割り付けられていることに注意．

るように管理し，実験全体の条件のバラツキは可能な限りブロック間のバラツキとなるようにする．このような管理によって，品種間の差に交絡する可能性のある区画による定誤差をブロックの効果として取り除くことができる．

データの配置例として，6品種のオオムギの収量（kg/a）を比較する圃場試験を考えよう．圃場を三つのブロックに分割し，乱塊法によって品種を割り付けた．得られたデータは，表6.3のような2元の表にまとめられる．乱塊法によって得られたデータの統計解析は，7章で学ぶ二元配置の分散分析によって行う．

表 6.3 オオムギ生産力検定試験の集計表

品　種	ブロック			合計 (kg/a)	平均 (kg/a)
	I	II	III		
ミノリムギ（標準品種）	40	32	30	102	34
シュンライ	22	22	16	60	20
ミユキオオムギ	50	46	42	138	46
東山皮 86 号	35	38	38	111	37
東山皮 93 号	13	15	14	42	14
新系 93（新品種候補）	55	52	49	156	52
合　計	215	205	189	609	
平　均	35.8	34.2	31.5		

6.5　ラテン方格法

定誤差を生じる原因が二つあるときには，2種のブロック（行ブロックおよび列ブロックと呼ぶ）を設定した**ラテン方格法**（Latin square design）が用いられる．この実験配置法では，処理数と反復数が等しくなければならないので，処理数が多いときには適用が困難になることが多い．たとえば，圃場試験において n 個の処理がある場合，以下に示すように行ブロックと列ブロックのそれぞれに n 個のブロックを設けて $n \times n = n^2$ 個の区画を用意し

(a) 標準方格

	1	2	3	4
1	A	B	C	D
2	B	C	D	A
3	C	D	A	B
4	D	A	B	C

(b) 行の入れ替え

	1	2	3	4
3	C	D	A	B
1	A	B	C	D
4	D	A	B	C
2	B	C	D	A

(c) 列の入れ替え

	2	1	4	3
	D	C	B	A
	B	A	D	C
	A	D	C	B
	C	B	A	D

図 6.3 ラテン方格の作成

なければならない．このため，通常，処理数は 8 程度に制限される．

ラテン方格とは，ラテン文字 A，B，C，…がどの行にも，どの列にも 1 回ずつ現れる方格である．たとえば 4 × 4 のラテン方格において，図 6.3 (a) に示した方格は，第 1 行と第 1 列が A，B，C，D のアルファベット順に並んだ方格であり，これを標準方格という．標準方格の行あるいは列を入れ替えるとさまざまなラテン方格が得られる[*2]．それらの方格からランダムに一つの方格を選び，処理を割り付ける．通常は，以下に説明する手順で方格を決定する．

① 標準方格をつくる (図 6.3 a)．
② 行をランダムに入れ替える (図 6.3 b)．
③ 列をランダムに入れ替える (図 6.3 c)．

圃場試験で四つの品種（A，B，C，D）を比較する場合に，圃場の縦横の地力の差を誤差から除去するためには，圃場を 4 × 4 = 16 個の区画に分け，図 6.3 のラテン方格に従って品種を割り付ければよい．

ラテン方格は，動物実験において供試できる個体数が限られている場合にも利用されることがある．たとえば，4 種類の飼料を乳牛に与えて泌乳量に及ぼす影響を調べるものとしよう．各飼料を与える区に 4 回の反復を設ける場合，4 × 4 = 16 頭の乳牛を用意して，それらを同時に飼育しなければならない．しかし，施設の制約から一度に 16 頭を配置することは困難なため，4 頭の乳牛 (1, 2, 3, 4) を用いて，実験を 4 期間 (I, II, III, IV) に分けて行うことになる．ラテン方格法を適用するには，図 6.3 に従って 4 (乳牛数) × 4 (期間数) = 16 のラテン方格を作成し，4 種類の飼料 (A，B，C，D) を割り付けれ

[*2] 4 × 4 のラテン方格では標準方格は 4 個あり，それらの行と列の入れ替えで 576 個の方格が得られる．3 × 3 のラテン方格では標準方格は一つだけであり，標準方格の行あるいは列を入れ替えることで 12 個の方格が得られる．5 × 5 のラテン方格になると標準方格は 56 個あり，全部で 161,280 個の方格が存在する．

		乳　牛			
		1	2	3	4
実験期間	I	A	B	C	D
	II	B	C	D	A
	III	C	D	A	B
	IV	D	A	B	C

図 6.4 動物実験におけるラテン方格の適用例

ばよい．

データの配置例として，4頭の乳牛を用い，乳期を4期に区切って，4種類の飼料の一定期間の乳量 (kg) に与える効果を考えよう．ラテン方格法に従えば，乳牛と飼料の割付は図 6.4 のようになり，得られたデータは，表 6.4 のようにまとめられる．

表 6.4 乳量に及ぼす飼料の効果

		乳牛				横の和
		1	2	3	4	
乳期	I	A：8	B：10	C：7	D：8	33
	II	B：10	C：8	D：8	A：10	36
	III	C：7	D：9	A：10	B：9	35
	IV	D：7	A：9	B：10	C：8	34
縦の和		32	36	35	35	138
		A	B	C	D	
飼料ごとの和		37	39	30	32	138

ラテン方格法による実験配置から得られたデータは，個々の観察値が平均値，飼料効果，乳牛個体の効果，乳期の効果および誤差の構成成分の和として考えられるため，7章で示す三元配置の分散分析によって分析する必要がある．

練習問題

1 実験計画法の基礎となっているフィッシャーの3原則について説明しなさい．

2 コムギ5品種について，さび病抵抗性を比較するための実験を行うものとする．すべての実験は同一の温室内で同一サイズの鉢25個を用いて同時に実施する．同じ温室内の鉢は比較的均一な条件で管理できるため，管理法の違いや鉢の配置などによる定誤差は生じないものと考えられる．完全無作為化法で25個の鉢に五つの品種を5回割り付けなさい．*1を利用すること．

3 オオムギ5品種の生産力検定試験を行うものとする．畑は南北20 m×東西50 mであり，東から西に向けて水位が高くなっていることがわかっている．1品種あたりの生産力を測定するためには$40 m^2$ (4 m × 10 m) 程度の面積が必要であるとする．乱塊法による試験設計を行いなさい．ブロック内の品種の割付には*1を利用すること．畑の周縁効果はないものとする．

4 緬羊における飼料の嗜好性の評価方法の一つに採食量がある．緬羊を用いてオーチャードグラス1番乾草(以下A)，同2番乾草(B)，アルファルファ1番乾草(C)および同2番乾草(D)について自由採食量を測定することにし

た．採食量は4歳齢の去勢緬羊4頭に各飼料を1期7日間，朝夕30分間ずつ採食させ1日の平均採食量を算出した．4×4ラテン方格法に従って試験設計を行いなさい．

7章 分散分析

　二つのグループの平均を比較するときには t 検定を行えばよいが，三つ以上のグループの平均を比較する際に t 検定を用いることは，4章でも触れたように妥当ではない．**分散分析** (analysis of variance: ANOVA) は，このような点を考慮に入れて，実験や調査における観測値のバラツキの原因について解析するための手法であり，必要に応じて三つ以上のグループの平均値間の差の検定を伴う重要な統計的方法である．本章では，分散分析の基本的な原理と分析の手順について学ぶ．

7.1　一元配置の分散分析

　いま，マウスの雄について，20週齢時の体重に及ぼす3種のエネルギー含量の飼料(A_1，A_2およびA_3)の影響を調べるために飼育試験を行ったところ，表7.1に示したような体重のデータが得られたとしよう．マウスは個別にケージで飼育し，飼育室内でのケージの配置は6章で学んだ完全無作為化法に従った．ちなみに，飼料A_1は低エネルギー含量の飼料，飼料A_3は高エネルギー含量の飼料であり，飼料A_2は通常の飼料(コントロール)である．

表7.1　マウスの雄の20週齢体重のデータ(単位：g)

飼料	水準		
	A_1	A_2	A_3
実験の繰返し	30	31	38
	25	26	35
	29	30	35

　このような場合には分散分析を行い，飼料の影響が有意であるか否かを調べることになる．なお，分散分析の結果，飼料の効果に有意性が認められたとしても，分散分析のみではどの飼料区の平均とどの飼料区の平均のあ

いだに有意差があるのかはわからない．そこで，さらに**多重比較**（multiple comparison）を行い，各飼料区の平均のあいだの差の検定を行う必要がある．

この場合の飼料のように，実験や調査のデータにバラツキ（**変動**, variation）を生じさせる原因系を**因子**（factor）と呼び，それぞれの因子において量的あるいは質的に設定された具体的な条件（ここでは飼料 A_1, A_2 および A_3）を**水準**（level）と呼ぶ．複数の因子を総称する場合は，**変動因**（source of variation）あるいは**要因**という．この例のように，1因子のみを取り上げた実験計画によって得られたデータの分散分析は，**一元配置分散分析**（one-way analysis of variance）あるいは**1因子分散分析**と呼ばれ，表 7.1 のような一元配置のデータは，一般に表 7.2 のように表される．一元配置では，偶然誤差の大きさを評価するために，同一の水準条件下での実験の繰返しが設けられる．

表 7.2 では，因子の水準数を a，同一水準における実験の繰返し数を n として，i 番目の水準下で得られた j 番目の観測値を y_{ij} で表し，$y_{..} = \sum_{i=1}^{a} \sum_{j=1}^{n} y_{ij}$，$y_{i.} = \sum_{j=1}^{n} y_{ij}$，$\overline{y_{i.}} = y_{i.}/n$ と表記している．

表 7.2 繰返し数が等しい場合の一元配置のデータ

因子の水準		A_1	A_2	⋯	A_i	⋯	A_a
実験の繰返し	1	y_{11}	y_{21}	⋯	y_{i1}	⋯	y_{a1}
	2	y_{12}	y_{22}	⋯	y_{i2}	⋯	y_{a2}
	⋮	⋮	⋮		⋮		⋮
	j	y_{1j}	y_{2j}	⋯	y_{ij}	⋯	y_{aj}
	⋮	⋮	⋮		⋮		⋮
	n	y_{1n}	y_{2n}	⋯	y_{in}	⋯	y_{an}
小　計		$y_{1.}$	$y_{2.}$	⋯	$y_{i.}$	⋯	$y_{a.}$
観測値数		n	n	⋯	n	⋯	n
水準平均		$\overline{y_{1.}}$	$\overline{y_{2.}}$	⋯	$\overline{y_{i.}}$	⋯	$\overline{y_{a.}}$

総観測値数：$N = n \times a$　　総和：$y_{..} = \sum_{i=1}^{a} \sum_{j=1}^{n} y_{ij}$　　総平均：$\overline{y_{..}} = y_{..}/N$

分散分析では，複数の水準を設けたことに起因するデータのバラツキが，同一の水準下でのデータのバラツキ，すなわち同じ水準条件下で繰り返しデータを得た場合に生じる偶然の誤差によるバラツキに比べて意味のある程度に大きいか否かを調べて，因子の効果の有意性を判定する．因子の効果は**主効果**（main effect）と呼ばれる．その場合，観測値のバラツキの全体（**総変動**, total variation）を，因子の水準の違いに起因するバラツキの部分（**級間変動**, between-class variation）と，同じ水準下で繰り返しデータを得た場合に生じる偶然誤差によるバラツキの部分（**級内変動**, within-class variation，**誤差変動**ともいう）とに分解する（図 7.1）．この場合の変動は，

7.1 一元配置の分散分析

```
┌─────────────────────────┬───────────────────────┐
│  級間変動               │  級内変動（誤差変動） │
│ （複数の水準を設けた    │ （偶然誤差によるバラツキ）│
│   ことによるバラツキ）  │                       │
└─────────────────────────┴───────────────────────┘
              総変動（データ全体のバラツキ）
```

図 7.1 データのバラツキの成り立ち

後述するように偏差平方和で表され，級間変動が級内変動に比べて意味のある程度に大きいか否かを調べる．

ここでは表7.2に示した記号を用い，また，表7.1のマウスのデータを具体的な数値例として，分散分析の基本的な考え方と各水準内での繰返し数が等しい場合の一元配置分散分析の手順を習得しよう．

7.1.1 分散分析とは
(1) 観測値の総平均からのズレをその原因に応じて分解してとらえる

分散分析では，図7.2に示したように，観測値のバラツキ（変動）を考えるうえで，"個々の観測値 y_{ij} のデータ全体の平均（総平均 $\bar{y}_{..}$）からのズレ（d_1）"を，"水準の効果によって引き起こされる水準平均 $\bar{y}_{i.}$ の総平均 $\bar{y}_{..}$ からのズレ（d_2）"と"偶然誤差による観測値 y_{ij} の水準平均 $\bar{y}_{i.}$ からのズレ（d_3）"に分解してとらえる．

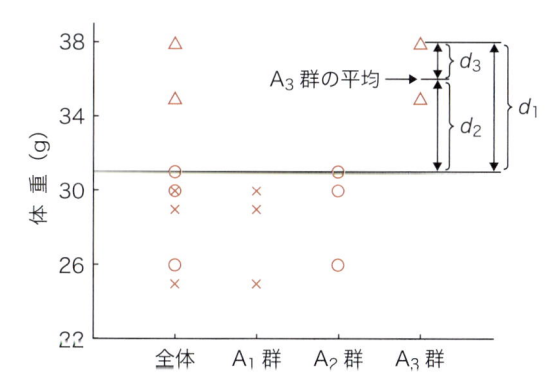

図 7.2 観測値の総平均からのズレの成り立ち（表7.1のデータ）
A_1 群，A_2 群および A_3 群の観測値を，それぞれ×，○および△で示している．中央の横線は総平均（すなわち 31）を示す．

すなわち，

$$(y_{ij} - \bar{y}_{..}) = (\bar{y}_{i.} - \bar{y}_{..}) + (y_{ij} - \bar{y}_{i.})$$
$$d_1 \quad = \quad d_2 \quad + \quad d_3$$

により，表7.1のマウスの個々の観測値は，

7章 分散分析

$$(30 - 31) = (28 - 31) + (30 - 28)$$
$$-1 \;=\; (-3) \;+\; 2$$
$$(25 - 31) = (28 - 31) + (25 - 28)$$
$$-6 \;=\; (-3) \;+\; (-3)$$
$$\vdots$$
$$(35 - 31) = (36 - 31) + (35 - 36)$$
$$4 \;=\; 5 \;+\; (-1)$$

のように表される．したがって，個々の観測値の総平均の周りのバラツキ（d_1 のバラツキ）は，水準平均の総平均の周りのバラツキ（d_2 のバラツキ）と観測値の水準平均の周りのバラツキ（d_3 のバラツキ）とに分解される（図 7.3）．

個々の観測値の総平均の周りのバラツキ		水準の効果によるバラツキ		同一水準内の偶然誤差によるバラツキ
観測値の総平均からの偏差 $d_1 = (y_{ij} - \bar{y}_{..})$ のバラツキ	=	水準平均の総平均からの偏差 $d_2 = (\bar{y}_{i.} - \bar{y}_{..})$ のバラツキ	+	観測値の水準平均からの偏差 $d_3 = (y_{ij} - \bar{y}_{i.})$ のバラツキ

図 7.3　観測値のバラツキの水準の効果によるバラツキと偶然誤差によるバラツキへの分解

(2) 変動を偏差平方和で表し，級間変動と級内変動とに分解する

先に見た観測値の総平均からの偏差（d_1），水準平均の総平均からの偏差（d_2），偶然誤差による観測値の水準平均からの偏差（d_3）は，個々の観測値の値に応じて正もしくは負の値を取るので，すべての観測値について d_1, d_2 および d_3 別に足し合わせ，それぞれデータ全体としてまとめてとらえようとすると，次のようにいずれも 0 となる．

$$\sum_{i=1}^{3}\sum_{j=1}^{3}(y_{ij} - \bar{y}_{..}) = (-1) + (-6) + (-2) + 0 + (-5) + (-1) + 7 + 4 + 4 = 0$$

$$\sum_{i=1}^{3}\sum_{j=1}^{3}(\bar{y}_{i.} - \bar{y}_{..}) = 3 \times (-3) + 3 \times (-2) + 3 \times 5 = 0$$

$$\sum_{i=1}^{3}\sum_{j=1}^{3}(y_{ij} - \bar{y}_{i.}) = 2 + (-3) + 1 + 2 + (-3) + 1 + 2 + (-1) + (-1) = 0$$

そこで，分散分析では，個々の偏差を 2 乗して取り扱い，偏差の平方和によってデータの変動を表して，総変動を級間変動と級内変動とに分解する（図 7.4）．

具体的にマウスのデータでは，総変動（SS_T），級間変動（SS_A）および級内変動（SS_E）は，それぞれ偏差平方和として，

$$SS_T = \sum_{i=1}^{3}\sum_{j=1}^{3}(y_{ij} - \bar{y}_{..})^2 = (30-31)^2 + (25-31)^2 + \cdots + (35-31)^2 = 148$$

```
          ┌─────────────────┬─────────────────────┐
          │    級間変動     │ 級内変動（誤差変動）│
          │  a  n           │  a  n               │
          │  Σ  Σ (ȳᵢ.-ȳ..)²│  Σ  Σ (yᵢⱼ-ȳᵢ.)²   │
          │ i=1 j=1         │ i=1 j=1             │
          └─────────────────┴─────────────────────┘
                              a  n
                  総変動    Σ  Σ (yᵢⱼ-ȳ..)²
                             i=1 j=1
```

図 7.4 総変動の級間変動と級内変動(誤差変動)への分解

$$SS_A = \sum_{i=1}^{3}\sum_{j=1}^{3}(\bar{y}_{i.}-\bar{y}_{..})^2 = 3\times(28-31)^2+3\times(29-31)^2+3\times(36-31)^2 = 114$$

$$SS_E = \sum_{i=1}^{3}\sum_{j=1}^{3}(y_{ij}-\bar{y}_{i.})^2 = (30-28)^2+(25-28)^2+\cdots+(35-36)^2 = 34$$

と表される．ここで，

$$\sum_{i=1}^{3}\sum_{j=1}^{3}(y_{ij}-\bar{y}_{..})^2 = \sum_{i=1}^{3}\sum_{j=1}^{3}(\bar{y}_{i.}-\bar{y}_{..})^2 + \sum_{i=1}^{3}\sum_{j=1}^{3}(y_{ij}-\bar{y}_{i.})^2$$

$$148 \quad = \quad 114 \quad + \quad 34$$

すなわち

$$総変動(SS_T) = 級間変動(SS_A) + 級内変動(SS_E)$$

が成り立っている(平方和の加法性)ことがわかる．

(3) 級間変動と級内変動の大きさを比較する

(a) 平均平方の比をとって比較

　級間変動が級内変動(誤差変動)に比べて意味のある程度に大きいか否かの比較は，級間変動と級内変動をそれぞれの自由度で割って**平均平方**（mean square）を求め，その比の大きさを調べることによって行われる．

　その場合，級間変動 SS_A の自由度 (φ_A) は，級間変動の計算に総平均 $\bar{y}_{..}$ が用いられるので，水準数 a から 1 を引いた値となる．また，級内変動 SS_E の自由度 (φ_E) については，全部で a 個の水準があるが，各水準内での計算にその水準の平均 $\bar{y}_{i.}$ が使われるので，水準ごとに 1 だけ少なくなる．総変動 SS_T の自由度 (φ_T) は，同様に総変動の計算に総平均を用いるので，観測値の総数から 1 を引いた値となる．具体的に，マウスのデータでは

$$\varphi_A = a - 1 = 3 - 1 = 2$$
$$\varphi_E = a \times (n - 1) = 3 \times (3 - 1) = 6$$
$$\varphi_T = a \times n - 1 = 3 \times 3 - 1 = 8$$

であり，自由度についても

$$\varphi_T = \varphi_A + \varphi_E$$

$$8 = 2 + 6$$

が成り立つ．

級間および級内の平均平方(それぞれ MS_A および MS_E)は，

$$MS_A = SS_A/\varphi_A = 114/2 = 57$$
$$MS_E = SS_E/\varphi_E = 34/6 = 5.6667$$

として求められる．

分散分析では，級間変動が級内変動に比べて意味のある程度に大きいか否かを，次に説明するように，このようにして求めた二つの平均平方の比 $F_0 = MS_A/MS_E$ 〔**分散比**(variance ratio)あるいは **F比**(F ratio)という〕の大きさによって判定する．

(b) 帰無仮説と F 検定による判定

分散分析での帰無仮説 (H_0) は，a 個の水準の母平均を $\mu_1, \mu_2, \cdots, \mu_a$ として，

$H_0 : \mu_1 = \mu_2 = \cdots = \mu_a$ (すべての水準の平均のあいだに差はない)

であり，この場合の対立仮説(H_1)は

$H_1 :$ 少なくとも二つの水準の平均のあいだには差がある

である．

ここで，級間平均平方の級内平均平方に対する比 $F_0 = MS_A/MS_E$ は，観測値 y_{ij} についての前提条件[*1]が満たされているときには，帰無仮説 (H_0) のもとで φ_A を第1自由度，φ_E を第2自由度とする F 分布に従う〔$F_0 \sim F(\varphi_A, \varphi_E)$〕ことが知られている．

そこで，標本データから F_0 を計算し，有意水準 α を設定して検定を行う．この検定を **F検定**(F-test)という．すなわち，所与の有意水準 α のもとで，

$F_0 < F(\varphi_A, \varphi_E ; \alpha)$ なら，帰無仮説 H_0 を採択	→	すべての水準の平均のあいだに差はない
$F_0 \geq F(\varphi_A, \varphi_E ; \alpha)$ なら，帰無仮説 H_0 を棄却	→	少なくとも二つの水準の平均のあいだに差がある

と判定する．有意水準については，通常，$\alpha = 0.05$ すなわち5%水準とし，適切な棄却域を設定して検定を行う．その結果，有意性が認められるなら，さらに基準の厳しい $\alpha = 0.01$ (1%水準)として検定すればよい．

以上のような分散分析の結果は，最終的に，次のような**分散分析表**

(analysis of variance table)としてまとめて表示される(表7.3).

表7.3 分散分析表(繰返しのある一元配置データ)

変動因	自由度 φ	偏差平方和 SS	平均平方 MS	分散比 F_0
級間 A	$\varphi_A = a - 1$	SS_A	$MS_A = SS_A/\varphi_A$	$F_0 = MS_A/MS_E$
誤差 E	$\varphi_E = a(n-1)$	SS_E	$MS_E = SS_E/\varphi_E$	
全体 T	$\varphi_T = N - 1$	SS_T		

7.1.2 具体的な計算手順

表7.1のデータの分散分析における実際の計算手順は,以下のようにまとめられる.

(1) 帰無仮説(H_0)と対立仮説(H_1)を立てる

$H_0 : \mu_{A_1} = \mu_{A_2} = \mu_{A_3}$(3種類の飼料の給与群のいずれの平均のあいだにも差はない)

$H_1 :$ 三つの平均のいずれかのあいだに差がある

(2) 各変動の計算

総変動(SS_T),飼料間の変動(SS_A)および誤差変動(SS_E)の実際の計算には,以下の等式が成り立つことを利用すると便利である.

$$SS_T = \sum_{i=1}^{a} \sum_{j=1}^{n} (y_{ij} - \bar{y}_{..})^2 = \sum_{i=1}^{a} \sum_{j=1}^{n} y_{ij}^2 - CT$$

---

*1 分散分析の対象となるデータは,無作為に抽出された標本データであることが前提とされ,厳密には,偶然誤差は無限の大きさの正規母集団からの標本で(**誤差の正規性**),期待値は0であり(**誤差の不偏性**),その母分散の大きさは各水準について等しい(**誤差の等分散性**)と仮定されている.さらに,各水準の効果とその水準内での偶然誤差とは互いに独立であり,水準効果と誤差とのあいだには関連性がない(**誤差の独立性**)とも仮定されている.これらの仮定は分散分析法を用いるうえでの基本的な前提条件であるが,これらのうち誤差の独立性以外の仮定については,分散分析の実用上はそれほど問題にならないことも知られており,分散分析はかなり頑健な統計的方法である.しかし,誤差の独立性は実用上も非常に重要な前提条件であるので,6章で学んだように,実験や調査にあたっては順序や割り当ての無作為化を図ることがきわめて重要である.

また,分散分析法では,これらのほかにも**線形性**の仮定が置かれている.これは,観測値は,水準の効果や偶然誤差など,その構成要素の加算的な和として構成されている(すなわち構成要素の線形式)とする仮定である.この線形性も,誤差の独立性とともに分散分析を行ううえで不可欠な重要な前提条件である.なお,観測値が線形性を満たさない場合でも,観測値に対して適当な変数変換を施し,線形性を満たすようにすることができれば分析は可能である.

線形性および"水準の効果"について,表7.1の一元配置データの場合を例に取り,もう少し補足しておこう.観測値 y_{ij} の構成は $y_{ij} = \mu + g_i + e_{ij}$ であると仮定され,全体の平均(**全平均**,overall mean)μ,因子Aの i 番目の水準の効果 g_i,i 番目の水準内の j 番目の誤差(残差ともいう)e_{ij} の和から成り立っていると仮定されている.具体的に,

$$30 = \mu + g_1 + e_{11}$$
$$25 = \mu + g_1 + e_{12}$$
$$\vdots$$
$$35 = \mu + g_3 + e_{33}$$

と仮定されているのである.なお,A_i 水準の平均(μ_i)は,全平均 μ に A_i 水準の効果 g_i が加わったものであり,$\mu_1 = \mu + g_1$,$\mu_2 = \mu + g_2$,$\mu_3 = \mu + g_3$ である.

一元配置データの場合,$(y_{ij} - \bar{y}_{..}) = (\bar{y}_{i.} - \bar{y}_{..}) + (y_{ij} - \bar{y}_{i.})$ と表して観測値のバラツキの成り立ちを考えたが,これより $y_{ij} = \bar{y}_{..} + (\bar{y}_{i.} - \bar{y}_{..}) + (y_{ij} - \bar{y}_{i.}) = \hat{\mu} + \hat{g}_i + \hat{e}_{ij}$ であり,全平均 μ は総平均 $\bar{y}_{..}$ として,A_i 水準の効果 g_i は水準平均の総平均からの偏差 $(\bar{y}_{i.} - \bar{y}_{..})$ として,また,誤差 e_{ij} は観測値の水準平均からの偏差 $(y_{ij} - \bar{y}_{i.})$ として推定されることがわかる.

$$SS_A = \sum_{i=1}^{a}\sum_{j=1}^{n}(\overline{y}_{i.} - \overline{y}_{..})^2 = \sum_{i=1}^{a}\frac{y_{i.}^2}{n} - CT$$

$$SS_E = \sum_{i=1}^{a}\sum_{j=1}^{n}(y_{ij} - \overline{y}_{i.})^2 = \sum_{i=1}^{a}\sum_{j=1}^{n}y_{ij}^2 - \sum_{i=1}^{a}\frac{y_{i.}^2}{n}$$

ただし，CT は**修正項** (correction term) であり，$y_{..}^2/N$ で与えられる．例題では

$$\sum_{i=1}^{3}\sum_{j=1}^{3}y_{ij} = \sum_{i=1}^{3}y_{i.} = 30 + 25 + \cdots + 35 = 84 + 87 + 108 = 279$$

$$\sum_{i=1}^{3}\sum_{j=1}^{3}y_{ij}^2 = 30^2 + 25^2 + \cdots + 35^2 = 8797$$

$$CT = 279^2/9 = 8649$$

となるので，

$$SS_T = \sum_{i=1}^{3}\sum_{j=1}^{3}(y_{ij} - \overline{y}_{..})^2 = \sum_{i=1}^{3}\sum_{j=1}^{3}y_{ij}^2 - CT = 8797 - 8649 = 148$$

$$SS_A = \sum_{i=1}^{3}\sum_{j=1}^{3}(\overline{y}_{i.} - \overline{y}_{..})^2 = \sum_{i=1}^{3}\frac{y_{i.}^2}{3} - CT = \frac{1}{3}(84^2 + 87^2 + 108^2) - 8649 = 114$$

$$SS_E = SS_T - SS_A = 148 - 114 = 34$$

のように求められる．なお，

$$SS_E = \sum_{i=1}^{3}\sum_{j=1}^{3}(y_{ij} - \overline{y}_{i.})^2 = \sum_{i=1}^{3}\sum_{j=1}^{3}y_{ij}^2 - \sum_{i=1}^{3}\frac{y_{i.}^2}{3} = 8797 - 8763 = 34$$

であり，上の結果と一致する．

(3) 自由度の計算

先に見たように，

$$\text{総変動 } SS_T \text{ の自由度} \quad \varphi_T = 8$$
$$\text{飼料間変動 } SS_A \text{ の自由度} \quad \varphi_A = 2$$
$$\text{誤差変動 } SS_E \text{ の自由度} \quad \varphi_E = 6$$

である．

(4) 平均平方および分散比の計算

飼料間および誤差の平均平方は，それぞれ

$$MS_A = SS_A/\varphi_A = 114/2 = 57$$
$$MS_E = SS_E/\varphi_E = 34/6 = 5.6667$$

であるので，分散比は

$$F_0 = MS_A/MS_E = 57/5.6667 = 10.0588$$

となる．

(5) F 検定を行う

$$F_{(2,6;\,0.05)} = 5.14 < F_0 = 10.0588 < F_{(2,6;\,0.01)} = 10.92$$

より（付表 5 および 7 の F 分布表を参照），得られた F_0 は $F_{(2,6;\,0.01)}$ よりわずかに小さいが，$F_{(2,6;\,0.05)}$ よりは大きいことから，帰無仮説は棄却される．

(6) 分散分析表の作成

以上の結果は，分散分析表として表 7.4 のように表示される．

表 7.4 マウスの雄の体重についての分散分析表

変動因	自由度 φ	偏差平方和 SS	平均平方 MS	分散比 F_0
級間 A	2	114	57	10.0588*
誤差 E	6	34	5.6667	
全体 T	8	148		

*$p < 0.05$

一般に，5％水準で有意であれば分散比の値の右肩に＊を，1％水準で有意であれば＊＊を付して表示する．表 7.1 の例題データでは，このように，一元配置分散分析の結果，帰無仮説は棄却され，対立仮説が採択されるので，三つの飼料の平均値のいずれかのあいだに差があると結論づけられる．一般に，このような場合には，「飼料の効果は 5％水準で有意である」あるいは「飼料による変動は 5％水準で有意である」などと表現される．

7.1.3 多重比較

表 7.1 のデータでは，一元配置分散分析の結果，飼料の効果は 5％水準で有意と判定されたが，分散分析のみでは三つの水準のうちのどの水準とどの水準の平均値間に有意差があるのかはわからない．そこで，多重比較によって多平均値間の差の検定を行うことになる[*2]．

ここでは，テューキー（J. W. Tukey）の HSD (honestly significant difference) 法による多重比較検定を行ってみよう．この方法では，i 番目および i' 番目の水準平均をそれぞれ $\bar{y}_{i\cdot}$ および $\bar{y}_{i'\cdot}$ として，

$$q = \frac{|\bar{y}_{i\cdot} - \bar{y}_{i'\cdot}|}{\sqrt{\dfrac{MS_E}{n}}}$$

を統計量とし，**ステューデント化された範囲の分布** (studentized range distribution) と呼ばれる確率変数 $Q(a, a(n-1); \alpha)$ の値[*3]と比較して，差

*2 多重比較には複数の方法がある．分散分析で用いる F 統計量を用いる多重比較には，フィッシャー（R. A. Fisher）の PLSD（protected least significant difference，保護最小有意差）法やシェフェ（H. Scheffé）の方法などがある．また，F 統計量を用いないテューキーの HSD 法などもあり，これらの方法には，差の検出力などの点でそれぞれに特徴と利欠点がある．

*3 R では，この Q 値を
qtukey（1 − 有意確率，平均値の数，級内（誤差）自由度）
あるいは
qtukey（有意確率，平均値の数，級内自由度，lower.tail=FALSE）
によって求めることができる．有意確率には，通常は有意水準 α を設定する．たとえば，Q (3, 6; 0.05) の値は，
> qtukey(0.05,3,6,lower.tail=FALSE)
[1] 4.339195
として得られる．

の検定を行う．ここで，q の分母の $\sqrt{\dfrac{MS_\mathrm{E}}{n}}$ は，水準平均値の標準誤差である．すなわち，

　帰無仮説：$\mu_i = \mu_{i'}$（二つの水準母平均 μ_i と $\mu_{i'}$ とのあいだに差はない）

のもとで，有意水準を α として，

$q < Q(a, a(n-1); \alpha)$ なら，帰無仮説を採択し，「有意差なし」

$q \geq Q(a, a(n-1); \alpha)$ なら，帰無仮説を棄却し，「有意差あり」

と判定する．ここでは

$$\sqrt{\dfrac{MS_\mathrm{E}}{n}} = \sqrt{\dfrac{5.6667}{3}} = 1.3743$$

であり，有意水準を 5%（$\alpha = 0.05$）とすれば，$a = 3$，$a(n-1) = 3(3-1) = 6$ より，

$$Q(3, 6; 0.05) = 4.3392$$

であるので（付表 8 の Q 表参照），この標本データの場合に有意となる最小の差

$$D(\alpha) = D(0.05) = \sqrt{\dfrac{MS_\mathrm{E}}{n}} \times Q(3, 6; 0.05) = 1.3743 \times 4.3392 = 5.9634$$

を求めて，

$$D(0.05) = 5.9634 < |\overline{y}_{1.} - \overline{y}_{3.}| = |28 - 36| = 8$$
　　　（A_1 群の平均と A_3 群の平均のあいだに有意差あり）
$$5.9634 < |\overline{y}_{2.} - \overline{y}_{3.}| = |29 - 36| = 7$$
　　　（A_2 群の平均と A_3 群の平均のあいだに有意差あり）
$$|\overline{y}_{1.} - \overline{y}_{2.}| = |28 - 29| = 1 < 5.9634$$
　　　（A_1 群の平均と A_2 群の平均のあいだに有意差なし）

と判定される．

検定結果の詳細は，表 7.5 のようにまとめられる．図 7.5 は，3 群の平均

表 7.5　テューキーの HSD 法による多重比較検定の結果

群（水準）	飼料 A_1	飼料 A_2	飼料 A_3
平均値(g)	28	29	36
A_3 群との差	8*	7*	―
A_2 群との差	1	―	―

*$p < 0.05$

群 (水準)	飼料 A_3	飼料 A_2	飼料 A_1
平均値 (g)	36	29	28

　　　　　　　　　　　　　　　　 a　　　　　　
　　　　　　　　　　　　　　　　　　　　　b

図 7.5　多重比較検定での有意差に基づく平均値のグループ化と肩文字の割り当て

値を大きさの順に並べ，有意差の結果に基づいて三つの平均値を二つのグループに要約したものである．図では，これらのグループのそれぞれに横線を引き，a あるいは b の異なる文字を割り当てて区別している．

　このような手順により，検定結果の最終的な表示では通常，表 7.6 のように，平均値の右肩に a あるいは b の肩文字を付し，同じ肩文字をもたない平均値のあいだには有意差 (ここでは 5% 水準) があることを明示する．

表 7.6　3 種の飼料群の平均値の比較

水　準	飼料 A_1	飼料 A_2	飼料 A_3
平均値 (g)	28^b	29^b	36^a

[a,b] 同じ肩文字をもたない平均値のあいだには有意差あり ($p<0.05$)．

7.2　二元配置の分散分析

いま，表 7.7 に示したように，雌雄のマウスに 3 種のエネルギー含量の飼料を与えた場合の 20 週齢体重のデータが得られているとしよう．

表 7.7　雌雄のマウスの 20 週齢体重のデータ
　　　　（繰返しのない場合，単位：g）

因子	水準	飼料 A_1 (低エネルギー)	飼料 A_2 (コントロール)	飼料 A_3 (高エネルギー)
性	B_1 (雄)	30	31	38
	B_2 (雌)	24	26	35

この場合の「飼料」と「性」のように，二つの因子 A および B を取り上げた実験計画によって得られたデータの分散分析は，**二元配置分散分析** (two-way analysis of variance) あるいは **2 因子分散分析** と呼ばれる．二元配置では，表 7.7 のデータのように因子 A (飼料) の水準と因子 B (性) の水準の組み合わせ (**副次級**, subclass) ごとに一つの観測値しか得られていない場合 (繰返しのない場合) と，後で示す表 7.10 のように，各副次級に複数の観測値がある場合 (繰返しのある場合) とがある．繰返しのないデータの二元配置分散分析では，観測値に対する因子 A および因子 B の主効果の有意性を調べることができる．一方，繰返しのあるデータの二元配置分散分析では，因子 A および因子 B の各主効果の有意性に加えて，因子 A と因子 B との**交互作用**

(interaction)の有無についても調べることができる[*4].

本節では，繰返しのない二元配置データの分散分析とともに，繰返しのある二元配置データの分散分析についても，各副次級における観測値の数が等しい場合のデータ（**つり合い型データ**，balanced data）の分析法を習得する．各副次級における観測値の数が不揃いなデータ（**不つり合い型データ**，unbalanced data）の分散分析については 14 章で学ぶ．

7.2.1　繰返しのない二元配置データの分散分析

繰返しのない場合の二元配置分散分析では，総変動（SS_T）を因子 A による変動（SS_A），因子 B による変動（SS_B）および誤差変動（SS_E）の三つに分解し（図7.6），二つの因子 A および B による変動のそれぞれが誤差変動に比べて意味のある程度に大きいか否かを調べる．

因子 A による変動 (SS_A)	因子 B による変動 (SS_B)	誤差変動 (SS_E)

総変動（SS_T）

図 7.6　繰返しのない二元配置データの総変動の分解

ここで，総変動（SS_T）はすべての観測値の総平均からの偏差の平方和，因子 A による変動（SS_A）は因子 A の各水準の平均の総平均からの偏差の平方和，因子 B による変動（SS_B）は因子 B の各水準の平均の総平均からの偏差の平方和として，また，誤差変動は SS_T から SS_A と SS_B とを差し引いて求められる．いま，因子 A の i 番目の水準および因子 B の j 番目の水準下での観測値を y_{ij} とし，因子 A の水準数を a，因子 B の水準数を b，観測値の総数を $N = a \times b$ とすると，総変動（SS_T），因子 A による変動（SS_A），因子 B による変動（SS_B）および誤差変動（SS_E）とそれらの自由度（φ_T，φ_A，φ_B および φ_E）は，

[*4] 観測値に影響を及ぼす因子には，その性質によって，**母数因子**（fixed factor）と呼ばれるもの（固定因子ともいう）と**変量因子**（random factor）と呼ばれるものの区別があり，個々の因子はこれらのいずれかに分類される．母数因子は，水準数が限られていると想定される因子であり，当の因子に関して興味の対象とするすべての水準が実験や試験に含まれるような因子である．各水準は一定の"固定された効果"をもつと想定される．また，母数因子は，たとえ同一の実験・試験を繰り返したとしても，興味の水準の"固定された効果"をいつも再設定することができるような因子である．たとえば，温度を 10 ℃，20 ℃，30 ℃と変えて行う動物実験や肥料 A と肥料 B を取り上げて行う作物生育試験の場合の温度や肥料は，母数因子と見なされる．一方，変量因子は，非常に多数の水準が想定され，実験や試験で実際に取り上げられた有限の数の水準は，多数の水準のなかから無作為に選ばれたものと仮定される場合である．変量因子での各水準効果は，正規分布のような確率分布に従う"確率変数"と見なされる．

母数因子の効果は**母数効果**（fixed effect．固定効果ともいう），変量因子の効果は**変量効果**（random effect）という．偶然誤差（残差）は常に変量因子と見なされる．分析に取り上げた因子が母数因子であるか変量因子であるかは，分散分析を行ううえで重要な意味をもつが，詳しい解説はより上級の成書に譲る．入門の教科書である本書では，変動因が母数因子である場合のみを取り扱っている．

7.2 二元配置の分散分析

総変動
$$SS_T = \sum_{i=1}^{a}\sum_{j=1}^{b}(y_{ij}-\overline{y}_{..})^2 = \sum_{i=1}^{a}\sum_{j=1}^{b}y_{ij}^2 - CT$$
$$\varphi_T = N-1$$

因子 A による変動
$$SS_A = \sum_{i=1}^{a}\sum_{j=1}^{b}(\overline{y}_{i.}-\overline{y}_{..})^2 = \sum_{i=1}^{a}\frac{y_{i.}^2}{b} - CT$$
$$\varphi_A = a-1$$

因子 B による変動
$$SS_B = \sum_{i=1}^{a}\sum_{j=1}^{b}(\overline{y}_{.j}-\overline{y}_{..})^2 = \sum_{j=1}^{b}\frac{y_{.j}^2}{a} - CT$$
$$\varphi_B = b-1$$

誤差変動
$$SS_E = SS_T - SS_A - SS_B$$
$$\varphi_E = \varphi_T - \varphi_A - \varphi_B$$

として与えられる.ただし,CT は一元配置分散分析(7.1 節)で学んだように,修正項 $CT = y_{..}^2/N$ である.

一元配置分散分析の場合と同様に,これらから各平均平方を計算して F_0 値を求め,F 検定を行えばよい.この場合の分散分析表は,表 7.8 のように表示される.

表 7.8 繰返しのない二元配置データについての分散分析表

変動因	自由度	偏差平方和	平均平方	分散比
因子 A	φ_A	SS_A	MS_A	$F_{0(A)} = MS_A/MS_E$
因子 B	φ_B	SS_B	MS_B	$F_{0(B)} = MS_B/MS_E$
誤 差	φ_E	SS_E	MS_E	

表 7.7 のデータを用いて,実際に分散分析を行ってみよう.

因子 A (飼料) の水準数は 3,因子 B (性) の水準数は 2,すなわち $a=3$, $b=2$, $N=6$ であり,$CT = y_{..}^2/N = 184^2/6 = 5642.6667$ であるので,
$$SS_T = \sum_{i=1}^{3}\sum_{j=1}^{2}y_{ij}^2 - CT = (30^2+24^2+31^2+26^2+38^2+35^2) - 5642.6667$$
$$= 139.3333$$

$$SS_A = \sum_{i=1}^{3}\frac{y_{i.}^2}{2} - CT = \frac{1}{2}(54^2+57^2+73^2) - 5642.6667 = 104.3333$$

$$SS_B = \sum_{j=1}^{2}\frac{y_{.j}^2}{3} - CT = \frac{1}{3}(99^2+85^2) - 5642.6667 = 32.6667$$

$$SS_E = SS_T - SS_A - SS_B = 139.3333 - 104.3333 - 32.6667 = 2.3333$$

として求められる.各変動の自由度は,

$$\varphi_T = N - 1 = 6 - 1 = 5$$
$$\varphi_A = a - 1 = 3 - 1 = 2$$
$$\varphi_B = b - 1 = 2 - 1 = 1$$
$$\varphi_E = \varphi_T - \varphi_A - \varphi_B = 5 - 2 - 1 = 2$$

となる．

平均平方および分散比を計算し，F 検定によって各変動の有意性（すなわち因子の効果の有意性）の判定を行う手順は，一元配置分散分析の場合と同様である．この場合には，

$$F_{(2,2;\,0.05)} = 19.00 < F_{0(A)} = 44.7143 < F_{(2,2;\,0.01)} = 99.00$$
$$F_{(1,2;\,0.05)} = 18.51 < F_{0(B)} = 28.0000 < F_{(1,2;\,0.01)} = 98.50$$

より帰無仮説は棄却され，分散分析の結果は表 7.9 のようにまとめられる．

表 7.9 二元配置データ（表 7.7）についての分散分析表

変動因	自由度	偏差平方和	平均平方	分散比
飼 料	2	104.3333	52.1667	44.7143*
性	1	32.6667	32.6667	28.0000*
誤 差	2	2.3333	1.1667	

*$p < 0.05$

したがって，分散分析の結果から，水準数が 2 の性の因子については，雄と雌の二つの平均のあいだに 5％水準で有意差のあることが明らかである．一方，水準数が 3 の飼料の因子にも 5％水準で有意性が認められるが，いずれの平均のあいだに有意差があるのかを知るためには，一元配置分散分析で学んだように，さらに多重比較検定を行う必要がある．

7.2.2 繰返しのある二元配置データの分散分析

表 7.10 は，エネルギー含量の異なる飼料 3 水準と性の 2 水準との組み合

表 7.10 雌雄のマウスの 20 週齢体重のデータ
（繰返しのあるつり合い型データ，単位：g）

因 子	水準	飼 料		
		A_1 (低エネルギー)	A_2 (コントロール)	A_3 (高エネルギー)
性	B_1 (雄)	30	31	38
		29	28	36
	B_2 (雌)	23	26	36
		22	27	35

わせによる六つの副次級にそれぞれ複数の観測値があり，繰返しのある二元配置のデータである．しかも，いずれの副次級においても等しく二つの観測値があり，各副次級の観測値の数が揃っているので，繰返しのあるつり合い型の二元配置データの例である．前述したように，繰返しのある二元配置データの分散分析では，二つの因子の各主効果と二つの因子の水準の組み合わせによる効果，すなわち交互作用の有意性について検定することができる．

繰返しがある場合には，図 7.7 のように，総変動 (SS_T) は級間変動 (SS_{AB}) と誤差変動 (SS_E) とに分解され，級間変動 SS_{AB} はさらに因子 A (飼料) による変動 (SS_A)，因子 B (性) による変動 (SS_B) および因子 A と因子 B との交互作用による変動 ($SS_{A\times B}$) とに分解される．

因子Aによる変動 (SS_A)	因子Bによる変動 (SS_B)	因子Aと因子Bとの交互作用による変動 ($SS_{A\times B}$)	誤差変動 (SS_E)

級間変動 (SS_{AB})

総変動 (SS_T)

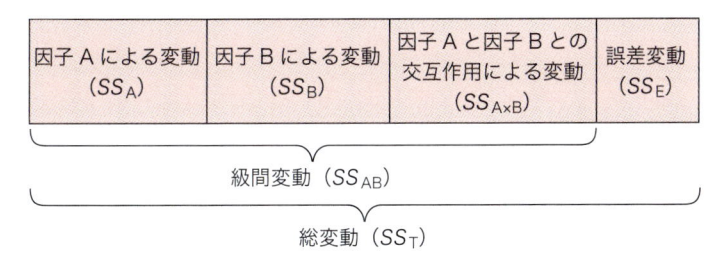

図 7.7　繰返しのある二元配置データにおける総変動の分解

すなわち，

$$SS_T = SS_{AB} + SS_E$$
$$SS_{AB} = SS_A + SS_B + SS_{A\times B}$$

と表される．ここで，級間変動 (SS_{AB}) は，因子 A の水準と因子 B の水準の組み合わせによる各副次級の平均の総平均からの偏差の平方和であり，因子 A と因子 B との交互作用による変動 ($SS_{A\times B}$) は，級間変動 SS_{AB} を計算し，その値から因子 A による変動 (SS_A) と因子 B による変動 (SS_B) とを差し引いて計算される．誤差変動 (SS_E) は，総変動 SS_T から級間変動 SS_{AB} を差し引いて求めることができる．

また，各変動の自由度についても，総変動の分解に対応して

$$\varphi_T = \varphi_{AB} + \varphi_E$$
$$\varphi_{AB} = \varphi_A + \varphi_B + \varphi_{A\times B}$$

が成り立ち，級間変動の自由度は，副次級の数 $a \times b$ から 1 を差し引いた数となる．

いま，因子 A の i 番目の水準および因子 B の j 番目の水準のもとでの k 番目の観測値を y_{ijk} と表し，各副次級内の観測値の数を n で示せば，各変動と自由度は，

総変動
$$SS_T = \sum_{i=1}^{a}\sum_{j=1}^{b}\sum_{k=1}^{n}(y_{ijk}-\overline{y}_{...})^2 = \sum_{i=1}^{a}\sum_{j=1}^{b}\sum_{k=1}^{n}y^2_{ijk} - CT$$
$$\varphi_T = N-1 = a \times b \times n - 1$$

級間変動
$$SS_{AB} = \sum_{i=1}^{a}\sum_{j=1}^{b}\sum_{k=1}^{n}(\overline{y}_{ij.}-\overline{y}_{...})^2 = \sum_{i=1}^{a}\sum_{j=1}^{b}\frac{y^2_{ij.}}{n} - CT$$
$$\varphi_{AB} = a \times b - 1$$

因子 A による変動
$$SS_A = \sum_{i=1}^{a}\sum_{j=1}^{b}\sum_{k=1}^{n}(\overline{y}_{i..}-\overline{y}_{...})^2 = \sum_{i=1}^{a}\frac{y^2_{i..}}{b \times n} - CT$$
$$\varphi_A = a - 1$$

因子 B による変動
$$SS_B = \sum_{i=1}^{a}\sum_{j=1}^{b}\sum_{k=1}^{n}(\overline{y}_{.j.}-\overline{y}_{...})^2 = \sum_{j=1}^{b}\frac{y^2_{.j.}}{a \times n} - CT$$
$$\varphi_B = b - 1$$

交互作用による変動 $SS_{A \times B} = SS_{AB} - SS_A - SS_B$
$$\varphi_{A \times B} = \varphi_{AB} - \varphi_A - \varphi_B$$

誤差変動 $SS_E = SS_T - SS_{AB}$
$$\varphi_E = \varphi_T - \varphi_{AB}$$

として求められる.

以降の平均平方の計算と F 検定の手順は,これまでの場合と同様であり,分散分析表は表 7.11 のように表示される.

表7.11 繰返しのある二元配置データについての分散分析表

変動因	自由度	偏差平方和	平均平方	分散比
因子 A	φ_A	SS_A	MS_A	$F_{0(A)} = MS_A/MS_E$
因子 B	φ_B	SS_B	MS_B	$F_{0(B)} = MS_B/MS_E$
交互作用	$\varphi_{A \times B}$	$SS_{A \times B}$	$MS_{A \times B}$	$F_{0(A \times B)} = MS_{A \times B}/MS_E$
誤　差	φ_E	SS_E	MS_E	

具体的に,表 7.10 のデータを用いて計算の手順を見てみよう. 飼料(因子 A)の水準数は 3,性(因子 B)の水準数は 2 で,実験の繰返し数は 2,すなわち $a=3,\ b=2,\ n=2$ であり,$CT = y^2_{...}/N = 361^2/12 = 10860.0833$ であるので,

$$SS_T = \sum_{i=1}^{3}\sum_{j=1}^{2}\sum_{k=1}^{2} y^2_{ijk} - CT = (30^2 + 29^2 + 23^2 + \cdots + 35^2) - 10860.0833$$
$$= 304.9167$$

$$SS_{AB} = \sum_{i=1}^{3}\sum_{j=1}^{2}\frac{y^2_{ij.}}{2} - CT = \frac{1}{2}(59^2 + 45^2 + 59^2 + 53^2 + 74^2 + 71^2)$$
$$- 10860.0833 = 296.4167$$

$$SS_A = \sum_{i=1}^{3} \frac{y_{i..}^2}{2 \times 2} - CT = \frac{1}{2 \times 2}(104^2 + 112^2 + 145^2) - 10860.0833$$
$$= 236.1667$$

$$SS_B = \sum_{j=1}^{2} \frac{y_{.j.}^2}{3 \times 2} - CT = \frac{1}{3 \times 2}(192^2 + 169^2) - 10860.0833 = 44.0833$$

$$SS_{A \times B} = SS_{AB} - SS_A - SS_B = 296.4167 - 236.1667 - 44.0833 = 16.1667$$

と求められる．誤差変動は，

$$SS_E = SS_T - SS_{AB} = 304.9167 - 296.4167 = 8.5$$

である．また，各自由度は，

総変動： $\varphi_T = N - 1 = a \times b \times n - 1 = 3 \times 2 \times 2 - 1 = 11$
級間変動： $\varphi_{AB} = a \times b - 1 = 3 \times 2 - 1 = 5$
飼料間： $\varphi_A = a - 1 = 3 - 1 = 2$
性間： $\varphi_B = b - 1 = 2 - 1 = 1$
交互作用： $\varphi_{A \times B} = \varphi_{AB} - \varphi_A - \varphi_B = 5 - 2 - 1 = 2$
誤差： $\varphi_E = \varphi_T - \varphi_{AB} = 11 - 5 = 6$

のように計算される．

飼料，性，飼料と性との交互作用および誤差の各平均平方の算出以降の計算手順は，これまでの場合と同様であるが，帰無仮説は

$H_{0(A)}$： 飼料 A_1，A_2 および A_3 群のいずれの平均のあいだにも差はない
$H_{0(B)}$： 雌雄の平均のあいだに差はない
$H_{0(A \times B)}$：飼料と性とのあいだに交互作用はない

である．結果的に，

$$F_{(2,6;\,0.01)} = 10.92 < F_{0(A)} = 83.3529$$
$$F_{(1,6;\,0.01)} = 13.75 < F_{0(B)} = 31.1176$$
$$F_{(2,6;\,0.05)} = 5.14 < F_{0(A \times B)} = 5.7059 < F_{(2,6;\,0.01)} = 10.92$$

より，主効果に関する帰無仮説はいずれも1％水準で棄却され，「飼料による変動は高度に有意である」，「性による変動は高度に有意である」と判定されるが，交互作用に関しては5％水準でのみ有意性が認められ，「交互作用による変動は（5％水準で）有意である」と判定される．

分散分析表は，表7.12のようにまとめられる．

この数値例では，飼料の効果および性の効果に加えて，飼料と性との交互

表7.12 繰返しのある二元配置データ(表7.10)についての分散分析表

変動因	自由度	偏差平方和	平均平方	分散比
飼料	2	236.1667	118.0833	83.3529**
性	1	44.0833	44.0833	31.1176**
飼料×性	2	16.1667	8.0833	5.7059*
誤差	6	8.5	1.4167	

**$p < 0.01$, *$p < 0.05$

作用にも有意性が認められたため，引き続いて多重検定を行うことになる．このように交互作用が有意な場合の多重検定では，飼料の3水準と性の2水準との組み合わせによる計六つの副次級の平均値について，いずれのあいだに有意差があるのかが検定される．

図7.8は，テューキーのHSD法による多重比較検定（有意水準：5%）の結果[*5]をまとめたものである．六つの副次級の平均を大きさの順に並べ，有意差の認められなかった平均値を一まとめにして，三つのグループに要約することができる．このような手順により，平均値間の差の検定の結果は，表7.13のように表示される．

*5 この数値例のRによる分散分析および多重比較検定（テューキーのHSD法）の実行コード例と分析結果は，p.89, 90を参照．また，このコード例での「最小二乗推定値」については，13章を参照．

副次級	A_3B_1	A_3B_2	A_2B_1	A_1B_1	A_2B_2	A_1B_2
平均値(g)	37.0	35.5	29.5	29.5	26.5	22.5

a ─────────────
        b ─────────────
                c ─────────────

図7.8 テューキーのHSD法による多重比較検定の結果のまとめ

表7.13 飼料および性別平均値の比較（単位：g）

因子	水準	飼料		
		A_1	A_2	A_3
性	B_1(雄)	29.5^b	29.5^b	37.0^a
	B_2(雌)	22.5^c	$26.5^{b,c}$	35.5^a

a,b,c 同じ肩文字をもたない平均値のあいだには有意差あり($p < 0.05$)．

表7.13の結果を模式図として示したのが図7.9 (a) である．この図から，飼料と性との交互作用により，高エネルギー飼料の給与では，低エネルギー飼料の給与に比べて雌雄の体重差が減少している様子がわかる．なお，図7.9 (b) は雌雄の体重が低エネルギー飼料の給与と高エネルギー飼料の給与とで逆転している例であり，交互作用が生じている場合のもう一つの典型的な様相の例である．図7.9 (c) には，飼料と性とのあいだに交互作用のない場合の様相を例示した．

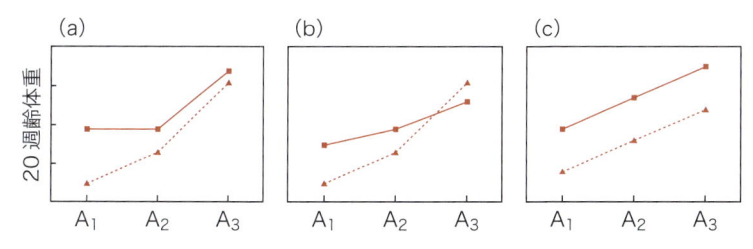

図 7.9　飼料と性との交互作用の有無
A_1(低エネルギー)，A_2(コントロール)，A_3(高エネルギー)：飼料の 3 水準．
実線：B_1(雄)，破線：B_2(雌)．

7.3　三元配置の分散分析

三つの因子(因子 A, B および C)を取り上げた三元配置法によるデータの分散分析は，前節で学んだ二元配置分散分析の拡張となる．

7.3.1　三元配置法によるデータの分析

繰返しのある三元配置データの分散分析では，データの総変動 (SS_T) が，因子 A, B および C による変動 (それぞれ SS_A, SS_B および SS_C)，2 因子の交互作用による変動 (それぞれ $SS_{A\times B}$, $SS_{A\times C}$ および $SS_{B\times C}$)，3 因子交互作用による変動 ($SS_{A\times B\times C}$) および誤差変動 (SS_E) に分解され，比較される (図 7.10)．

因子 A, B および C による変動 (主効果による変動)			交互作用による変動				誤差変動
SS_A	SS_B	SS_C	$SS_{A\times B}$	$SS_{A\times C}$	$SS_{B\times C}$	$SS_{A\times B\times C}$	SS_E

図 7.10　繰返しのある三元配置データにおける総変動の分解

一方，繰返しのない三元配置データの場合には，3 因子交互作用と誤差とは交絡し，両者を区別することができないため，3 因子交互作用は誤差に含まれる．

すなわち，平方和の加法性から，繰返しがない場合の三元配置データの総変動の構成は

$$SS_T = SS_A + SS_B + SS_C + SS_{A\times B} + SS_{A\times C} + SS_{B\times C} + SS_E$$

と表され，繰返しがある場合の総変動は

$$SS_T = SS_A + SS_B + SS_C + SS_{A\times B} + SS_{A\times C} + SS_{B\times C} + SS_{A\times B\times C} + SS_E$$

となる．

本書では，三元配置法によるデータの分散分析における具体的な計算手順の解説は省略する．四元配置以上のより複雑な配置から得られたデータの分散分析についても，複数の因子に対応した各変動に分解し，誤差変動に対し

てそれらの変動の大きさを比較する，という原理は同じである．実際の計算では，章末に示した二元配置のRコードを拡張すれば，さまざまな配置の分析が可能である．

7.3.2 ラテン方格法による実験データの分散分析

6章の6.4節において，ラテン方格法による実験配置について学んだ．ラテン方格法は3要因計画の一種であるが，実験の繰返しがない．したがって，この場合の変動因は因子A（ブロック因子，行），因子B（ブロック因子，列）および因子C（処理因子，水準をラテン文字で示す）の三つの主効果と誤差のみであり，各交互作用は変動因には含まれない（図7.11）．

主効果による変動			誤差変動
二つのブロック因子による変動		処理因子による変動	
SS_A	SS_B	SS_C	SS_E

図 7.11　ラテン方格法による実験データにおける総変動の分解

ラテン方格法によるデータの総変動 SS_T の構成は，

$$SS_T = SS_A + SS_B + SS_C + SS_E$$

と表される．ここで，それぞれの変動と自由度は，i 行 j 列のラテン方格による観測値を y_{ij} $(i, j = 1, 2, \cdots, n)$ と表すと，

総変動
$$SS_T = \sum_{i=1}^{n}\sum_{j=1}^{n}(y_{ij}-\bar{y}_{..})^2 = \sum_{i=1}^{n}\sum_{j=1}^{n} y^2_{ij} - CT$$
$$\varphi_T = n^2 - 1$$

ブロック因子A（行）による変動
$$SS_A = \sum_{i=1}^{n}\sum_{j=1}^{n}(\bar{y}_{i.}-\bar{y}_{..})^2 = \sum_{i=1}^{n}\frac{y^2_{i.}}{n} - CT$$
$$\varphi_A = n - 1$$

ブロック因子B（列）による変動
$$SS_B = \sum_{i=1}^{n}\sum_{j=1}^{n}(\bar{y}_{.j}-\bar{y}_{..})^2 = \sum_{j=1}^{n}\frac{y^2_{.j}}{n} - CT$$
$$\varphi_B = n - 1$$

処理因子C（ラテン文字）による変動
$$SS_C = n\sum_{k=1}^{n}(\bar{y}_{..(k)}-\bar{y}_{..})^2 = \sum_{k=1}^{n}\frac{y^2_{..(k)}}{n} - CT$$
$$\varphi_C = n - 1$$

誤差変動
$$SS_E = SS_T - SS_A - SS_B - SS_C$$
$$\varphi_E = \varphi_T - \varphi_A - \varphi_B - \varphi_C = (n-1)(n-2)$$

として与えられる．

よって，これまでに学んだ手順により，これらから各平均平方を計算し，F_0 値を求めて F 検定を行えばよい．データの分散分析表は，表 7.14 のように表示される．

表 7.14　ラテン方格法によるデータについての分散分析表

変動因	自由度	偏差平方和	平均平方	分散比
ブロック因子 A	φ_A	SS_A	MS_A	$F_{0(A)} = MS_A/MS_E$
ブロック因子 B	φ_B	SS_B	MS_B	$F_{0(B)} = MS_B/MS_E$
処理因子 C	φ_C	SS_C	MS_C	$F_{0(C)} = MS_C/MS_E$
誤　差	φ_E	SS_E	MS_E	

ここでは，数値例として，6 章の乳牛の乳量を調査した動物実験のデータ（表 6.4）を用い，分散分析を行ってみよう．

表 6.4 のデータは，4×4 のラテン方格による実験配置から得られた観測値である．この場合の 2 種類のブロック因子は，因子 A（行：実験期間）と因子 B（列：乳牛の個体）であり，$n = 4$，$N = n \times n = 4 \times 4 = 16$ である．

修正項は $CT = y_{..}^2/N = 138^2/16 = 1190.25$ であるので，

Column

数理統計学者，集団遺伝学者，そして「愛煙家」としてのフィッシャー

　実験計画法や分散分析法をはじめとして，現代統計理論の基本的な枠組みを構築したフィッシャーは，「近代統計学の父」といわれる．彼はまた，集団遺伝学においても際立った業績をあげている．1930 年に初版が出版された著書『自然選択の遺伝学的理論』において，ダーウィンの自然選択説とメンデル遺伝学とが生物統計学の手法によって統一できることを示し，その後の集団遺伝学の発展に計り知れない貢献をした．また，ロザムステッド農事試験場に着任する前年の 1918 年に発表した論文「メンデル遺伝の仮定に基づく近親者間の相関」は，量的形質の遺伝学（14 章参照）の基礎となる考えを示したものであり，遺伝学史上における記念碑的論文として位置づけられている．

　フィッシャーは「愛煙家」としても有名である．今日に残る写真の多くに，パイプをくわえた彼の姿が写っている．1950 年代前半に，喫煙が肺がんを引き起こす原因になるとする論文が発表された．これに対してフィッシャーは猛然と反論し，発表された研究は論理的に欠陥だらけで，データが改ざんされているとさえも主張した．もっとも当時は，喫煙と肺がんの研究に異論を唱えたのはフィッシャーだけではなかった．そのなかには，バークソン，ネイマンなどの著名な統計学者も含まれていた．しかし，その後，喫煙と肺がんの因果関係を示す多くのデータが蓄積されると，異論を唱える統計学者はフィッシャーだけになった．彼は亡くなるまで，喫煙と肺がんの因果関係を頑として受け入れず，因果関係を主張する人たちを徹底的に攻撃した．統計学者サルツブルクは，著書『統計学を拓いた異才たち』において，フィッシャーをこのように駆り立てた動機には，あらゆる因果関係を実証する際に生じる哲学的問題が背景にあったとしている．それにしてもフィッシャーが「愛煙家」でなければ，この問題にここまで固執しただろうか？

$$SS_T = \sum_{i=1}^{4}\sum_{j=1}^{4} y_{ij}^2 - CT = (8^2 + 10^2 + 7^2 + \cdots + 8^2) - 1190.25 = 19.75$$

$$SS_A = \sum_{i=1}^{4} \frac{y_{i.}^2}{4} - CT = \frac{1}{4}(33^2 + 26^2 + 35^2 + 34^2) - 1190.25 = 1.25$$

$$SS_B = \sum_{j=1}^{4} \frac{y_{.j}^2}{4} - CT = \frac{1}{4}(32^2 + 36^2 + 35^2 + 35^2) - 1190.25 = 2.25$$

$$SS_C = \sum_{k=1}^{4} \frac{y_{..(k)}^2}{4} - CT = \frac{1}{4}(37^2 + 39^2 + 30^2 + 32^2) - 1190.25 = 13.25$$

$$SS_E = SS_T - SS_A - SS_B - SS_C = 19.75 - 1.25 - 2.25 - 13.25 = 3$$

を得る．自由度は

$$\varphi_A = \varphi_B = \varphi_C = n - 1 = 4 - 1 = 3$$
$$\varphi_E = (n-1)(n-2) = (4-1)(4-2) = 6$$

であり，分散分析の結果は表 7.15 のようにまとめられ，飼料による変動には 5% 水準で有意性が認められる．

表 7.15 4×4 ラテン方格法による実験データ（表 6.4）についての分散分析表

変動因	自由度	偏差平方和	平均平方	分散比
乳期 A	3	1.25	0.4166	0.8332
乳牛 B	3	2.25	0.75	1.5
飼料 C	3	13.25	4.4166	8.8332*
誤　差	6	3	0.5	

*$p < 0.05$

よって，飼料の平均間の差の検定へと進むことになる．

練習問題

1 分散分析では，データの構造についていくつかの前提条件が仮定されている．それらをあげ，簡潔に説明しなさい．

2 因子 A の水準数が a で，各水準における実験の繰返し数が n の一元配置法による観測値を y_{ij} とする．このとき，総変動 $[SS_T = \sum_{i=1}^{a}\sum_{j=1}^{n}(y_{ij} - \overline{y}_{..})^2]$ は，因子 A による変動 $[SS_A = \sum_{i=1}^{a}\sum_{j=1}^{n}(\overline{y}_{i.} - \overline{y}_{..})^2]$ と誤差変動 $[SS_E = \sum_{i=1}^{a}\sum_{j=1}^{n}(y_{ij} - \overline{y}_{i.})^2]$ とに分解され，$SS_T = SS_A + SS_E$ が成り立つことを証明しなさい．
ヒント：$(y_{ij} - \overline{y}_{..}) = (\overline{y}_{i.} - \overline{y}_{..}) + (y_{ij} - \overline{y}_{i.})$ の両辺を平方し，総和（$\sum_{i=1}^{a}\sum_{j=1}^{n}$）をとりなさい．また，$\sum_{j=1}^{n}(y_{ij} - \overline{y}_{i.}) = (y_{i1} - \overline{y}_{i.}) + (y_{i2} - \overline{y}_{i.}) + \cdots + (y_{in} - \overline{y}_{i.}) = (y_{i1} + y_{i2} + \cdots + y_{in}) - n\overline{y}_{i.}$ を利用しなさい．

3 水稲の籾重に対する 3 種の肥料（A_1, A_2 および A_3）の影響を調べるために，コシヒカリを用いて一元配置法によるポット試験を行い，個体（株）あたり

の籾重を計測して次のようなデータを得た．試験は，1ポットあたり1株として温室内で行い，ポットの配置は完全無作為化法に従った．

ポット試験による水稲籾重の観測値（単位：g）

肥　料	水　準		
	A_1	A_2	A_3
実験の繰返し	12	9	11
	12	8	10
	10	7	9
	9	8	9
	9	8	8

(1) この場合の分散分析における帰無仮説と対立仮説を述べなさい．

(2) 肥料による変動の有意性を調べなさい．また，有意である場合には，テューキーのHSD法による多重比較検定を行いなさい．

4 6品種のオオムギの収量（kg/a）を比較した乱塊法による圃場試験のデータ（6章の表6.3）について，分散分析を実施しなさい．

5 次のデータは，アフリカのある種のハエを効率よく捕捉するための野外設置型トラップについて，デザイン（4種：A, B, C, D）を処理因子とし，採集地および採集日を二つのブロック因子とするラテン方格法による調査記録である．ここでの観測値の値は，採集個体数を c として，$c+1$ を常用対数変換した値として与えられている．このデータについて分散分析を行い，トラップ・デザインの効果の有意性を検定しなさい．

ラテン方格法による捕捉ハエ数の調査結果（常用対数変換値）

ブロック因子	水準	採集日（列）			
		1	2	3	4
採集地（行）	I	D 2.8	C 1.6	A 2.2	B 1.9
	II	B 1.8	D 2.1	C 1.6	A 2.3
	III	A 2.4	B 1.8	D 2.5	C 2.2
	IV	C 2.1	A 2.3	B 2.1	D 2.3

Abila ら，*J. Insect Sci.*, **7**: Article 47 (2007) より引用・改変．

---

*5　分析の実行のためのRのコード例
```
Sex <- factor(c("M","M","F","F","M","M",
        "F","F","M","M","F","F"))
Diet <- factor(c("A1","A1","A1","A1","A2","A2",
        "A2","A2","A3","A3","A3","A3"))
Weight <- c(30, 29, 23, 22, 31, 28, 26, 27, 38, 36, 36, 35)
Weight.data <- data.frame(sex=Sex,diet=Diet,rhs=Weight)   # データフレームの作成
anova.result <- aov (rhs ~ diet+sex+diet*sex, data=Weight.data)  # 分散分析の実行
summary(anova.result)                    # 分散分析表の出力
lsmean <- coef(anova.result)             # 最小二乗推定値の計算
lsmean                                   # 最小二乗推定値の出力
```

7章 分散分析

```
diff.result <- TukeyHSD(anova.result)      # テューキーの HSD 法による多重比較検定
diff.result                                 # 多重比較検定の結果の出力
```

*5 Rによる分散分析および多重比較検定の結果

```
> summary(anova.result)                    # 分散分析表の出力
            Df    Sum Sq   Mean Sq   F value    Pr(>F)
diet         2   236.167   118.083   83.3529  4.193e-05 ***
sex          1    44.083    44.083   31.1176   0.001409 **
diet:sex     2    16.167     8.083    5.7059   0.040919 *
Residuals    6     8.500     1.417
---
Signif. codes:  0 '***' 0.001 '**' 0.01 '*' 0.05 '.' 0.1 ' ' 1

> lsmean                                    # 最小二乗推定値の表示
(Intercept)   dietA2    dietA3    sexM    dietA2:sexM   dietA3:sexM
    22.5        4.0      13.0     7.0        -4.0          -5.5

> diff.result                               # テューキーの HSD 法による検定結果の表示
  Tukey multiple comparisons of means
    95% family-wise confidence level

Fit: aov(formula = rhs ~ diet + sex + diet * sex, data = Weight.data)

$diet
        diff         lwr          upr        p adj
A2-A1   2.00    -0.5823377     4.582338    0.1195175
A3-A1  10.25     7.6676623    12.832338    0.0000460
A3-A2   8.25     5.6676623    10.832338    0.0001598

$sex
        diff         lwr          upr        p adj
M-F   3.833333    2.151854     5.514813    0.0014087

$`diet:sex`
                diff            lwr          upr        p adj
A2:F-A1:F    4.000000e+00    -0.7369651     8.736965    0.0979429
A3:F-A1:F    1.300000e+01     8.2630349    17.736965    0.0002813
A1:M-A1:F    7.000000e+00     2.2630349    11.736965    0.0080861
A2:M-A1:F    7.000000e+00     2.2630349    11.736965    0.0080861
A3:M-A1:F    1.450000e+01     9.7630349    19.236965    0.0001512
A3:F-A2:F    9.000000e+00     4.2630349    13.736965    0.0021706
A1:M-A2:F    3.000000e+00    -1.7369651     7.736965    0.2503524
A2:M-A2:F    3.000000e+00    -1.7369651     7.736965    0.2503524
A3:M-A2:F    1.050000e+01     5.7630349    15.236965    0.0009338
A1:M-A3:F   -6.000000e+00   -10.7369651    -1.263035    0.0172477
A2:M-A3:F   -6.000000e+00   -10.7369651    -1.263035    0.0172477
A3:M-A3:F    1.500000e+00    -3.2369651     6.236965    0.7960366
A2:M-A1:M   -3.552714e-15    -4.7369651     4.736965    1.0000000
A3:M-A1:M    7.500000e+00     2.7630349    12.236965    0.0056855
A3:M-A2:M    7.500000e+00     2.7630349    12.236965    0.0056855
```

8章 相関と回帰

　身長と体重，勉強時間と成績など二つの項目からデータが得られ，それらがどの程度密接に関係しているか調べるにはどのようにすればよいだろうか．ここではそのために，2変数の関連性の強さを示す**相関**(correlation)と**回帰**(regression)について学ぶことにする．二つの指標は比較的よく似ているが，回帰は2変数のうち一方が原因で他方が結果という因果関係を想定しているのに対し，相関ではそのような関係を想定していない点が大きく異なっている．

8.1 相関係数

　いま，2種類の変数 x と y について n 組のデータ

$$(x_1, y_1),\ (x_2, y_2),\ (x_3, y_3),\ \cdots,\ (x_{n-1}, y_{n-1}),\ (x_n, y_n)$$

が得られたとする．このとき相関係数 r は，$\bar{x}$ と $\bar{y}$ をそれぞれ x と y の標本平均とすれば，

$$r = \frac{\sum (x_i - \bar{x})(y_i - \bar{y})}{\sqrt{\sum (x_i - \bar{x})^2 \cdot \sum (y_i - \bar{y})^2}}$$

$$= \frac{\sum x_i y_i - \dfrac{\sum x_i \cdot \sum y_i}{n}}{\sqrt{\left(\sum x_i^2 - \dfrac{(\sum x_i)^2}{n}\right)\left(\sum y_i^2 - \dfrac{(\sum y_i)^2}{n}\right)}}$$

で計算できる．ただし，相関係数の算出には変数 x と y がともに正規分布に従っているという前提が必要であり，その条件が満たされない標本には分布に依存しないノンパラメトリックな方法による相関係数（11章）を適用しなければならない．一般に相関係数といえば上記の r を指すことが多いが，

ほかの相関係数と区別するために r を**ピアソンの積率相関係数**（Pearson's product-moment correlation coefficient）と呼ぶこともある．

5個体のブタの30 kg到達日齢(x)と90 kg到達日齢(y)に関する表8.1のようなデータを使い，相関係数の具体例を示す．

表8.1 ブタの30 kg (x)および90 kg (y)到達日齢

個体	x	y	$x \times y$
1	75	158	11,850
2	67	149	9,983
3	65	143	9,295
4	71	153	10,863
5	72	147	10,584
和	350	750	52,575
2乗和	24,564	112,632	

ここで相関係数は，

$$r = \frac{52575 - \dfrac{350 \times 750}{5}}{\sqrt{\left(24564 - \dfrac{350^2}{5}\right)\left(112632 - \dfrac{750^2}{5}\right)}} = 0.816$$

と計算される[*1]．相関係数は-1から+1の範囲で求められ，おおよそ以下のような関係に分類される．

相関係数	2変数の関係
$r \leq -0.6$	強い負の相関
$-0.6 < r \leq -0.4$	中程度の負の相関
$-0.4 < r \leq -0.2$	弱い負の相関
$-0.2 < r < 0.2$	無相関
$0.2 \leq r < 0.4$	弱い正の相関
$0.4 \leq r < 0.6$	中程度の正の相関
$0.6 \leq r$	強い正の相関

*1 Rではベクトル x と y を
>x <- c(75, 67, 65, 71, 72)
>y <- c(158, 149, 143, 153, 147)
のように定義すれば，
>cor(x,y)
で相関係数が求められる．

相関係数の意味についてもう少し詳しく考えてみよう．算出式の分子と分母をそれぞれ $n - 1$ で割れば，分母は x と y の不偏分散の平方根(=標準偏差)の積，分子は

$$c_{xy} = \frac{\sum (x_i - \bar{x})(y_i - \bar{y})}{n - 1}$$

となり，これを**不偏共分散**[*2](unbiased covariance) という．ここで c_{xy} の y を x に置き換えれば，

$$c_{xx} = \frac{\sum (x_i - \bar{x})(x_i - \bar{x})}{n-1} = \frac{\sum (x_i - \bar{x})^2}{n-1} = v_x$$

となるので，分散は共分散の特殊な場合と見なすことができる．

また，変数 x と y を Z 変換（3章参照）により標準化した変数をそれぞれ z_x と z_y とし，それらで不偏共分散を求めると，z_x と z_y の平均値は定義より $\bar{z}_x = \bar{z}_y = 0$ なので，

$$c_{z_x z_y} = \frac{\sum \left(\frac{x_i - \bar{x}}{\sqrt{v_x}} - \bar{z}_x \right) \left(\frac{y_i - \bar{y}}{\sqrt{v_y}} - \bar{z}_y \right)}{n-1}$$

$$= \frac{\frac{1}{\sqrt{v_x v_y}} \sum (x_i - \bar{x})(y_i - \bar{y})}{n-1}$$

---

*2 いま，x と y に関して5組のデータ

$$(1,1),\ (2,2),\ (3,3),\ (4,4),\ (5,5)$$

が得られたと仮定し，これらを平面状にプロットすると，以下の図の(a)のように強い正の関連性が認められる．

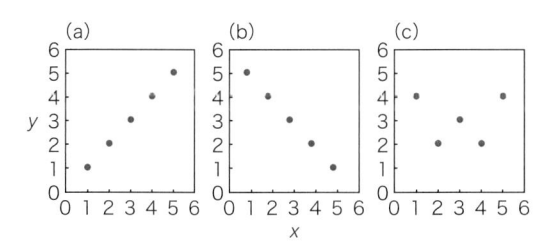

(a) (b) (c)

ここで(a)での c_{xy} は，$\bar{x} = \bar{y} = 3$ より

$$c_{xy} = \frac{(1-3)(1-3)+(2-3)(2-3)+(3-3)(3-3)+(4-3)(4-3)+(5-3)(5-3)}{5-1}$$

$$= \frac{4+1+0+1+4}{4} = 2.5$$

となり，正の値を取る．一方，(b)のように

$$(1,5),\ (2,4),\ (3,3),\ (4,2),\ (5,1)$$

の5組のデータが得られた場合には負の強い関連性が認められ，

$$c_{xy} = \frac{(1-3)(5-3)+(2-3)(4-3)+(3-3)(3-3)+(4-3)(2-3)+(5-3)(1-3)}{5-1}$$

$$= \frac{-4-1+0-1-4}{4} = -2.5$$

より，c_{xy} は負の値となる．さらに

$$(1,4),\ (2,2),\ (3,3),\ (4,2),\ (5,4)$$

では，(c)のような散布図になり，

$$c_{xy} = \frac{(1-3)(4-3)+(2-3)(2-3)+(3-3)(3-3)+(4-3)(2-3)+(5-3)(4-3)}{5-1}$$

$$= \frac{-2+1+0-1+2}{4} = 0$$

となる．つまり，一方の変数の増加につれて他方の変数も増加するような場合には c_{xy} は正の値を取る傾向にあり，逆に一方の変数の増加につれて他方が減少する場合には c_{xy} は負の値を取る傾向にある．そして，二つの変数の増減に関連がなければ c_{xy} は0に近い値となる．したがって，c_{xy} は二つの変数の平均的な関連性を表した統計量といえる．また，たとえば x が cm，y が kg で測定された形質の c_{xy} は cm・kg という単位をもち，ほかの尺度の c_{xy} とは比較できない．しかし，相関係数は

$$\frac{\text{cm} \cdot \text{kg}}{\sqrt{\text{cm}^2 \cdot \text{kg}^2}}$$

となり単位をもたないため，比較が可能である．R で c_{xy} を求めるには，定義した二つのベクトル x と y を用い「>var(x,y)」とすればよい．

$$= \frac{c_{xy}}{\sqrt{v_x v_y}}$$

である．つまり，Z 変換で標準化した変数で計算した不偏共分散は相関係数となる．

相関係数は 2 変数の関連性の強さを表すが，あくまでも直線的な関連性の強さを表しているにすぎない．すなわち，図 8.1 には強い二次の関連が認められるが，相関係数を計算すると 0 である．このように相関係数が低いからといって変数間の関連性がないと即断するのは危険である．相関係数を求める際には，対象となる 2 変数の関係を直線関係で表現してよいのか，散布図などを描いて検討すべきである．

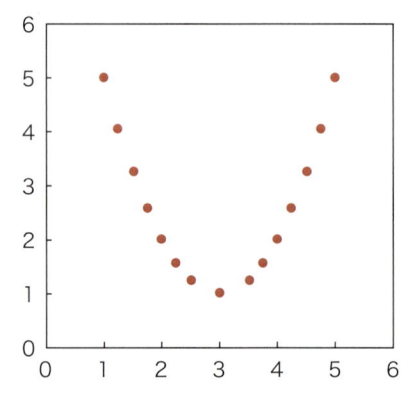

図 8.1 強い二次の関係が認められるデータの散布図

8.2 相関係数の検定

求めた相関係数 r より，2 変数が有意な相関関係にあるのかどうかの検定を行う．母集団における相関係数を ρ とし，5% 水準の両側検定で次の帰無仮説(H_0)および対立仮説(H_1)を検定する．

$H_0: \rho = 0$

$H_1: \rho \neq 0$

これには，r を用いて

$$t_0 = r\sqrt{\frac{n-2}{1-r^2}}$$

を算出し，この値が H_0 のもとで自由度 $\varphi = n - 2$ の t 分布に従うことを利用すればよい．

例題では，

$$t_0 = 0.816 \times \sqrt{\frac{5-2}{1-0.816^2}} = 2.445 < t(3; 0.05/2) = 3.182$$

なので，帰無仮説は棄却されない[*3]．すなわち「ブタの 30 kg 到達日齢と 90 kg 到達日齢は相関関係にあるとはいえない」という結論となる．

t_0 は相関係数と標本数から計算され，相関係数の絶対値が大きいほど帰無仮説が棄却されやすくなっている．また標本数も大きいほど有意となりやすく，$n = 100$ ならば相関係数は 0.2 でも有意と判断され，例題のように $r = 0.816$ では仮に $n \geq 6$ であれば有意な相関関係にあるという結論に至る．

[*3] Rでは
>2*(1-pt(2.445,3))
とすれば正確な $p = 0.092089$ が返される．また，ベクトル x と y を用い
>cor.test(x,y)
により検定ができる．

8.3 直線回帰

2 変数の関連性は，回帰と呼ばれる手法によっても表現できる．相関係数との違いは，対象とする 2 変数に因果関係を想定する点であり，原因である変数を**独立(説明)変数**(independent variable)，結果である変数を**従属(応答)変数**(dependent variable)と呼んでいる．

相関係数で用いた例題について散布図を描くと図 8.2 のようになり，回帰とはこの標本に適切な直線 $\hat{y} = a + bx$ を当てはめる統計的手法である[*4]．この直線式は「x に対する y の回帰式」と呼ばれ，a を**回帰定数** (intercept)，b を**回帰係数** (regression coefficient) という[*5]．

[*4] 一般に「^」("ハット"と読む)は予測値を表す記号であり，ここでは $a + bx$ により予測した y を意味している．

[*5] 回帰定数は切片 (intercept)，回帰係数は傾き (slope) と呼ばれることもある．

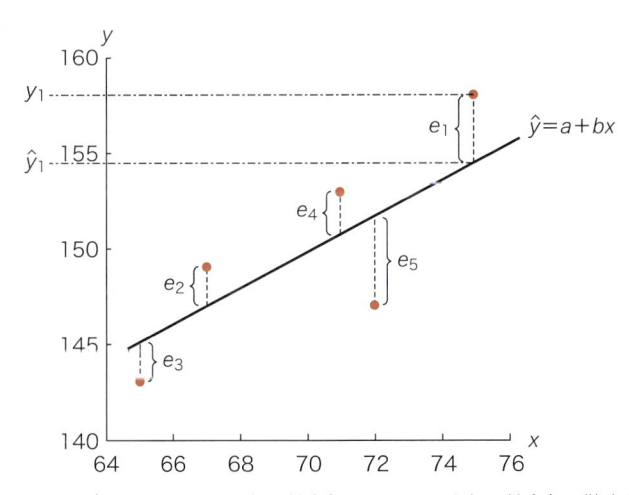

図 8.2 ブタの 30 kg 到達日齢(x)と 90 kg 到達日齢(y)の散布図

適切な直線とはどのようなものだろうか．α および β をそれぞれ a および b の母数とすれば，母集団における回帰直線(母回帰直線)は

$$y = \alpha + \beta x$$

と書くことができ，個々の観測値 y_i は

$$y_i = \alpha + \beta x_i + \varepsilon_i$$

で構成されていると考えることができる．ここで ε_i は母回帰直線と観測値との距離，つまり誤差である．同様に標本から求めた回帰直線（標本回帰直線）を用いれば，観測値は

$$y_i = a + bx_i + e_i$$

と表せる．誤差項 ε_i と e_i の違いは，ε_i が母回帰直線との距離であり実際には未知であるのに対して，e_i は標本回帰直線との距離であり既知となる点にある．適切な直線とは，得られた観測値のできるだけ近傍を通るものと考えることができるので，各観測値と直線との距離の和が最も小さいものを適切と定義することにしよう．ある x_i に対する直線上の点を $(x_i, \hat{y}_i)$ と置けば，

$$\hat{y}_i = a + bx_i$$

であり，直線と標本との距離，すなわち回帰直線からの誤差は，

$$e_i = y_i - \hat{y}_i = y_i - (a + bx_i)$$

と書ける．ここですべての標本について単純に誤差の和をとると，正の e_i が負の e_i に相殺され適切な指標とはならない．したがって，分散を定義したように誤差の 2 乗和

$$\begin{aligned}Q &= \sum e_i^2 = \sum \{y_i - (a + bx_i)\}^2 \\ &= \sum (y_i^2 + a^2 + b^2 x_i^2 - 2ay_i - 2bx_iy_i + 2abx_i)\end{aligned}$$

を考え，Q を最小にする a と b を求めればよい．これは Q を未知の a，b でそれぞれ偏微分し，0 としたときの解であり，

$$b = \frac{\sum x_i y_i - \dfrac{\sum x_i \sum y_i}{n}}{\sum x_i^2 - \dfrac{(\sum x_i)^2}{n}}$$

$$a = \bar{y} - b\bar{x}$$

が得られる[*6]．求めた a，b は誤差の 2 乗和を最小化して求めることから，それぞれ α，β の最小二乗推定値と呼ばれる．ちなみに b の分子と分母を $n-1$ で割れば，b は x と y の不偏共分散と x の不偏分散の比

---

*6 Q を a で偏微分した導関数を 0 と置けば，

$$-2\sum(y_i - a - bx_i) = 0$$
$$na = \sum y_i - b\sum x_i$$
$$a = \bar{y} - b\bar{x}$$

が得られ，Q を b で偏微分した導関数に $a = \bar{y} - b\bar{x}$ を代入すると，

$$-2\sum(y_i - a - bx_i)x_i = 0$$
$$b\sum x_i^2 - b\bar{x}\sum x_i = \sum x_i y_i - \bar{y}\sum x_i$$
$$b\left(\sum x_i^2 - \frac{(\sum x_i)^2}{n}\right)$$
$$= \sum x_i y_i - \frac{\sum x_i \sum y_i}{n}$$
$$b = \frac{\sum x_i y_i - \dfrac{\sum x_i \sum y_i}{n}}{\sum x_i^2 - \dfrac{(\sum x_i)^2}{n}}$$

となる．

$$b = \frac{c_{xy}}{v_x}$$

である．さらに回帰直線 $\hat{y} = a + bx$ の x に平均値 $\bar{x}$ を代入すると，

$$\hat{y} = a + b\bar{x} = (\bar{y} - b\bar{x}) + b\bar{x} = \bar{y}$$

となるように，どんな場合でも直線は標本平均 $(\bar{x}, \bar{y})$ を通過する．なお回帰においては，誤差 ε_i は互いに独立であり，正規分布に従うと仮定されている．

例題では $\bar{x} = 70$, $\bar{y} = 150$, $c_{xy} = 18.75$, $v_x = 16$ なので，

$$b = \frac{18.75}{16} = 1.17$$

$$a = \bar{y} - b\bar{x} = 150 - \frac{18.75}{16} \times 70 = 67.97$$

であり，求める回帰直線は

$$\hat{y} = 67.97 + 1.17x$$

となる[*7]．このとき b は x が 1 単位変化することによる y の変化量を表しており，例では 30 kg 到達日齢が 1 日早ければ，90 kg 到達日齢も 1.17 日早いことを意味している．

直線回帰も相関係数と同様に 2 変数間の直線的な関係を見るものであり，利用にあたっては散布図などで直線以外の関係の有無を確認しておくべきである．直線的関係にない場合には，**多項式回帰**(polynominal regression) や 13 章で学ぶ**重回帰**(multiple regression) を試みる必要がある．

8.4　回帰式の検定

求めた回帰式が標本によく当てはまっているかを検定するには，y の総変動を回帰直線で説明できる変動 (回帰による変動) とそれ以外の変動 (誤差変動) に分割して，両者の変動の大きさを比較する方法で行う．

y の総変動は，y_i と y の平均 ($\bar{y}$) の偏差の 2 乗和から求められ，図 8.3 の関係より

$$\begin{aligned}\sum(y_i - \bar{y})^2 &= \sum\{e_i + (\hat{y}_i - \bar{y})\}^2 \\ &= \sum\{(y_i - \hat{y}_i) + (\hat{y}_i - \bar{y})\}^2 \\ &= \sum\{(y_i - \hat{y}_i)^2 + (\hat{y}_i - \bar{y})^2 + 2 \times (y_i - \hat{y}_i)(\hat{y}_i - \bar{y})\}\end{aligned}$$

であるが，7 章の練習問題で学んだように平方和の加法定理がここでも成り立ち，総変動は結局，

[*7] R では定義した二つのベクトルを用い
>lm(y~x)
とすれば，回帰係数と回帰定数が求められる．ここで y~x は x に対する y の回帰式，すなわち $\hat{y} = a + bx$ とする回帰式を意味している．

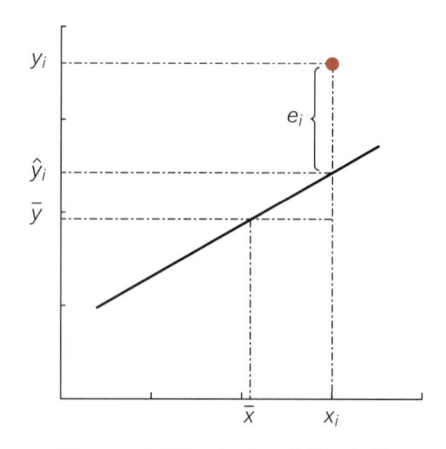

図 8.3　回帰における誤差と変動

$$\sum(y_i - \overline{y})^2 = \sum(y_i - \hat{y}_i)^2 + \sum(\hat{y}_i - \overline{y})^2$$

と整理できる．ここで，左辺は y 全体の偏差平方和 (SS_y)，右辺の第 1 項は誤差の偏差平方和 (SS_e)，右辺の第 2 項は回帰による偏差平方和 (SS_{reg}) なので，

$$SS_y = SS_e + SS_{reg}$$

と表記できる．

偏差平方和の算出のための簡便法は，

$$\begin{aligned}
SS_y &= \sum(y_i - \overline{y})^2 \\
&= \sum y_i^2 - \frac{(\sum y_i)^2}{n}
\end{aligned}$$

$$\begin{aligned}
SS_{reg} &= \sum(\hat{y}_i - \overline{y})^2 \\
&= \sum(a + bx_i - \overline{y})^2 \\
&= \sum(\overline{y} - b\overline{x} + bx_i - \overline{y})^2 \\
&= b^2 \sum(x_i - \overline{x})^2 \\
&= b^2 \left(\sum x_i^2 - \frac{(\sum x_i)^2}{n} \right)
\end{aligned}$$

$$SS_e = SS_y - SS_{reg}$$

であり，回帰式の当てはまりを分散分析表にまとめると表 8.2 のようになる．得られた F 値を，設定した有意水準のもとでの自由度対 $(1, n-2)$ の F 分布から求めた棄却限界値と比較し，有意かどうかの検定が行える．さらに，総変動に対する回帰による変動の割合

表 8.2 回帰における分散分析表

要因	自由度	偏差平方和	平均平方	分散比
全体	$\varphi_y = n-1$	SS_y	$MS_y = SS_y/\varphi_y$	
回帰	$\varphi_{reg} = 1$	SS_{reg}	$MS_{reg} = SS_{reg}/\varphi_{reg}$	$F = MS_{reg}/MS_e$
誤差	$\varphi_e = n-2$	SS_e	$MS_e = SS_e/\varphi_e$	

$$R^2 = \frac{SS_{reg}}{SS_y}$$

を回帰式の**寄与率** (R-squared) あるいは**決定係数** (coefficient of determination) と呼び，回帰式の当てはまりの指標となる．さらに寄与率の平方根 (R) は実測値 y_i と回帰での予測値 $\hat{y}_i$ のあいだで相関係数を算出したものと等しく，**重相関係数** (multiple correlation coefficient) と呼ばれている．

例題では

$$SS_y = 112632 - \frac{750^2}{5} = 132$$

$$SS_{reg} = 1.17^2 \times 64 = 87.61$$

$$SS_e = 132 - 87.61 = 44.39$$

となるので，表 8.3 の分散分析表が得られ，寄与率は 0.664 となる．有意水準を 5% とすると，付表 5 より $F(1, 3; 0.05) = 10.13$ であるので，回帰式は標本によくあてはまっているとはいえない[*8]．すなわち，二つの変数に直線的な因果関係があるとはいえないことを意味している．

[*8] R では
>1-pf(5.92,1,3)
とすれば正確な $p = 0.093071$ が返される．

表 8.3 例題の回帰における分散分析表

要因	自由度	偏差平方和	平均平方	分散比
全体	4	132	33	
回帰	1	87.61	87.61	5.920
誤差	3	44.39	14.80	

8.5 回帰の推定値と推定誤差

回帰直線は，実際にはない標本のおおよその値を知る場合にも利用できる．いま，新たに母集団から 30 kg 到達日齢が 69 日である個体が得られたとする．その個体の 90 kg 到達日齢は，求めた回帰式を当てはめれば，

$$\hat{y}_i = 67.97 + 1.17 \times 69 = 148.7 \text{ 日}$$

と求められる．さらにその推定誤差は，例題では

$$SE = \sqrt{\left[1 + \frac{1}{n} + \frac{(x_i - \overline{x})^2}{v_x(n-1)}\right]MS_e} = \sqrt{\left[1 + \frac{1}{5} + \frac{(69-70)^2}{16(5-1)}\right] \times 14.8} = 4.242$$

で与えられる．ここで誤差の自由度は $3 (= n-2)$ なので，$t(3; 0.05/2) = 3.182$ を利用して，$x = 69$ である個体の 90 kg 到達日齢の 95%信頼区間が

$$148.7 \pm 3.182 \times 4.242 \quad \text{すなわち} \quad 148.7 \pm 13.5 \text{日}$$

として得られる．SE の算出式では $(x_i - \overline{x})^2$ 以外はすべて定数となるので，図 8.4 のように $x_i = \overline{x}$ のとき SE は最小値を取り信頼区間は最も狭く，逆に平均値から離れるほど信頼区間は広くなる．

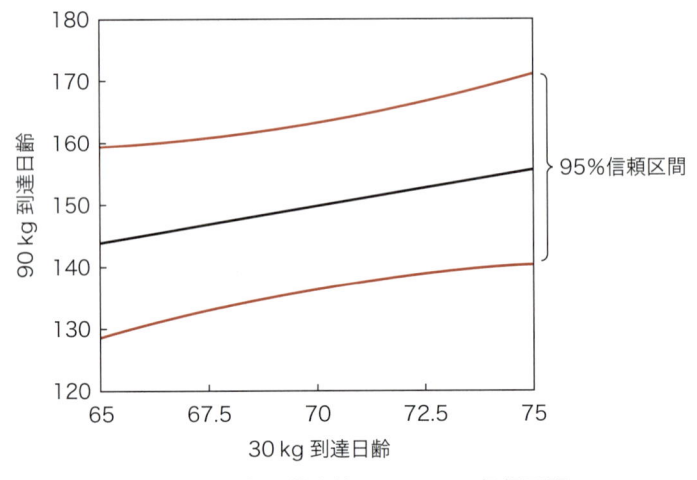

図 8.4 回帰の推定値とその 95%信頼区間

Column

「回帰」の由来

　一般に背の高い父親の息子は父親より背が低くなり，背の低い父親の息子は父親より背が高くなる傾向にある．つまり父親の身長を x，その息子の身長を y として回帰係数 b を求めると，b は 1 より小さい．このような現象を「平均への回帰」といい，進化論で有名なチャールズ・ダーウィンの従兄弟にあたるフランシス・ゴルトン（1822～1911）が見いだした．

　平均への回帰がなければ，背の高い父親からはその身長を中心としてより背の高い息子が半数生まれ，その息子からはさらに背の高い子供が生まれることになる．このことが数世代続けば，極端に背の高い人間と逆に背の低い人間が生じ，人間の身長は発散してゆくのでガリバーの巨人の国が存在したかもしれない．しかし，現実の身長は比較的安定している．現在の回帰分析とは b を推定する手法であり，b が 1 より小さくなるというゴルトンの平均への回帰現象を分析するものではないが，この手法が平均への回帰現象を対象として発展したことから「回帰」という名称で呼ばれるようになった．

この例の69日のように，xが実際に測定されている範囲内でyを推定する場合は内挿（補間）法といい，測定されているxの範囲外でyを推定する場合を外挿(補外)法という．ただし本来は，得られた回帰式に有意性が認められた場合にのみこのような推定が有効であり，有意でない場合には推定に意味がないことに留意しよう．また，回帰式が有意であっても，xとyの関係が標本の範囲外でもそのまま直線的であり続けるという根拠はないため，外挿法の利用には注意が必要である．

相関と回帰はともにxとyなど2変数の関係を示す統計量であるが，現実のデータで観察される関連性には相関関係，因果関係，擬似相関という三つのパターンがあり，それぞれを図示すると図8.5のようになる．

図8.5 二つの変数間に見られるさまざまな関連性

相関関係は二つの事象（xとy）に一定の方向性がないパターンであり，因果関係とは先行する事象（x）が後続する事象（y）の生起に影響を与えるパターンである．たとえば運動量と脈拍数などは，xを運動量，yを脈拍数と考えれば因果関係にあるといえる．われわれが最も注意しなければならないのは擬似相関であり，第三の因子(z)により二つの事象に関連が生じるパターンである．たとえば，多くの都市で信号の数と自動車事故の件数を調べ，それらで相関を計算すれば正の値が得られるだろう．ここで，事故を減らすためには信号をなくせばよいと考えるのは明らかに間違いである．これは第三の因子として人口や車の数など都市の規模が関与しているために生じた相関であることを理解すべきである[*9]．二つの変数が存在すれば，どんな標本でも相関係数や回帰係数は計算できるが，数字だけを追うのではなく，その背景にある事象のかかわりを十分に検討することが大切である．

[*9] ある要因の影響を排除して2変数の関係を見るには，偏相関係数や13章で学ぶ重回帰分析などを用いるとよい．

練習問題

1 1章の練習問題3のデータにおいて，2人の測定者による実測値間の相関係数を求めなさい．

2 下表は平成7年から10年間の東北地方と九州地方の水稲の作況指数を示し

	H7	H8	H9	H10	H11	H12	H13	H14	H15	H16
東北	96	103	103	97	103	104	102	101	80	98
九州	106	104	100	103	85	103	104	102	96	85

たものである．これら2地域の作況指数を使い相関係数を求めなさい．

3 練習問題2の作況指数が有意な相関関係にあるのかどうか検定しなさい．

4 1%水準で有意な相関関係にあるというためには，15組のデータより得た相関係数の場合，絶対値はいくら以上必要か求めなさい．

5 肉用牛における分娩後30日までの母ウシの平均乳量（kg/日）とその子ウシの体重の増加量（kg/日）について6組の親子から下記のデータを得た．母ウシの乳量を独立変数，子ウシの体重の増加量を従属変数として回帰式を求めなさい．

	ペア1	ペア2	ペア3	ペア4	ペア5	ペア6
乳　量	3.2	4.1	4.5	3.6	4.1	5.0
増体量	0.46	0.58	0.61	0.49	0.51	0.63

6 練習問題5の回帰式の寄与率を求め，乳量と増体量が有意な回帰関係にあるか検定しなさい．さらに乳量が4.0 kgのときの子ウシの増体量の推定値とその95%信頼区間を求めなさい．

9章 適合度と独立性の検定

実験や調査から得られたデータの解析では，出現数などの度数を扱うことがある．たとえば，環境ホルモンの生態系への影響を調べるために，採集したある魚の雄と雌の出現度数に興味がある場合や，遺伝解析の実験をしたとき，ある形質の雑種第2代 (F_2) での分離が 1 : 2 : 1 のメンデルの分離比に適合しているのかどうかを知りたい場合である．本章では，このような度数の統計解析について学ぶ．

9.1 適合度検定

9.1.1 観測度数と理論度数の比較

60人を対象とした2品種の水稲の食味試験を行ったものとしよう．品種1を好むものは39人，品種2を好むものは21人という結果であった．2品種間に食味による差はあるだろうか？ この問題は，10章で学ぶ比率の検定として扱うこともできるが，ここでは**観測度数** (observed frequency) が**理論度数** (theoretical frequency) または**期待度数** (expected frequency) にどの程度一致しているのかを調べる**適合度検定** (test of goodness of fit) を考えよう．

一般に，二つ以上のクラスのいずれかに個体が属する母集団から，無作為抽出によって得られた標本における各クラスの出現度数(観測度数)が期待度数に適合しているかどうかは，適合度の χ^2 **検定** (chi-square test) によって検定できる．期待度数とは仮説に基づいて決められたり，理論的に出現が期待されたりする度数のことである．たとえば，性比やメンデル遺伝における分離比などから期待される度数である．i 番目のクラスに属する個体の比率 (p_i) がわかっている母集団から，無作為抽出によって得た n 個体の標本において，各クラスに属する個体数の期待度数は $E_i = np_i$ で与えられる．検定の帰無仮説(H_0)と対立仮説(H_1)は

H_0：すべてのクラスについて観測度数と期待度数は等しい

H_1：観測度数と期待度数が等しくないクラスがある

である．

i 番目のクラスの観測度数を O_i，クラスの数を k として

$$\chi^2_0 = \sum_{i=1}^{k} \frac{(O_i - E_i)^2}{E_i}$$

を計算すると，χ^2_0 は近似的に自由度 $k-1$ の χ^2 分布に従うことが知られている[*1]．クラスの数が k であるのに，自由度が $k-1$ となるのは，$n = O_1 + O_2 + \cdots + O_k$ という条件があり，O_i の一つは n とほかの観測度数から求められるからである．ところで上の式の分子 $O_i - E_i$ は，i 番目のクラスについての観測度数と期待度数のずれの大きさを表している．したがって，χ^2_0 の値が棄却限界値よりも大きいときには帰無仮説を棄却して対立仮説を受け入れ，逆に棄却限界値よりも小さいときには帰無仮説を採択することは合理的である．有意水準が α のときの棄却限界値は，自由度 $k-1$ の χ^2 分布の上側 α 点，すなわち $\chi^2(k-1; \alpha)$ として定める．

冒頭で述べた水稲の食味試験の例を実際に検定してみよう．検定の帰無仮説(H_0)と対立仮説(H_1)は

H_0：二つの品種のあいだで食味に差はない

H_1：二つの品種のあいだで食味に差がある

である．まず帰無仮説のもとでの期待度数，すなわち2品種のあいだで食味に差がないときの度数を

$$E_1 = E_2 = 60 \times \frac{1}{2} = 30$$

として求める．次に，χ^2_0 値を計算すると

$$\chi^2_0 = \frac{(39-30)^2}{30} + \frac{(21-30)^2}{30} = 5.40$$

である．有意水準5%のときの棄却限界値は，自由度 $2-1=1$ の χ^2 分布の上側5%点，すなわち $\chi^2(1; 0.05) = 3.8415$ であるから[*2]，求めた χ^2_0 値は棄却限界値より大きいので5%有意水準で帰無仮説が棄却され，「品種の食味に差がある」と結論される．

三つ以上のクラスがある場合の例として，高校の生物学の教科書にもでてくるベートソンとパンネット（Bateson and Punnett, 1906年）のスイート

---

*1 期待度数に小さいものが含まれるときには，χ^2 分布への近似がよくない．このような場合には，標本数を増やすか，いくつかのクラスをまとめて一つのクラスにする必要がある．一般には，すべてのクラスについて期待度数が5以上であればよいとされている．

*2 巻末の付表4を参照．Rでは
> qchisq(0.05,1,lower.tail=FALSE)
あるいは下側確率 $1 - 0.05 = 0.95$ から
> qchisq(0.95,1)
として求める．

ピーを用いた実験結果を題材にして，メンデル遺伝の分離比の検定を考えてみよう．スイートピーの花色と花粉の形の遺伝では，紫花および長形花粉が，それぞれ赤花および円形花粉に対して優性形質である．ベートソンとパンネットは，紫花で円形花粉をもつ純系個体[*3]と赤花で長形花粉をもつ純系個体を交配して得た F_1 個体の自家受精後の F_2 世代で，紫花・長形花粉 226 個体，紫花・円形花粉 95 個体，赤花・長形花粉 97 個体，赤花・円形花粉 1 個体を得た．実験の概要と結果は図 9.1 のようにまとめられる．

[*3] 純系とは遺伝的に均一な生物の系統をいう．植物では，自家受精を繰り返すことで得られる．

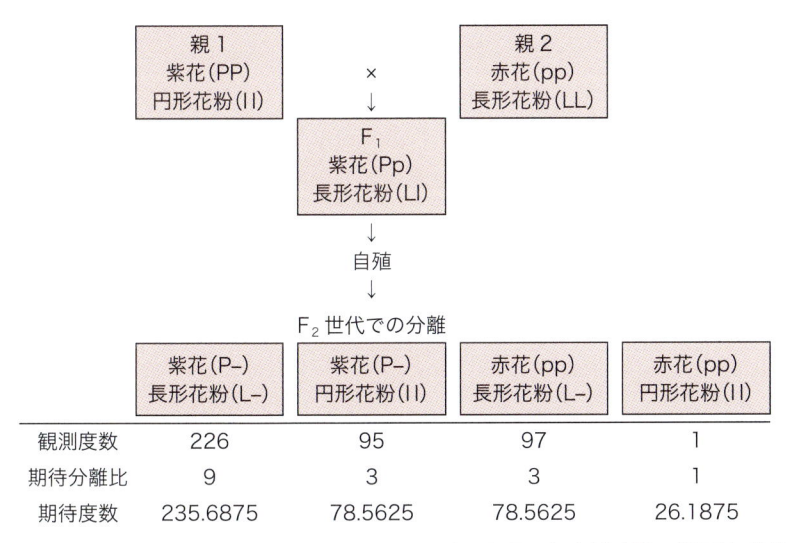

	紫花(P−) 長形花粉(L−)	紫花(P−) 円形花粉(ll)	赤花(pp) 長形花粉(L−)	赤花(pp) 円形花粉(ll)
観測度数	226	95	97	1
期待分離比	9	3	3	1
期待度数	235.6875	78.5625	78.5625	26.1875

図 9.1　ベートソンとパンネットのスイートピーを用いた交雑実験の概要と結果
P および L はそれぞれ花色と花粉の形を支配する優性遺伝子，p と l は劣性遺伝子を，− は優性遺伝子か劣性遺伝子を表す．

二つの形質が独立に遺伝する（独立の法則が当てはまる）場合には，両性雑種の遺伝法則から，紫花・長形花粉：紫花・円形花粉：赤花・長形花粉：赤花・円形花粉 ＝ 9：3：3：1 の分離比が期待できる．実験結果がこの分離比に適合しているかどうかを検定してみよう．検定の帰無仮説（H_0）と対立仮説（H_1）は，

H_0：観測度数と分離比から期待される期待度数には差がない

H_1：観察度数と分離比から期待される期待度数に差のある形質の組み合わせがある

である．

図 9.1 の期待度数は，たとえば紫花・長形花粉については

$$(226 + 95 + 97 + 1) \times \frac{9}{9+3+3+1} = 235.6875$$

として求める．ほかの組み合わせについても同様に期待度数を算出し，χ^2_0 値を

$$\chi^2_0 = \frac{(226 - 235.6875)^2}{235.6875} + \frac{(95 - 78.5625)^2}{78.5625} + \frac{(97 - 78.5625)^2}{78.5625}$$
$$+ \frac{(1 - 26.1875)^2}{26.1875} = 32.39$$

として得る．有意水準を 5%（$\alpha = 0.05$）としたときの棄却限界値は，自由度 $4 - 1 = 3$ の χ^2 分布の上側 5% 点から $\chi^2(3; 0.05) = 7.8147$ である．得られた χ^2_0 値は，棄却限界値を上回っているので帰無仮説は棄却され，観察度数と分離比から期待される期待度数に差のある形質の組み合わせがある，すなわち，二つの形質は独立には遺伝していないと結論づけられる．なお，得られた χ^2_0 値は，有意水準を 1%（$\alpha = 0.01$）としたときの棄却限界値である $\chi^2(3; 0.01) = 11.3449$ をも上回っており，1% 水準でも帰無仮説は棄却される．この実験の結果は，花色と花粉形を決める二つの遺伝子座が独立ではなく，連鎖していることを示している．

9.1.2　観測度数の確率分布への当てはまり

観測度数が特定の確率分布から期待される度数に当てはまるかどうかを検定したい場合がある．ここでは，3 章で考えたカシの木の山林内での分布を例にして検定の手順を見てみよう．調査では，山林を 10 m × 10 m の区画

Column

メンデルの実験は正しかったのか？

ある特定の形質がメンデル遺伝に従うとき，雑種第 2 代 (F_2) における形質の分離比が優性 3 に対し，劣性 1 であることはよく知られている．統計学の元祖である英国の科学者フィッシャーは，メンデルの論文の結果に対して疑問を投げかけた．メンデル論文中の分離データを χ^2 検定によって解析した結果，期待される分離比から有意にずれることがないどころか，合いすぎているとするものである．つまり，合いすぎていて怪しいということである．しかしその後，スウェーデンの研究者ランプレクトなどによりエンドウを使った遺伝実験がなされ，それらと比較してもメンデルのデータに偽りはなかったと

されている．また，進化における遺伝的浮動の重要性などについてフィッシャーと鋭く対立した集団遺伝学者ライトも，メンデルの実験結果について「改ざんしようとする意図的な行為はなかった」と結論し，この件についてもフィッシャーと正反対の見解を示した．さらにチェコの研究者ボルマンは，コンピュータシミュレーションによりメンデルの示した分離比は妥当であることを証明した．統計学における検定は，帰無仮説のもとではありえない低い確率の事象が生じたときに，帰無仮説を棄却するものであって，帰無仮説に合いすぎているかどうかを検定するものではない．

に分割し，各区画内に生えるカシの本数を調べた．結果は表 9.1 のようにまとめられる．元のデータ(表 3.1)では，カシの本数が 3 本，4 本および 5 本の区画数(観測度数)は，それぞれ 4，1 および 1 であったが，観測度数が少ないので一つのクラスにまとめてある．

表 9.1 カシが生える本数別の区画数

区画内のカシの本数	区画数(観測度数)	期待頻度	期待度数
0	28	0.3787	26.51
1	25	0.3677	25.74
2	11	0.1839	12.87
3～5	6	0.0697	4.88
計	70		

観測度数が，カシが山林内にランダムに分布しているときに期待されるポアソン分布からの期待度数に適合しているかどうかを検定してみよう．検定の帰無仮説(H_0)と対立仮説(H_1)は

H_0：区画数はポアソン分布に従っている

H_1：区画数はポアソン分布に従っていない

である．

3 章で学んだように，ポアソン分布の確率関数は

$$p_k = \frac{\lambda^k}{k!} e^{-\lambda}$$

である．λ は分布の平均値(分散でもある)であり，3 章で求めた値は 0.971 であった．したがって，本数が 0，1 および 2 本の区画数の期待頻度は，それぞれ

$$p_0 = e^{-0.971} = 0.3787$$
$$p_1 = 0.971 \times e^{-0.971} = 0.3677$$
$$p_2 = \frac{0.971^2}{1 \times 2} \times e^{-0.971} = 0.1839$$

として得られる．本数が 3～5 本の区画数の期待頻度は，$p_{3～5} = 1 - p_0 - p_1 - p_2 = 0.0697$ である．期待度数は，期待頻度に全区画数の 70 を掛けて得られる．

これまでと同様にして計算すれば，χ_0^2 値は

$$\chi^2_0 = \frac{(28-26.51)^2}{26.51} + \frac{(25-25.74)^2}{25.74} + \frac{(11-12.87)^2}{12.87} + \frac{(6-4.88)^2}{4.88}$$
$$= 0.634$$

となる.

これまでの検定と異なるのは,棄却限界値を決めるときの χ^2 分布の自由度である.一般に,クラス数が k のとき,確率分布への適合度を調べるときの自由度は $k-t-1$ となる.ここで,t は確率分布を定めるためにデータから推定した母数の数である.たとえば確率分布が正規分布のとき,正規分布を定めるためにデータから推定する母数は平均と分散の二つであるから(3章参照),$t=2$ となる.ポアソン分布を定める母数は λ の一つだけであるから $t=1$ であり,自由度が $4-1-1=2$ となる.有意水準 5%($\alpha=0.05$)のとき,自由度 2 の χ^2 分布の上側 5%点は $\chi^2(2; 0.05) = 5.9915$ であり,これが検定の棄却限界値となる.得られた χ^2_0 値はこれより小さいので,帰無仮説は採択される.したがって,山林内のカシの分布はポアソン分布に従っていると考えてよい[*4].

9.2　分割表による独立性の検定

母集団から無作為抽出によって得られた n 個のデータを,2 種類の属性のそれぞれに分類した表を**分割表**(contingency table)という.たとえば,二つの飼育法で一定期間飼育したときの昆虫の死亡数を調査して表 9.2 のような結果を得たとしよう.この表は,一つ目の属性である「飼育法」について 2 クラス,二つ目の属性である「生死」について 2 クラスあるので,とくに 2×2 分割表という.

表 9.2　二つの飼育法で昆虫を飼育したときの生死に関する 2×2 分割表

	生存数	死亡数	合計
飼育法 1	280	60	340
飼育法 2	150	50	200
合計	430	110	540

飼育法によって昆虫の生存率に差があるといえるだろうか? この問題は,飼育法と生死が統計的に独立かどうかを検定することで答えを得ることができる.このような検定を**独立性の検定**(test of independence)という.

まず,この検定法を,一つ目の属性 (A) に r 個のクラス ($A_1, A_2, \cdots, A_r$) があり,二つ目の属性 (B) に c 個のクラス ($B_1, B_2, \cdots, B_c$) がある場合に一般化してみよう.データは表 9.3 のような $r \times c$ 分割表にまとめられる.

[*4] 4 章で述べたように,帰無仮説を採択することは帰無仮説の内容を積極的に肯定するものではない.したがって厳密には,「ポアソン分布からずれているとはいえない」と表現すべきである.

表9.3 $r \times c$ 分割表

	B_1	B_2	$\cdots$	B_c	計
A_1	n_{11}	n_{12}	$\cdots$	n_{1c}	$n_{1.}$
A_2	n_{21}	n_{22}	$\cdots$	n_{2c}	$n_{2.}$
$\vdots$	$\vdots$	$\vdots$	$\ddots$	$\vdots$	$\vdots$
A_r	n_{r1}	n_{r2}	$\cdots$	n_{rc}	$n_{r.}$
計	$n_{.1}$	$n_{.2}$	$\cdots$	$n_{.c}$	n

$$n_{i.} = n_{i1} + n_{i2} + \cdots + n_{ic} = \sum_{j=1}^{c} n_{ij} \quad (i\text{番目の行の観測度数の和})$$

$$n_{.j} = n_{1j} + n_{2j} + \cdots + n_{rj} = \sum_{i=1}^{r} n_{ij} \quad (j\text{番目の列の観測度数の和})$$

$$n = \sum_{i=1}^{r} n_{i.} = \sum_{j=1}^{c} n_{.j} \quad (\text{観測度数の総和})$$

独立性の検定とは，この出現度数の表をもとにして

H_0：属性 A と B は独立である

H_1：属性 A と B は独立ではない

を検定するものである．帰無仮説のもとでは，クラス A_i に属し，かつクラス B_j に属する個体の期待度数 (E_{ij}) は

$$E_{ij} = n \times \frac{n_{i.}}{n} \times \frac{n_{.j}}{n} = \frac{n_{i.}n_{.j}}{n}$$

となる．適合度検定のときと同じように，観測度数と期待度数のずれを χ^2_0 値で表すと

$$\chi^2_0 = \sum_{i=1}^{r} \sum_{j=1}^{c} \frac{(n_{ij} - E_{ij})^2}{E_{ij}}$$

となる[*5]．この値が自由度 $(r-1)(c-1)$ の χ^2 分布に従うことを利用して検定を行う．自由度が $(r-1)(c-1)$ となるのは，行と列のそれぞれについて

$$n_{1.} + n_{2.} + \cdots + n_{r.} = n$$
$$n_{.1} + n_{.2} + \cdots + n_{.c} = n$$

の条件があるため，独立な期待度数の数が $(r-1)(c-1)$ 個になるからである．有意水準が α のときの棄却限界値は，自由度 $(r-1)(c-1)$ の χ^2 分布の上側 α 点，すなわち $\chi^2((r-1)(c-1); \alpha)$ として定める．

冒頭で示した昆虫の飼育実験のような 2×2 分割表は，一般に表9.4のように書くことができる．

*5 自由度が小さいときには，補正された χ^2 値として

$$\chi^2_0 = \sum_{i=1}^{r} \sum_{j=1}^{c} \frac{(|n_{ij} - E_{ij}| - 0.5)^2}{E_{ij}}$$

が用いられることがある．このような補正を**イエーツの補正**（Yates correction）という．

表9.4 一般的な 2×2 分割表

	B_1	B_2	計
A_1	a	b	$a+b$
A_2	c	d	$c+d$
計	$a+c$	$b+d$	$n=a+b+c+d$

χ_0^2 値はすでに述べた方法で計算できるが，とくに 2×2 分割表のときは

$$\chi_0^2 = \frac{n(ad-bc)^2}{(a+b)(c+d)(a+c)(b+d)}$$

として計算したほうが便利である[*6]．

*6 イエーツの補正をする場合には，
$$\chi_0^2 = \frac{n\{|ad-bc|-(n/2)\}^2}{(a+b)(c+d)(a+c)(b+d)}$$
となる．

表9.2の数値例を使って検定の手順を見てみよう．まず，検定の帰無仮説(H_0)と対立仮説(H_1)は

H_0：飼育法と昆虫の生死は独立である（飼育法によって生死に差はない）

H_1：飼育法と昆虫の生死は独立ではない（飼育法によって生死に差がある）

となる．χ_0^2 値は

$$\chi_0^2 = \frac{540 \times (280 \times 50 - 60 \times 150)^2}{(280+60)(150+50)(280+150)(60+50)} = 4.197$$

と求められる．有意水準を5%（$\alpha=0.05$）としたときの棄却限界値は，自由度 $(2-1)\times(2-1)=1$ の χ^2 分布の上側5%点である．求めた χ_0^2 値は棄却限界値〔$\chi^2(1; 0.05) = 3.8415$〕を超えるので，帰無仮説は棄却される．したがって，飼育法によって生死に差があると結論づけられる．

最後に $r \times c$ 分割表における独立性の検定の例として，表9.5に示すバレイショ栽培における雑草出現数を考えてみよう．畑作における栽培体系によって出現雑草種が異なるとされているが，4種類の栽培体系ごとにバレイショ栽培時の雑草の種類別出現数に違いがあるだろうか．

検定の帰無仮説(H_0)と対立仮説(H_1)は

H_0：栽培体系と雑草種の出現数は独立である

H_1：栽培体系と雑草種の出現数は独立ではない

となる．表中の期待度数は，すでに述べた方法で算出した値である．χ_0^2 値を求めると $\chi_0^2 = 169.8$ となる．有意水準5%（$\alpha=0.05$）のときの棄却限界値は，自由度 $(4-1)(5-1)=12$ の χ^2 分布の上側5%点であり，$\chi^2(12; 0.05) = 21.0261$ である．χ_0^2 値は棄却限界値を超えるので帰無仮説は棄却され，栽培体系と雑草種の出現数は独立ではない，すなわち，栽培体系によって雑草種の出現頻度は異なると結論できる．なお，「連作」における「タデ類」の期

表9.5 バレイショ栽培における雑草の種類別観察度数と期待度数

		イネ科	シロザ	タデ類	ナギナタコウジュ	ハコベ	合計
連作	観察度数	6	15	1	7	72	101
	期待度数	7.4	22.8	2.7	9.9	58.2	
4年輪作	観察度数	32	67	3	82	203	387
	期待度数	28.2	87.4	10.2	38.1	223.1	
5年輪作	観察度数	32	49	21	10	223	335
	期待度数	24.4	75.6	8.9	33	193.1	
6年輪作	観察度数	18	142	7	20	199	386
	期待度数	28.1	87.2	10.2	38	222.5	
合計		88	273	32	119	697	1209

連作, 1959〜1979年.
4年輪作：テンサイーエンバクーダイズーバレイショ
5年輪作：テンサイーエンバクーコムギークローバーバレイショ
6年輪作：テンサイーエンバクーインゲンーコムギークローバーバレイショ
データは, 今, 雑草研究, **31**, 259（1986）より引用.

待度数が2.7であり，5よりも小さいが，自由度が12と大きいのでχ^2_0値のχ^2分布への近似は悪くない．もし自由度が小さい場合には，データ数を増やすか，あるいは「タデ類」とほかの雑草種の一つをまとめる必要がある（*1を参照）．

練習問題

1 ミツバチの訪花性を決める物質を調べる目的で，45頭のミツバチを供試して4方向から異なる花香成分（A, B, C, D）が流れる装置を使い，選択性を調べた．各花香成分に誘引された個体数（観測度数）は以下のとおりであった．四つの花香成分のあいだで選択性に差があるかどうかを有意水準5％として検定しなさい．

花香成分	A	B	C	D	合計
観測度数	10	20	10	5	45

2 表9.4で示した2×2分割表におけるχ^2_0値が

$$\chi^2_0 = \frac{n(ad-bc)^2}{(a+b)(c+d)(a+c)(b+d)}$$

として計算できることを示しなさい．

3 ソバの2品種に冠水処理を行ったところ，幼根が褐変したのち，幼根基部から新たに不定根が発生した種子と発生しない種子が以下の数で認められた．品種間で不定根発生程度に違いがあるといってよいかを5％水準で検定しなさい．なお，不定根とは主根や側根以外の器官から形成される根の

ことである.

品　種	不定根発生	不定根未発生
常陸秋そば	22	26
牡丹そば	14	33

4 表 9.5 のデータを用いて χ^2 検定を実施しなさい.

10章 比率に関する推測

われわれが統計解析の対象とする観測値には，長さや重さのような計測値だけではなく，比率として表されるものも多い．たとえば，一定数のヒトのなかにA型の血液型のヒトが占める割合や，一定数の種子を播いたときに発芽した種子の割合などがそうである．本章では，このような比率に関する区間推定や検定の方法を学ぶ．

10.1 二項分布の正規分布による近似

ある民族には，A型の血液型のヒトが40%（$p = 0.4$）の割合で含まれるものとしよう．この民族から無作為に抽出したn人のなかにA型のヒトがk人含まれる確率が，二項分布の確率関数

$$p_k = {}_nC_k p^n (1-p)^{n-k}$$

によって与えられることは，3章で学んだ．図10.1には，上の式から求めた$n = 5, 10, 30$のときの確率分布を示した．図には，それぞれの分布と同じ平均と分散(3章参照)，すなわち

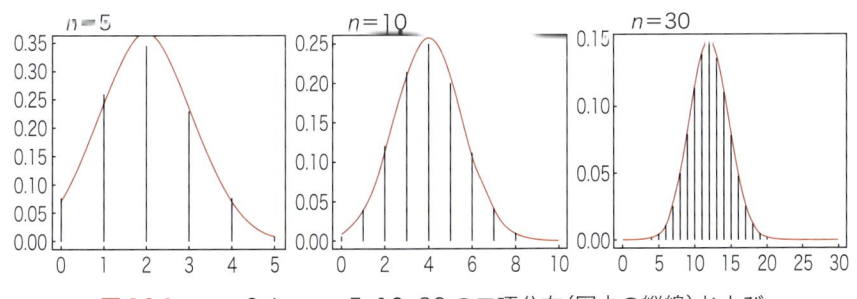

図10.1 $p = 0.4$，$n = 5, 10, 30$の二項分布(図中の縦線)および二項分布と同じ平均と分散をもつ正規分布(図中の曲線)

10章 比率に関する推測

$$\mu = np$$
$$\sigma^2 = np(1-p)$$

をもつ正規分布 $N(\mu, \sigma^2)$ の確率分布も併せて示してある．標本数 n が多くなるに従って，二項分布が正規分布に近い形を示すようになることがわかる．二項分布がもつこのような性質は，3章で述べた中心極限定理から導かれる結論である[*1]．

上記の性質より，母集団における比率(母比率) p の標本からの推定値 $\hat{p}$ ($= k/n$) は，平均 $E[\hat{p}] = p$ および分散 $V[\hat{p}] = p(1-p)/n$ の正規分布で近似できる．すなわち，近似的に

$$\hat{p} \sim N\left(p, \frac{p(1-p)}{n}\right)$$

である．以下では，このような近似を用いて，比率の区間推定と検定の方法を示す．

[*1] 標本数 n が小さいときには，二項分布の正規分布への近似がよくない．一般には，事象Aに属する標本と事象Aに属さない標本数がともに5以上であり，n もある程度 ($n \geq 30$ 程度) 以上に大きくなければならない．

10.2 母比率の区間推定

種苗会社が，ある作物の品種の発芽率を調べるために220個の種子を播いて発芽実験を行ったところ，165個の種子が発芽した．この実験では $n = 220$ であり，発芽率の推定値は $\hat{p} = 165/220 = 0.75$ である．発芽率 p の $100(1-\alpha)$ %信頼区間を求めてみよう．

10.2.1 より厳密な信頼区間

$\hat{p}$ は近似的に正規分布するので，その Z 変換

$$Z = \frac{\hat{p} - p}{\sqrt{p(1-p)/n}} = \frac{\sqrt{n}(\hat{p} - p)}{\sqrt{p(1-p)}}$$

は，標準正規分布 $N(0, 1)$ で近似できる．標準正規分布の片側 $\alpha/2$ 点を $z(\alpha/2)$ とすれば，Z は確率 $1-\alpha$ で区間 $[-z(\alpha/2), z(\alpha/2)]$ にある．すなわち，

$$1 - \alpha = P\{-z(\alpha/2) \leq Z \leq z(\alpha/2)\}$$

である．信頼限界は $Z = z(\alpha/2)$，すなわち

$$\frac{\sqrt{n}(\hat{p} - p)}{\sqrt{p(1-p)}} = z(\alpha/2)$$

を p について解いて得られる．この式は p に関する二次方程式であり，母比率 p の $100(1-\alpha)$ %信頼限界は，

$$\frac{\left[\hat{p} + \dfrac{z(\alpha/2)^2}{2n}\right] \pm \dfrac{z(\alpha/2)}{\sqrt{n}}\sqrt{\hat{p}(1-\hat{p}) + \dfrac{z(\alpha/2)^2}{4n}}}{1 + \dfrac{z(\alpha/2)^2}{n}}$$

として得られる.

最初に述べた発芽実験では,$n = 220$,$\hat{p} = 0.75$ であったので,これらと $z(\alpha/2) = z(0.05/2) = 1.96$ を上の式に代入すると[*2],95%信頼区間が

$$0.689 \leq p \leq 0.803$$

として得られる.ただし,この方法は式が煩雑なため,一般には次に示す方法が用いられることが多い.

*2 Rでは
> qnorm(0.025,lower.tail=FALSE)
[1] 1.959964
として,$z(0.05/2)$ の値が得られる.

10.2.2 母分散の推定量として $\hat{p}(1-\hat{p})/n$ を用いた信頼区間

計算を簡単にするために,$\hat{p}$ が近似的に従う正規分布の分散 $p(1-p)/n$ として標本からの推定値 $\hat{p}(1-\hat{p})/n$ を用いる.したがって,$\hat{p}$ の Z 変換は

$$Z = \frac{\sqrt{n}(\hat{p} - p)}{\sqrt{\hat{p}(1-\hat{p})}} = z(\alpha/2)$$

となる.先の場合と同じように上の式を p について解けば,$100(1-\alpha)\%$ 信頼限界は

$$\hat{p} \pm \frac{z(\alpha/2)}{\sqrt{n}}\sqrt{\hat{p}(1-\hat{p})}$$

となり,信頼区間が

$$\hat{p} - \frac{z(\alpha/2)}{\sqrt{n}}\sqrt{\hat{p}(1-\hat{p})} \leq p \leq \hat{p} + \frac{z(\alpha/2)}{\sqrt{n}}\sqrt{\hat{p}(1-\hat{p})}$$

として与えられる.これは,より厳密な方法から得た信頼区間において,$z(\alpha/2)^2/n$ の項を無視したものに一致している.

発芽実験の例では,95%信頼区間は

$$0.693 \leq p \leq 0.807$$

となる.

10章 比率に関する推測

10.3 比率の検定
10.3.1 母比率の検定

ある病気にかかっている200人について調べたところ，男性が115人，女性が85人であった．この病気のかかりやすさ（罹患率）には，男女で違いがあるといえるだろうか？

病気にかかっている人全員において男性の母比率をpとすれば，検定の帰無仮説(H_0)と対立仮説(H_1)は

$H_0 : p = 0.5$
$H_1 : p \neq 0.5$

である．$n = 200$の標本において男性が占める比率は$\hat{p} = 0.575$である．帰無仮説のもとで，$\hat{p}$が近似的に平均$\mu = p$，分散$\sigma^2 = p(1-p)/n$の正規分布$N(p, p(1-p)/n)$に従うとすれば，$\hat{p}$のZ変換は

$$z_0 = \frac{\sqrt{n}(\hat{p} - p)}{\sqrt{p(1-p)}} = \frac{\sqrt{200} \times (0.575 - 0.5)}{\sqrt{0.25}} = 2.121$$

となる．有意水準を5%とした両側検定を行う場合には，$z(0.05/2) = 1.96$が棄却限界値となる．したがって$z(0.05/2) < z_0$であり，z_0は棄却域に入るので帰無仮説は棄却される．したがって，この病気のかかりやすさには男女で差があるといえる．

もし，この病気が男性に発症が多いことが疑われ，そのことを検定する場合には，帰無仮説(H_0)と対立仮説(H_1)を

$H_0 : p = 0.5$
$H_1 : p > 0.5$

とした片側検定を行う．この場合，棄却限界値は$z(0.05) = 1.64$であるので[*3]，帰無仮説は棄却され，この病気は男性のほうがかかりやすいといえる．

10.3.2 母比率の差の検定

ナミテントウの鞘翅に見られる色紋には，1遺伝子座の四つの対立遺伝子によって決定される二紋型，四紋型，斑型および紅型の4型がある．各色紋型が地域で占める割合については古くから調査が行われ，京都市内では1953年の記録が残っている．表10.1は，その記録と2008年の京都市内での調査結果を比較したものである．ここでは紅型に注目しよう．過去半世紀のあいだに紅型が占める割合に変化があったといえるだろうか？

1953年の標本集団の個体数と紅型の比率をn_1とp_1，2008年の標本集団の個体数と紅型の比率をn_2とp_2と置けば，$n_1 = 2494$，$\hat{p}_1 = 0.153$，n_2

---

*3　Rでは
> qnorm(0.05,lower.tail=FALSE)
[1] 1.644854
として，$z(0.05)$の値が得られる．

10.3 比率の検定

表 10.1 京都市内のナミテントウの色紋型別の個体数(( )内は比率)

	二紋型	四紋型	斑型	紅型	総個体数
1953 年	1590 (0.637)	394 (0.158)	128 (0.051)	382 (0.153)	2494
2008 年	1409 (0.702)	255 (0.127)	80 (0.040)	262 (0.131)	2006

$= 2006$, $\hat{p}_2 = 0.131$ である．また，両側検定における帰無仮説 (H_0) と対立仮説 (H_1) は

$H_0 : p_1 = p_2$
$H_1 : p_1 \neq p_2$

である．

いま，二つの標本集団における紅型の比率の差を d とすれば，帰無仮説のもとでは d の分布を

$$\text{平均：} \mu = E[d] = 0$$

$$\text{分散：} \sigma^2 = V[d] = \frac{p_1(1-p_1)}{n_1} + \frac{p_2(1-p_2)}{n_2}$$

をもつ正規分布で近似できる．さらに，標本数 n_1 と n_2 は十分に大きいので，母比率 p_1 と p_2 は標本からの推定値 $\hat{p}_1$ と $\hat{p}_2$ で近似できるから[*4]，d の分布は近似的に正規分布

$$N\left(0, \frac{\hat{p}_1(1-\hat{p}_1)}{n_1} + \frac{\hat{p}_2(1-\hat{p}_2)}{n_2}\right)$$

に従う．したがって，d の Z 変換は

$$Z = \frac{\hat{p}_1 - \hat{p}_2}{\sqrt{\dfrac{\hat{p}_1(1-\hat{p}_1)}{n_1} + \dfrac{\hat{p}_2(1-\hat{p}_2)}{n_2}}}$$

と表せる．ナミテントウの例では

$$z_0 = \frac{0.153 - 0.131}{\sqrt{\dfrac{0.153 \times (1-0.153)}{2494} + \dfrac{0.131 \times (1-0.131)}{2006}}} = 2.111$$

となる．有意水準 5% のときの両側検定の棄却限界値は $z(0.05/2) = 1.96$ であるから，z_0 は帰無仮説の棄却域にあり，帰無仮説は棄却される．すなわち，紅型の比率に年代変化があったといえる．

[*4] このような近似は，大数の法則 (law of large numbers) による．この法則によれば，標本平均は標本の大きさ n を大きくすると母平均に収束する．いまの場合，紅型の個体に 1，それ以外の個体に 0 を与えたときの平均値が紅型の比率であるから，大数の法則を当てはめることができる．

Column

視聴率に一喜一憂する意味

視聴率は，テレビの番組やCMがどれくらいの世帯に見られているかを示す指標の一つである．スポーツ番組や報道番組などの視聴率は「国民の関心事」を探るうえで重要な資料であり，視聴率の時間的変化は「社会の動き」を捉えるための基礎データとなる．

また，視聴率は文化を理解するための重要なデータにもなる．たとえば，日曜日の夕方に放送される娯楽番組の「笑点」は，関東では20%を超える高視聴率を示し，視聴率ランクでは毎回上位に入る超人気番組である．しかし，関西での視聴率は数%に過ぎず，上位20位にランクインすることはない．関東と関西の「笑い」の文化の違いを反映した興味深い結果である．

一方，視聴率はスポンサーからの実績評価の指標であり，番組の制作者にとっては死活問題にかかわる数値である．制作した番組の視聴率が10%を下回ったら，制作者が辞任に追い込まれる，といったことも現実にあるようである．

視聴率調査は，ビデオリサーチ社が，関東地区，名古屋地区，関西地区などで200から600世帯を対象に行っている標本調査である．たとえば，関東地区では600世帯に対して調査が行われている．もし調査世帯のうち150世帯が「笑点」を見ていたら，視聴率は

$$\frac{150}{600} \times 100 = 25\%$$

として求められる．

本書でここまで勉強してきた諸君は，いくつかの疑問を抱くであろう．関東地区には約1500万世帯（母集団）がある．調査における標本の大きさ（調査世帯数：600世帯）は，これで十分なのだろうか？また，得られた視聴率は推定値であるから誤差を含んでいるはずである．たとえば，1%の視聴率の変化で番組制作者が一喜一憂することには，どれくらいの意味があるのだろうか？

母集団の視聴率をp，標本調査による視聴率の推定値を$\hat{p}$，標本の大きさをnとして，推定値の分布を正規分布で近似すれば，pの$100(1-\alpha)$%信頼限界は，本章で学んだように

$$\hat{p} \pm \frac{z(\alpha/2)}{\sqrt{n}}\sqrt{\hat{p}(1-\hat{p})}$$

として得られる．たとえば，2009年11月8日に放映された「笑点」の関東地区での視聴率は23.7%（$\hat{p} = 0.237$）であった（ビデオリサーチ社）．標本の大きさ（調査世帯数）は$n = 600$である．したがって，$z(0.05/2) = 1.96$を上の式に代入すると95%信頼区間が

$$0.203 \leq p \leq 0.271$$

として得られる．すなわち，真の視聴率（全世帯の視聴率）は区間 [20.3%, 27.1%] にあることが，95%の確からしさでいえることになる．調査世帯数が600の標本調査で得られた視聴率23.7%は，この程度の誤差を含んでいることを念頭に置いて見るべきであり，この場合，1%の視聴率の増減に一喜一憂することにはほとんど意味はないであろう．もし，95%信頼区間を上で得た区間幅の半分にしたいなら，何世帯を調査すべきであろうか？ 興味ある読者は考えてみてほしい．

練習問題

1 表10.1に示した京都市内のナミテントウの色紋型別の個体数の記録のうち，2008年のデータについて，四つの色紋型それぞれの95%信頼区間を求めなさい．なお，計算は10.2.2項で示した簡便な方法で行いなさい．

2 表 10.1 に示した京都市内のナミテントウの色紋型別の個体数の記録について，紅型以外の色紋型に年代変化があったかどうかを有意水準 5% として検定しなさい．

3 ある種苗会社が出荷するダイコンの種子には，従来 5% の割合で発芽しない不良な種子が含まれていた．ある年に，この種苗会社からダイコンの種子を購入して 400 粒の種子を播いたところ，30 粒が発芽しなかった．種子の品質が変化したと判断してよいだろうか．有意水準を 5% として検定しなさい．

4 上の問題の種苗会社に，いくつかの農家から「今年は，ダイコンの発芽率が例年よりも悪い」と苦情がでている．このことを，上の結果から調べるにはどのような検定を行えばよいか．実際に有意水準 5% で検定を行いなさい．

11章 ノンパラメトリック法

　これまで示した検定法には，母集団が正規分布に従うという前提があった．しかし，順序や順位で表された標本のように正規性の仮定が困難な場合がある．このような場合に用いられる統計的手法として，本章では母集団の分布の型に依存しない検定法(ノンパラメトリック検定法)を学ぶ．

11.1　正規性の検定

　母集団の正規性の検定にはいくつかの方法が提案されているが，ここでは計算が比較的容易な**ジャック・ベラ検定**(Jarque-Bera test)を紹介する[*1]．検定の帰無仮説(H_0)と対立仮説(H_1)は，

　　H_0：母集団は正規分布する
　　H_1：母集団は正規分布ではない

[*1] 正規性の検定には，このほかコルモゴロフ・スミルノフ検定，シャピロ・ウィルク検定などが利用できる．

で表現され，n 個の標本について，

$$JB = n\left(\frac{a_3^2}{6} + \frac{a_4^2}{24}\right)$$

が自由度 $\varphi = 2$ の χ^2 分布に従うことを利用する．ここで，a_3 および a_4 はそれぞれ標本より求めた歪度および尖度である(1章参照)．

　たとえば，乳牛における乳房の炎症の目安となる乳汁中の体細胞数(個/mL)について10頭の搾乳牛から以下のような標本が得られたとし，有意水準5%でジャック・ベラ検定を行ってみよう．

　　　23　11　35　13　12　18　16　80　43　19

このとき，歪度および尖度はそれぞれ $a_3 = 1.701$ および $a_4 = 1.871$ であり，

$$JB = 10\left(\frac{1.701^2}{6} + \frac{1.871^2}{24}\right) = 6.281$$

が得られる．付表4より$\chi^2(2; 0.05) = 5.9915$であるので帰無仮説を棄却し，正規分布するとはいえないという結論を得る．このような標本の分析には，本章で示すノンパラメトリック法が適している．

11.2　データの記述

　ここまでは標本の特性を記述するのに，代表値には算術平均，バラツキの指標には標準偏差などを用いてきた．しかし，上記のような正規性を仮定できない標本の特性を記述するには，外れ値や歪んだ分布にも比較的頑健な**中央値**(median)や**四分位偏差**(quartile deviation)などを用いるほうがよい．いまn個の標本があり，それらを以下のように大きさの順に整列したとする．

$$x_1 < x_2 < x_3 < \cdots < x_i < \cdots < x_{n-1} < x_n$$

このとき，全体を$q:1-q$の割合に分ける位置にある標本x_iを$(q \times 100)$パーセンタイルと呼び，

$$i = (1 - q + qn) とする x_i$$

がこれにあたる．全体をちょうど2分する場所にある中央値(1章)は，すなわち$q = 0.5$である50パーセンタイルを指し，

$$i = (1 - 0.5 + 0.5n) とする x_i$$

で表される．さらに全体を4分割するような三つの標本を小さいものからそれぞれ第1四分位数(25パーセンタイル)，第2四分位数(50パーセンタイル，中央値)，第3四分位数(75パーセンタイル)と呼び，第1四分位数および第3四分位数はそれぞれ，

$$i = (1 - q + qn) とし，q = 0.25 および q = 0.75 とする x_i$$

である．第3四分位数と第1四分位数の差は四分位偏差といい，中央値から$\pm 25\%$の範囲にある標本の幅を指しており，標準偏差と同様に標本のバラツキを表す統計量である．

　前節の例題を小さいものから並べると，

$$11 \quad 12 \quad 13 \quad 16 \quad 18 \quad 19 \quad 23 \quad 35 \quad 43 \quad 80$$

となるので，中央値は$i = (1 - 0.5 + 0.5 \times 10) = 5.5$より$x_{5.5}$，すなわち$x_5$と$x_6$の中間

$$x_{5.5} = 0.5 \times 18 + 0.5 \times 19 = 18.5$$

である．同様に第1四分位数および第3四分位数はそれぞれ，

$$q = 0.25 のとき i = (1 - 0.25 + 0.25 \times 10) = 3.25$$
$$q = 0.75 のとき i = (1 - 0.75 + 0.75 \times 10) = 7.75$$

であるので，$x_{3.25}$ および $x_{7.75}$ である．ここで第1四分位数 $x_{3.25}$ は，x_3 である 13 と x_4 である 16 のあいだを 0.25：0.75 に分けたものであるから，

$$x_{3.25} = 0.75 \times 13 + 0.25 \times 16 = 13.75$$

となり，同様に第3四分位数は

$$x_{7.75} = 0.25 \times 23 + 0.75 \times 35 = 32$$

である[*2]．したがって，ここでの四分位偏差は 18.25 ($= x_{7.75} - x_{3.25}$) となる．

*2 Rでは
>sc <- c(23,11,…,19)
>summary(sc)
とすれば四分位数が求まる．

11.3 符号検定

ある薬剤を9頭のイヌに投与する試験を行い，投与前後の呼吸数(回/分)について表 11.1 のようなデータを得たとする．

表 11.1 薬剤を投与したイヌの呼吸数に関するデータ

イヌ	A	B	C	D	E	F	G	H	I
投与前	22	21	20	25	21	23	22	25	24
投与後	18	19	22	22	21	19	23	20	21
差	−4	−2	+2	−3	0	−4	+1	−5	−3
呼吸数の変化	−	−	+	−	0	−	+	−	−

もし，表 11.1 のように投与前後の実際の呼吸数が明らかで正規性の仮定があれば，4章で示した二つの平均値の比較により，この薬剤の効果を検定すればよい．しかし，表の最下段に示すような「＋(増加)」・「−(減少)」・「0(変化なし)」の3種類の情報しか得られない場合には，正規性の仮定を置くのは難しく，ノンパラメトリック検定の一つである**符号検定**(sign test)を行う．

符号検定は増加あるいは減少のみを対象とし，変化なしの標本は分析から除外する．例題では9の標本のうち，変化なしの標本が一つ(標本E)あるので，検定に用いる標本数は $n = 8$ となる．このうち，「＋」と「−」の出現回数をそれぞれ n_+ および n_- とすると，薬剤になんら効果がないときには $n_+ \fallingdotseq n_-$，呼吸数を減少させる効果をもつときには $n_+ \ll n_-$，呼吸数を増加させる効果をもつときには $n_+ \gg n_-$ となることが期待される．例題は $n_+ = 2$ および n_-

= 6 であり，出現回数に偏りがある．薬剤が呼吸数を変化させているかどうか検定を行ってみよう．

検定における帰無仮説(H_0)と対立仮説(H_1)は，

H_0：薬剤は呼吸数に効果はない
H_1：薬剤は呼吸数に効果がある

と書くことができる．ここでは両側検定を行ってみる．つまり，薬剤は呼吸数を増加させようが減少させようが，とにかくなんらかの効果をもつという検定である．例題のような 8 頭での符号の組み合わせは全部で $2^8 = 256$ 通り考えられ，仮に「薬剤の効果はない」という帰無仮説が正しいとすれば，それらはランダムに出現すると仮定できる．そこで，8 頭のうち一方の符号の出現回数が 2 のように偏る現象はどの程度の確率で生じるのか，具体的に検討してみる．まず，8 頭のうち 0 頭が「＋」となる確率(すなわち $n_- = 8$ となる場合)は，

$$P(n_+ = 0) = \frac{{}_8C_0}{256} = \frac{1}{256} = 0.0039$$

で求められる．同様に 1 頭のみが「＋」となる確率は，

$$P(n_+ = 1) = \frac{{}_8C_1}{256} = \frac{8}{256} = 0.03125$$

となる．このようにしてすべての場合についてまとめると，図 11.1 が得られる．

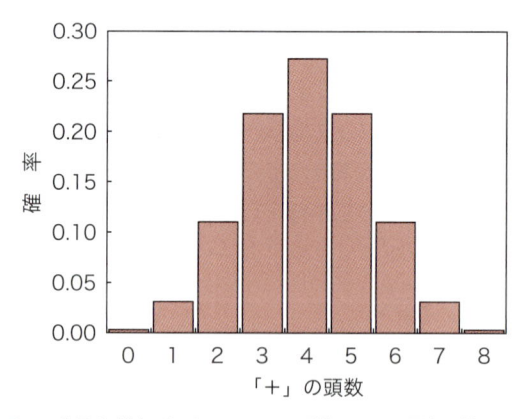

図 11.1　呼吸を増加させるイヌの頭数とその現象が起こる確率

このことより，帰無仮説が正しいときに $n_+ \leq 2$ となる確率は，

$$P(n_+ \leq 2) = P(n_+ = 0) + P(n_+ = 1) + P(n_+ = 2) = 0.1445$$

となることがわかる．ここでは両側検定を考えているので，$n_- \leq 2$（すなわち $n_+ \geq 6$）である逆の確率も加え，

$$P(n_+ \leq 2 \cup n_+ \geq 6) = 0.1445 \times 2 = 0.289$$

が得られる．つまり，8頭のイヌに投与した結果が6:2かあるいはそれ以上に偏る確率は0.289もあるので，統計学上この薬剤の効果はあるとはいえないと結論づけられる[*3]．

このような検定法を符号検定と呼ぶが，この一連の過程を一般化すれば，

$$P_0 = 2 \times \frac{\sum_{i=0}^{j} {}_nC_i}{2^n}$$

と表せる．ここで，j は「+」あるいは「−」の出現回数のうち少ないほうを指し，求めた P_0 をあらかじめ設定した有意水準 α と比較すればよい．例題では $n = 8$, $j = 2$ なので，

$$P_0 = 2 \times \frac{\sum_{i=0}^{2} {}_8C_i}{2^8} = 2 \times \frac{{}_8C_0 + {}_8C_1 + {}_8C_2}{2^8} = 2 \times \frac{1 + 8 + 28}{256} = 0.289$$

が得られ，帰無仮説を採択する．

薬剤が呼吸数を減少させるかどうかの片側検定を実施する場合は，帰無仮説（H_0）と対立仮説（H_1）を

H_0：薬剤は呼吸数に効果はない
H_1：薬剤は呼吸数を減少させる効果がある

とし，

$$P_0 = \frac{\sum_{i=0}^{j} {}_nC_i}{2^n}$$

を求めて有意水準 α と比較すればよい．ここで j は「+」の出現回数である．P_0 は0.1445であり，片側検定でも有意とはならない．

符号検定は実際の測定値を検定の対象とせず，変化の符号のみを対象としている．したがって，この検定では表11.2のとおり標本数と一方の符号の数であらかじめ検定結果の早見表を作成しておくことができる．表からとくに，標本数が5以下の両側検定ではどのような符号の組み合わせが得られようとも危険率は0.05より大きく，有意水準5%のもとでは有意とはならないことに留意しよう．

[*3] Rでは標本数と一方の符号の数を引数にして
>binom.test(2,8)
とすれば危険率を求めることができる．

表11.2 符号検定で得られる危険率（両側検定）

標本数	少ないほうの符号の数							
	0	1	2	3	4	5	6	7
1	1.00000							
2	0.50000							
3	0.25000	1.00000						
4	0.12500	0.62500						
5	0.06250	0.37500	1.00000					
6	0.03125	0.21875	0.68750					
7	0.01563	0.12500	0.45312	1.00000				
8	0.00781	0.07031	0.28906	0.72656				
9	0.00391	0.03906	0.17969	0.50781	1.00000			
10	0.00195	0.02148	0.10938	0.34375	0.75391			
11	0.00098	0.01172	0.06543	0.22656	0.54883	1.00000		
12	0.00049	0.00635	0.03857	0.14600	0.38770	0.77441		
13	0.00024	0.00342	0.02246	0.09229	0.26685	0.58105	1.00000	
14	0.00012	0.00183	0.01294	0.05737	0.17957	0.42395	0.79053	
15	0.00006	0.00098	0.00739	0.03516	0.11847	0.30176	0.60724	1.00000

片側検定では数値を半分にすればよい．赤で示した数値は0.05より小さな危険率を表す．

符号検定ではnが大きくなるにつれ検定統計量の算出が急速に困難となる．そこで，nが大きいときn_+（あるいはn_-）の分布は，薬剤の効果がなければ出現頻度$p = q = 0.5$である二項分布（3章）であることに着目し，検定を行う．つまり，期待値および分散はそれぞれ，

$$E(n_+) = \frac{n}{2} \quad \text{および} \quad V(n_+) = \frac{n}{4}$$

であるので，これらでZ変換（3章参照）した

$$z_0 = \frac{|n_+ - E(n_+)| - 0.5}{\sqrt{V(n_+)}} = \frac{\left|n_+ - \dfrac{n}{2}\right| - 0.5}{\sqrt{\dfrac{n}{4}}}$$

が標準正規分布に従うことを利用する．分子の-0.5は，近似をよくするための連続性の補正と呼ばれる処理である．たとえば$n_+ = 2$および$n_- = 6$のとき，

$$z_0 = \frac{|2-4| - 0.5}{\sqrt{2}} = 1.061$$

であり，標準正規分布を利用した両側検定では1.96が5％水準の棄却限界

値(付表2)なので,帰無仮説を棄却できない.

11.4 符号付順位検定

前節のイヌの呼吸数のデータにおいて,投与前後の差が求められ,さらにその差による順序づけに意味があるならば,**ウィルコクソンの符号付順位検定**(Wilcoxon signed-rank test)を行うことができる.

その手順は表11.3のように差の絶対値による順位づけを行い,その順位に差の符号を付加し符号付順位を得る.さらに符号付順位の「＋」のものと「−」のもので別べつに順位和(rank sum)を計算し,数値の小さいほうを検定統計量とする.

表11.3 イヌの呼吸数に関する符号付順位

イヌ	A	B	C	D	E	F	G	H	I
差	−4	−2	+2	−3	0	−4	+1	−5	−3
差の絶対値	4	2	2	3		4	1	5	3
順位	6.5	2.5	2.5	4.5		6.5	1	8	4.5
符号付順位	−6.5	−2.5	+2.5	−4.5		−6.5	+1	−8	−4.5

差の絶対値が同じ標本がある場合はデータにタイ(tie)があるというが,このときには平均の順位をつける.たとえば表の差の絶対値を小さいものから並べると1, 2, 2, 3, 3, 4, 4, 5であり,差の絶対値2, 3, 4にタイが見られる.このうち差の絶対値4の順位は6番目と7番目であるので,平均である6.5位を二つの標本それぞれに与える.タイが三つ以上ある場合でも,同様にそれらの平均値を順位とする.

例題での「＋」「−」それぞれの順位和は

$$RS_+ = 2.5 + 1 = 3.5$$
$$RS_- = 6.5 + 2.5 + 4.5 + 6.5 + 8 + 4.5 = 32.5$$

なので,検定統計量はRS_+を採用し3.5である.

Column

ノンパラメトリック検定とフランク・ウィルコクソン

順位に基づく検定法が展開されるきっかけをつくったフランク・ウィルコクソン(1892〜1965)は,統計学者ではなく,アメリカン・シアナミド社で働いていた化学者であった.彼は実験データを分析するなかで外れ値に関する研究を進め,分布の母数を仮定する必要のない手法を考案した.彼自身はこの手法が既出のものと考えていたようだが,彼の論文には新規性が認められ,統計学に新たな分野が誕生することとなった.

ここでも符号検定と同様に，n が大きいときには RS_+（あるいは RS_-）の分布が二項分布することを利用して検定を行うことができる．すなわち，期待値と分散は

$$E(RS_+) = \frac{n(n+1)}{4} \quad \text{および} \quad V(RS_+) = \frac{n(n+1)(2n+1)}{24}$$

であることから，Z 変換により標準化した

$$z_0 = \frac{|RS_+ - E(RS_+)|}{\sqrt{V(RS_+)}}$$

は標準正規分布に従う．ただし，例題のようにタイのある標本では分散に若干の補正が必要となる．つまり，n 個の標本が k 種類の異なる差の絶対値を取り，d_1 は最小の差の絶対値の標本数，d_2 はその次に小さい差の絶対値の標本数，$\cdots$，d_k は最大の差の絶対値の標本数であるとすれば，タイを考慮した分散は

$$V(RS_+) = \frac{n(n+1)(2n+1)}{24} - \frac{\sum_{i=1}^{k} d_i(d_i-1)(d_i+1)}{48}$$

となる．例題の差の絶対値は 1, 2, 2, 3, 3, 4, 4, 5 であることから，

$$k=5,\ d_1=1,\ d_2=2,\ d_3=2,\ d_4=2,\ d_5=1$$

となり，

$$V(RS_+) = \frac{8(8+1)(2\times 8+1)}{24} - \frac{0+6+6+6+0}{48} = 51 - 0.375 = 50.625$$

が得られる．ここから

$$z_0 = \frac{\left|3.5 - \dfrac{8(8+1)}{4}\right|}{\sqrt{50.625}} = 2.038$$

と計算でき，5%水準の両側検定での棄却限界値 1.96 より大きく，「薬剤は呼吸数に効果はない」という帰無仮説を棄却できる．

ここで符号付順位検定をもう少し詳しく考えてみる．例題では -6.5，-2.5，$+2.5$，-4.5，-6.5，$+1$，-8，-4.5（これを数字の並びはそのままで符号のみを取りだし「$--+--+--$」と表記する）という符号付順位が得られるが，薬剤の効果はないという帰無仮説のもとではこれらの符号はランダムに決まると考えられる．したがって，合計で 2^8 の符号の組み合わせが存在す

ることとなり，$RS_+ = 3.5$ となる「$--+--+--$」はそのうちの一つである．
そこで，これらすべての組み合わせとその際の RS_+ を求めると次のようになる．

$--------$ $RS_+ = 0$	$-------+$ $RS_+ = 4.5$	$------+-$ $RS_+ = 8$	$------++$ $RS_+ = 12.5$
$-----+--$ $RS_+ = 1$	$-----+-+$ $RS_+ = 5.5$	$-----++-$ $RS_+ = 9$	$-----+++$ $RS_+ = 13.5$
$----+---$ $RS_+ = 6.5$	$----+--+$ $RS_+ = 11$	$----+-+-$ $RS_+ = 14.5$	$----+-++$ $RS_+ = 19$

$$\vdots$$

$++++-+--$ $RS_+ = 17$	$++++-+-+$ $RS_+ = 21.5$	$++++-++-$ $RS_+ = 25$	$++++-+++$ $RS_+ = 29.5$
$+++++---$ $RS_+ = 22.5$	$+++++--+$ $RS_+ = 27$	$+++++-+-$ $RS_+ = 30.5$	$+++++-++$ $RS_+ = 35$
$++++++--$ $RS_+ = 23.5$	$++++++-+$ $RS_+ = 28$	$+++++++-$ $RS_+ = 31.5$	$++++++++$ $RS_+ = 36$

さらに RS_+ が取る値ごとに回数を数え上げ，まとめると次表のような RS_+ の正確な分布が得られる．ここでたとえば $RS_+ = 7$ の回数が 4 とあるが，

RS_+	回数	RS_+	回数	RS_+	回数	RS_+	回数	RS_+	回数	RS_+	回数
0	1	8	5	14	3	19.5	4	25	4	31	1
1	1	9	6	14.5	10	20	8	25.5	4	31.5	2
2.5	2	9.5	2	15	5	20.5	6	26	5	32.5	2
3.5	2	10	5	15.5	6	21	5	26.5	2	33.5	2
4.5	2	10.5	4	16	8	21.5	10	27	6	35	1
5	1	11	4	16.5	4	22	3	28	5	36	1
5.5	2	11.5	6	17	9	22.5	10	28.5	2		
6	1	12	4	17.5	4	23	2	29	4		
6.5	2	12.5	6	18	10	23.5	6	29.5	2		
7	4	13	2	18.5	4	24	4	30	1		
7.5	2	13.5	10	19	9	24.5	6	30.5	2		

「$--+----+$」「$--++----$」「$-+-----+$」「$-+-+----$」の 4 通りで $RS_+ = 7$ となるためである．例題では $RS_+ = 3.5$ であるが，これは「$--+--+--$」と「$-+---+--$」の組み合わせのときに得られる値であり，それより RS_+ が小さくなる，すなわち呼吸数が減少する組み合わせは $RS_+ = 0$ の「$--------$」，$RS_+ = 1$ の「$-----+--$」，$RS_+ = 2.5$ の「$--+-----$」および「$-+------$」の場合のみである．つまり，$RS_+ \leq 3.5$ となる組み合わせは $6/2^8$ であることから片側検定での危険率は $p = 0.023$ となり，帰無仮説を棄却することとなる．また，RS_+ の分布は

$$E(RS_+) = \frac{n(n+1)}{4} = 18$$

を中心に対称であるから，両側検定を行う場合には先の危険率を2倍すればよい．

上記のようなタイのある標本ではその順位和が非常に複雑なものとなり，検定結果の早見表を作成するのは現実的に不可能である．したがって，表11.4にはタイのない標本における符号付順位検定の検定結果を示した．ここでたとえば $n=12$ では，順位和が17以下のとき帰無仮説のもとでその標本が得られる確率は5%以下であることを示し，5%水準の片側検定で有意となる．同様に $n=12$ で順位和が13以下であれば2.5%以下となり，つまり5%水準の両側検定で有意であることを示す．

表11.4 タイのない場合の符号付順位検定において有意水準を満たす順位和の上限

n	0.05	0.025	0.01	0.005	n	0.05	0.025	0.01	0.005
5	0	−	−	−	15	30	25	19	15
6	2	0	−	−	16	35	29	23	19
7	3	2	0	−	17	41	34	27	23
8	5	3	1	0	18	47	40	32	27
9	8	5	3	1	19	53	46	37	32
10	10	8	5	3	20	60	52	43	37
11	13	10	7	5	21	67	58	49	42
12	17	13	9	7	22	75	65	55	48
13	21	17	12	9	23	83	73	62	54
14	25	21	15	12	24	91	81	69	61

イヌの呼吸数に関する例題は，符号検定では帰無仮説を採択し，符号付順位検定では棄却することとなった．これは，呼吸数の順位を無視し，符号のみで検定を行うと標本がもついくらかの情報を喪失するためであり，できる限り検出力の高い手法を採用するのが望ましいことを物語っている．

11.5　順位和検定

独立な2群の標本が得られたものの，正規性の仮定に無理があると判断すれば**ウィルコクソンの順位和検定**（Wilcoxon rank sum test）により母集団における差を検定する．いま，酒米Aで醸造した日本酒が2銘柄（$n_A = 2$），酒米Bで醸造した日本酒が5銘柄（$n_B = 5$）あり，味を評価する官能検査の結果7銘柄に以下のような順位がつけられたとする．

　　Aグループの日本酒：1位，4位
　　Bグループの日本酒：2位，3位，5位，6位，7位

A，Bそれぞれのグループで順位を平均すると，

$$\overline{R}_A = \frac{1+4}{2} = \frac{5}{2} = 2.5$$

$$\overline{R}_B = \frac{2+3+5+6+7}{5} = \frac{23}{5} = 4.6$$

となり，ここでAグループの5，Bグループの23はそれぞれのグループの順位和（RS_AおよびRS_B）である．算出の際，順位にタイがある場合は，符号付順位検定で示したように平均順位を用いるのが一般的である．酒米の影響がなければ$\overline{R}_A \fallingdotseq \overline{R}_B$となることが期待されるが，平均順位はAグループの評価が高そうに見える．酒米の違いは旨みに影響を与えていると判断してよいのだろうか．

ここでは，帰無仮説（H_0）と対立仮説（H_1）を

H_0：AグループとBグループの日本酒の旨みに差はない
H_1：Aグループの日本酒は味がよい

とする片側検定を5%水準で行う．なお，順位をすべて合計すれば，

$$RS_A + RS_B = \frac{(n_A + n_B)(1 + n_A + n_B)}{2}$$

と一定の値をとるのは自明なので[*4]，どちらか一方の順位和を計算すれば他方は容易に求めることができる．

帰無仮説H_0のもとでは，7本の日本酒は味についてすべて同じ一つの母集団に属すると考えているのだから，その母集団から抽出した7本に対して任意の2本をAグループに分類し，残りの5本をBグループとしたことになる．そのような組み合わせは21通り（$= {}_7C_2 = {}_7C_5$）考えられ，そのうち例題のAグループの順位和5以下となるような組み合わせが何通りあるかを求めければ有意確率が求められる．

Aグループがとりうるすべての順位の組み合わせとその和を書きだすと，

[*4] n個の等差数列$a_1, a_2, a_3, \cdots, a_{n-1}, a_n$の総和は，

$$S_n = \frac{n(a_1 + a_n)}{2}$$

で表される．

順位	1位, 2位	1位, 3位	1位, 4位	1位, 5位	1位, 6位	1位, 7位	2位, 3位
RS_A	3	4	5	6	7	8	5
順位	2位, 4位	2位, 5位	2位, 6位	2位, 7位	3位, 4位	3位, 5位	3位, 6位
RS_A	6	7	8	9	7	8	9
順位	3位, 7位	4位, 5位	4位, 6位	4位, 7位	5位, 6位	5位, 7位	6位, 7位
RS_A	10	9	10	11	11	12	13

となる．帰無仮説のもとでこれら21通りの現象が起こる確率はすべて等しく，ここから順位和RS_Aの分布を求めると以下のようになる．

RS_A	3	4	5	6	7	8
頻度	0.048	0.048	0.095	0.095	0.143	0.143
RS_A	9	10	11	12	13	
頻度	0.143	0.095	0.095	0.048	0.048	

たとえば，RS_A が 6 となる組み合わせは「1 位，5 位」と「2 位，4 位」の 2 通りあるので，その頻度は $2/21 = 0.095$ であることを意味している．例題では $RS_A = 5$ であり，順位和がそれ以下となる確率は RS_A が 3, 4, 5 のときの頻度をすべて合計した 0.191 となるので，有意とはならず帰無仮説を棄却できない．頻度の表から明らかなように，$n_A = 2$, $n_B = 5$ の試験において片側検定 5% 水準で有意となるのは，順位が「1 位，2 位」となった場合のみである．なお，例題での順位和の頻度は表のように左右対称であるが，タイがあるときには非対称となりうる．

順位和検定においても，$n_A + n_B$ が大きいときには，順位和 RS_A の期待値と分散

$$E(RS_A) = \frac{1}{2} n_A(n_A + n_B + 1) \text{ および } V(RS_A) = \frac{1}{12} n_A n_B (n_A + n_B + 1)$$

を用いて検定が行える．すなわち，例題では

$$z_0 = \frac{|RS_A - E(RS_A)|}{\sqrt{V(RS_A)}} = \frac{\left|5 - \frac{1}{2} \times 2 \times 8\right|}{\sqrt{\frac{1}{12} \times 2 \times 5 \times 8}} = 1.162$$

が得られ，標準正規分布を利用した片側検定において有意水準 5% の棄却限界値は 1.6449（付表 2）であるので，帰無仮説を棄却できない．

$z_0 = 1.162$ の危険率は $p = 0.123$[*5] に相当し，数え上げにより求めた正確な $p = 0.191$ よりも少し小さくなっている．符号検定で行ったような連続性の補正を行うと，

$$z_0 = \frac{|RS_A - E(RS_A)| - 0.5}{\sqrt{V(RS_A)}} = 0.968$$

であり，危険率は $p = 0.167$ とやや改善された．これは順位和という不連続な分布を連続な分布で近似するゆえの補正で，とくに標本にタイがない場合には有効である．符号付順位検定においても同様の補正を行うことができる．

*5 R では
>1-pnorm(1.162)
とすれば求められる．

11.6 順位相関係数

ペアになった二つの変数の関連性を見る際に，それらの母集団が正規分布とはいえない場合には 8 章の積率相関係数を利用できない．この積率相関係数のノンパラメトリック版が**スピアマンの順位相関係数**（Spearman's rank correlation coefficient）である[*6]．いま，10 頭の競走馬を考え，二つのレースにおける着タイム（秒）が表 11.5 のように得られたとする．

表 11.5　競走馬の着タイムと着順に関するデータ

競走馬	A	B	C	D	E	F	G	H	I	J
レース 1	153.6	153.8	155.7	156.3	154.8	155.6	157.4	154.5	156.6	155.2
（着順）	(1)	(2)	(7)	(8)	(4)	(6)	(10)	(3)	(9)	(5)
レース 2	195.6	195.1	195.5	196.0	196.4	196.6	198.7	197.4	199.0	196.7
（着順）	(3)	(1)	(2)	(4)	(5)	(6)	(9)	(8)	(10)	(7)

順位相関係数は着順をデータとする積率相関係数であるが，観測値が単純なため算出式が簡略化でき，

$$r_s = 1 - \frac{6}{n(n^2-1)} \sum (R_{1i} - R_{2i})^2$$

で求められる．ここで n はペアの数，R_{1i} は一方の標本における i 番目のペアの順位，R_{2i} は他方の標本における i 番目のペアの順位である．例題では，順位の差の 2 乗和は

$$\sum (R_{1i} - R_{2i})^2 = (1-3)^2 + (2-1)^2 + (7-2)^2 + \cdots + (9-10)^2 + (5-7)^2 = 78$$

であり，

$$r_s = 1 - \frac{6}{10(10^2-1)} \times 78 = 0.527$$

が得られる[*7]．各ペアの順位がすべて同一ならば順位の差の 2 乗和は 0 となるので $r_s = 1$，順位が完全に逆転すれば順位の差の 2 乗和は最大値を取り，$n = 10$ の場合では

$$\sum (R_{1i} - R_{2i})^2 = (1-10)^2 + (2-9)^2 + (3-8)^2 + \cdots + (9-2)^2 + (10-1)^2 = 330$$

であり $r_s = -1$ となる．

2 変数が有意な相関関係にあるかどうかの検定は，積率相関係数と同様に

$$t_0 = r_s \sqrt{\frac{n-2}{1-r_s^2}}$$

とし，この値が自由度 $\varphi = n - 2$ の t 分布に従うことを利用すればよい．母

[*6] このほか，ケンドールの順位相関係数という手法も利用できる．R には cor.test(x,y,…) というピアソンの積率相関係数，スピアマンやケンドールの順位相関係数が算出できる関数が用意されている．使用法は help(cor.test) で参照できる．

[*7] R では相関係数を求める関数 cor の引数に method="spearman" を指定すれば，順位相関係数が計算できる．すなわち，データの含まれた二つのベクトル a と b を用い，
>cor(a,b,method="spearman")
とすればよい．また，データは着タイムのままでもよい．

集団における順位相関係数を ρ_s とすれば，検定の帰無仮説 (H_0) と対立仮説 (H_1) は

H_0：$\rho_s = 0$

H_1：$\rho_s \neq 0$

である．例題では

$$t_0 = 0.527 \times \sqrt{\frac{10-2}{1-0.527^2}} = 1.754$$

が求められるが，$t(8; 0.05/2) = 2.306$（付表3）であるため帰無仮説を棄却できない．ゆえに「相関関係にあるとはいえない」という結論となる[*8]．

仮に例題の着タイムで積率相関係数を計算すれば $r = 0.682$ であり，順位相関係数よりやや高い値が得られる．さらに積率相関係数の検定統計量は $t_0 = 2.638$ となり，こちらは「相関関係にある」という結論となる．先のイヌの呼吸数での結果と同様に，本節の例題においても着タイムという実測値を着順にする際に情報のロスが生じているのは明らかである．ノンパラメトリック検定は分布の型に配慮することなく使用できる頑健な手法であり，その検出力は比較的高いところに維持されているが，正規性が仮定できるのであればパラメトリック検定を利用するほうが検出力はいくらか高くなる．

[*8] ここでも
>cor.test(a,b,method="spearman")
とすれば検定ができる．

練習問題

1 ブタの1産あたり分娩頭数（一腹産子数）に関する下記のデータの中央値，第1四分位数および第3四分位数を求め，正規分布と見なしてよいか検定しなさい．

分娩頭数：8頭，9頭，10頭，8頭，10頭，15頭，9頭，10頭，9頭

2 モルモットに2種類の飼料（飼料AとB）を与え，嗜好性に対する試験を行ったところ，15頭のうち11頭が飼料Aを好み，残りは飼料Bを好んだ．モルモットの嗜好性に差があるといえるか．

3 練習問題2と同じ試験を50頭のモルモットに対して行った場合，5%水準で飼料Aの嗜好性が高いというためには，少なくとも何頭のモルモットが飼料Aに対して嗜好性を示す必要があるか求めなさい．

4 脳の機能を活性化させると宣伝されている物質がある．近交系マウス20頭を無作為に2群に分け，その物質を含んだ飼料と含まない飼料を一定期間摂取させた．その後，すべてのマウスを同時に迷路に入れ，活性化物質を摂取したマウスの脱出順位を以下のように得た．この物質に効果があると判定できるか検定しなさい．

脱出順位：1位, 2位, 4位, 6位, 8位, 10位, 12位, 13位, 14位, 17位

5 7組のウシの親子について，子ウシの生時の体重が小さい順に番号を振り，さらにその母ウシの出産時日齢の若いものから順に番号を振った以下のデータを得た．これら2変数の相関を求め，出産時日齢と生時体重が有意な関係にあるか検定しなさい．

	ペア1	ペア2	ペア3	ペア4	ペア5	ペア6	ペア7
生時体重	1	2	3	4	5	6	7
出産時日齢	2	1	3	5	7	4	6

12章 統計処理アプリケーションソフトウェア

　生物統計学の概念や理論の説明には数式を用いることが多いが，初学者にとっては具体的な数値例を用いて実際に統計処理を行ってみることが内容の理解の大きな助けとなる．さらに，実験などで得られたデータの整理や統計処理にはPCの利用が不可欠なものとなってきている．そこで本章では，ネット上から無償で入手することができ，PCで簡単に統計処理やグラフ描画を実行することのできるアプリケーションソフトウェアRの概略と基本的な利用方法について説明する．

12.1　Rについて

　Rは各種の統計処理やグラフ描画機能をパッケージとして提供している．このうち最も基本的なパッケージ群はRをPCにインストールした際に自動的に利用可能となるが，それ以外のパッケージはRの公式サイトであるCRAN（The Comprehensive R Archive Network: http://cran.r-project.org/）から入手し，ユーザーがインストールしなければならない（新しいパッケージのインストールは簡単に行える）．現在，Rの公式サイトCRANには1600以上のパッケージが公開されている．既存のパッケージの改良や新しいパッケージの開発が常に行われており，最先端の統計手法についても短期間のうちにパッケージとして公開されている．そのため，世の中で用いられている統計手法のほとんどすべてがRを用いて実行可能であるといっても過言ではない．

12.2　Rのインストール，起動，終了処理

12.2.1　Rのインストール

　Rの入手方法やインストールの手順は公式サイトCRANや日本語サイトRjpWiki（http://www.okada.jp.org/RWiki）などを参照してほしい．なお，

RjpWikiは国内のRに関する情報の総合案内所的な役割を担っているサイトである．このほかにもネット上にはRに関するさまざまな情報が多数公開されている．

RをPCにインストールするためには，CRANから実行形式ファイル(2012年12月21日現在，最新ファイルはWindows用であればR-2.15.2-win32.exe，Mac OS X用であればR-2.15.2.pkg)をダウンロードし，そのファイルのアイコンをダブルクリックする．あとは画面に表示される指示に従って操作を行うだけでよい．

12.2.2 Rの起動

ショートカットアイコン（インストールが正常に終了していれば，デスクトップ上に表示される）をダブルクリックするとRが起動する．Rによる処理は起動後に表示される「R Console」のなかの「>」の場所に必要な命令（コマンド）を入力することで行う．「>」はコマンドプロンプトと呼ばれる記号で，コマンドが入力可能状態になると表示される．

12.2.3 Rの終了

WordやExcelの終了方法と同様に，フレームの右端にある終了ボタン「×」をマウスでクリックするか，メニュー「ファイル」→「終了」を選択すると確認ダイアログが表示される．作業スペースの保存が必要なければ，「いいえ」ボタンを押してRを終了させる（作業スペースの保存については，ここでは省略する）．

12.3　Rで扱うデータ構造

Rでは，入力したデータをまとめて保存するためのいろいろなデータ構造が用意されているが，ここでは基本的なデータ構造である**ベクトル**(Vector)と**データフレーム**(Data Frame)について説明する．

12.3.1　ベクトル

ベクトルは項目ごとに個々のデータ（要素）を保存するためのものである．C/C++やJavaなどのプログラム言語で扱う一元配列に相当する（ただし，C/C++やJavaの配列要素が0から始まるのに対して，Rでは要素番号は1から始まる）．たとえば

BirthWeight <- c(31.4,30.6,30.8,31.2,30.9,27.6,28.1,32.1,32.2,32.0)

とすると，10個のデータがまとめて変数BirthWeightに格納される．ここで<-は代入操作の演算子であり，<-より左側を左辺，右側を右辺と呼ぶ．

左辺にはベクトルを表す任意の名前(変数名)を入力する．変数名はユーザーが自由に設定することができる[*1]．変数名には英字（A〜Z, a〜z），数字（0〜9），ピリオド（ . ），アンダーバー（ _ ）などを用いることができるが，変数名の先頭に数字，アンダーバーを用いることはできない．また，Rでは英大文字と英小文字は区別されるので，BirthWeightとbirthweightは異なる変数名として扱われる．右辺のc(値の並び)は，Rに用意されている関数c( )を呼びだしていることを表している．このようにRの関数は「関数名(引数の並び)」という形式で呼びだす．引数の並びはそれぞれの関数に与える情報の内容を指定するものであるが，関数ごとに引数の並びの内容は異なる．関数c( )は，引数の並びとして与えた要素の値をベクトルに変換して左辺の変数に代入する処理のためのものである．要素の値が文字列の場合は，文字列をダブルクオート(")で囲む．

特定の要素，たとえばBirthWeightの4番目の要素の値を表示するのであれば，

BirthWeight[4]

と入力する．さらに，ある条件を満たす要素だけを取りだしたり表示したりする場合は，変数名[条件式]とする．

BW.over31 <- BirthWeight[BirthWeight>=31.0]

のように入力するとBW.over31には値が31.0以上の要素だけが保存される．

12.3.2　データフレーム

ベクトルが一つの項目の要素をまとめて格納するためのデータ構造であるのに対して，データフレームは複数のベクトルをまとめて格納するためのデータ構造である．データフレームの基本的な作成方法としては，既存のベクトルをまとめてデータフレームとする方法と，カンマ区切りのテキストファイル（csv形式のファイル）などから直接データを読み込んで作成する方法とがある．まず，前者の方法について説明する．

いま，BirthWeight，dg，Sexというベクトルが作業域内にある場合，これらのベクトルからデータフレームBeefを作成するには

Beef <- data.frame(BW=BirthWeight,DG=dg,SEX=Sex)

と入力する[*2]．すなわち，データフレームを作成するための入力書式は，

データフレーム名 <-data.frame(列名1=ベクトル1,列名2=ベクトル2,…)

である．

[*1] 変数名にはUnicodeが使用できるので，日本語（2バイト系文字セット）を含めることも可能である．

[*2] ファイルからデータを読み込み，データフレームを作成する基本的な関数はread.table( )である．この関数には多くの引数が用意されているが，普通はファイル名，ヘッダー行の取扱い（省略値：header=FALSE），区切り記号（省略値：sep=""）を引数で与える．関数read.csv( )はとくにカンマ区切りのテキストファイル（csv形式のファイル）のために用意された関数である．ファイル名がbeef.txtの場合，
read.csv("beef.txt")
は
> read.table("beef.txt",header=TRUE,sep=",")
と同じ処理を実行する．すなわち，関数read.csv( )では，引数を用いてとくに指定しなければ，ファイルの先頭行をヘッダー行として扱い，項目の区切り記号をカンマ（,）として扱う．

次に，カンマ区切りのテキストファイル（csv形式のファイル）から，直接データを読み込んで作成する方法について説明する．データがデスクトップ上のBeef.txtというファイル名で保存されているとする（Beef.txtの内容を欄外に示した）．

ファイルからの入力の場合は，まずディレクトリの変更を行う（WindowsやMacではディレクトリはフォルダに相当する）．すなわちメニューから「ファイル」→「ディレクトリの変更」を選択する．すると「フォルダの参照」ダイアログが表示されるので，そのなかからファイルを保存しているフォルダを選択する．フォルダの選択の操作はWordやExcelの場合と同じである．

ディレクトリの変更が済めば，

$$\text{Beef <- read.csv("Beef.txt")}$$

のように，

$$\text{変数名 <-read.csv("ファイル名")}$$

と入力し，データフレームを作成する．左辺の変数名がデータフレームの名前となる．なお，read.csv()の引数であるファイル名はダブルクオート（"）で囲んで指定する．カンマ区切りのテキストファイルは先頭行に列名を入力しておく．Beef.txtの例では先頭行がBW,DG,SEXとなっているので，データフレームの列名として，1列目から順にBW,DG,SEXが与えられる．テキストファイルの作成にはWindowsのメモ帳などを利用する．Excelで作成したファイルであれば，メニュー「ファイル」→「名前を付けて保存」を選択して，表示されたダイアログで「ファイルの種類」を「CSV（カンマ区切り）

```
BW,DG,SEX
31.4 , 1.01 , M
30.6 , 0.86 , F
30.8 , 1.12 , M
31.2 , 1.03 , M
24.7 , 0.80 , F
36.6 , 1.09 , M
36.3 , 1.15 , M
30.9 , 0.73 , F
44.3 , 1.15 , M
28.6 , 1.43 , M
26.3 , 0.82 , F
31.3 , 0.55 , F
38.8 , 1.10 , M
31.8 , 0.97 , F
21.6 , 1.03 , F
39.5 , 0.99 , M
40.8 , 0.74 , F
33.7 , 0.99 , F
35.9 , 0.96 , M
36.0 , 1.27 , F
```

Beef.txtの内容

Column

ソフトウェアの名前

Rは最初の開発者Ross IhakaとRobert Gentlemanの名前の頭文字がともにRであったことと，有償の統計ソフトウェアS，S-PLUSの機能とほぼ同等の機能を満たすことを目指したソフトウェアだったので，Sの一つ前という意味合いをこめてRと命名された．パソコンのOSの一つであるLinuxも，最初の開発者Linus Torvaldsが，ワークステーションのOSであるUnixを意識して，本人の名前の発音をUnixと似せてLinuxと命名した．オブジェクト指向言語であるRubyは，スクリプト言語処理で有名なPerlを意識して，開発者であるまつもとひろゆき氏がPerl＝真珠＝6月の誕生石→Perlの先を目指す→7月の誕生石＝ルビー＝Rubyの連想から命名したとされている．

このようにソフトウェアの命名には開発者の思い入れや遊び心が反映されているものもある．もちろん，統計処理ソフトウェアとして有名なSPSS（Statistical Package for Social Science）やSAS（Statistical Analysis System）のように，英単語の先頭文字を並べたものも多くある．

(*.csv)」と設定して保存することでカンマ区切りのテキストファイルが作成できる.

データフレームは C/C++ や Java などのプログラム言語で扱う二元配列に相当する.データフレームの要素の参照はデータフレーム［行番号，列番号］とする.たとえば,Beef[3,2]は,3行2列目の値(1.12)が対応する(先頭行はヘッダーとして取り扱われるので,Beef.txt の4行目がデータとしては3行目に対応する).データフレーム名［,列番号］,データフレーム名［行番号,］とすると,それぞれ該当する行あるいは列のすべての要素が参照される.また,列要素はデータフレーム名$列名で参照できる.ベクトルと同様に,たとえば

$$Beef[Beef \$BW >=31.0,]$$

とすると,列名 BW の要素の値が31.0以上のデータが行単位で参照される.

12.4 R を用いた統計処理
12.4.1 電卓的な使用方法

R で数値の加減乗除を行うのであれば,計算式をそのまま入力する.このとき,演算子としては加算(+),減算(-),乗算(*),除算(/)を用いる.また,整数商(%/%),剰余(%%),べき乗(^)が使える.演算順序を明示するにはカッコで囲む.

以下に示した関数では,カッコ内に数値を記述すると,その関数の値がもどる(関数のカッコ内にさらに関数を定義することも可能である).

関数	log(x)	exp(x)	sqrt(x)	abs(x)	round(x)
意味	$\log_e x$	e^x	$\sqrt{x}$	絶対値	四捨五入

実行例

```
> (1 +(2-3)*5)^2        # (−4)^2 を計算している
[1] 16
> 5 %/% 3               # 5 を 3 で割った商を計算している.
[1] 1
> 5 %% 3                # 5 を 3 で割った余りを計算している.
[1] 2
> sqrt(64)              # √64 を計算している.
[1] 8
> abs(-5.2)             # |−5.2| を計算している.
[1] 5.2
> round(abs(-5.2))      # 5.2 の四捨五入を計算している.
[1] 5
```

12.4.2 統計関数の利用

Rには統計処理のための関数が多数用意されている．これらの関数は，「関数名（引数）」の形式で利用する．引数には，ベクトル，行列，データフレームなどを与える．関数によっては，引数に複数のオプションを与えることができる．「? 関数名」や「help（関数名）」とすると関数の使用方法の詳細がヘルプとして表示される（表示は英語）．平均値(mean)，分散(var)，標準偏差(sd)，要約統計量(summary)を求める例を以下に示す．

```
> x <- c(1,2,3,4,5,6)      # ベクトル x の作成
> mean(x)                  # x の平均値を求める
[1] 3.5
> var(x)                   # x の分散を求める
[1] 3.5
> sd(x)                    # x の標準偏差を求める
[1] 1.870829
>> summary(x)              # 要約統計量を求める
 Min. 1st Qu. Median Mean 3rd Qu. Max.
 1.00  2.25   3.50   3.50  4.75   6.00
```

この例では，引数にベクトル x を用いたが，ベクトルの代わりに行列やデータフレームを指定すると，それらに含まれる項目のすべての統計量が一度に計算される．関数 summary( ) で求まる6種類の要約統計量は，最小値(Min)，第1四分位点(1st Qu)，中央値(Median)，平均値(Mean)，第3四分位点(3rd Qu)および最大値(Max)である．なお，名目データについては，カテゴリごとの頻度が計算される．このほか，各種の検定を行うための関数も用意されている．たとえば，t.test(x,y) とすると2標本(x,y)の平均の差の検定（スチューデントの t 検定）が行える．

Rでは，多くの確率密度関数が用意されている．これらの確率密度関数については，確率密度 $d(x)$，累積分布 $P(X \leq x)$，切断点（累積分布が q 以上となる X の値），およびその分布に従う乱数を求めることができる．代表的な確率分布関数を以下に示す．

確率分布名	正規分布	F 分布	t 分布	二項分布	χ^2 分布
関数名	norm( )	f( )	t( )	binom( )	chisq( )
確率分布名	ポアソン分布	一様分布	ベータ分布	ガンマ分布	
関数名	pois( )	unif( )	beta( )	gamma( )	

上記の関数名の前に d をつけると確率密度，p なら累積密度，q なら切断点，r なら乱数となる[*3]．たとえば rnorm( ) なら，正規分布に従う正規乱数の発生となる．正規分布関数 norm( ) の利用例を以下に示す．

---

*3 正規分布については引数は以下のように定義されている．
> dnorm(x, mean=0,sd=1,log=FALSE)
> pnorm(q, mean=0,sd=1, lower.tail=TRUE, log.p=FALSE)
> qnorm(p, mean=0,sd=1, lower.tail=TRUE,log. p=FALSE)
> rnorm(n, mean=0,sd=1)
ここで，x, q は X の値，p は累積確率，n は個数である．mean は平均値，sd は標準偏差，log, log.p は TRUE であれば log(p)，lower.tail は TRUE なら P[X<=x]，FALSE なら P[X>x] である．たとえば
> rnorm(10)
は
> rnorm(10,mean=0,sd=1)
と同じ内容となる（すなわち，平均0，標準偏差1の正規乱数を10個生成する）．

```
> dnorm(1.0)              # 標準正規分布の x = 1.0 の確率密度の値
[1] 0.2419707
> (qv <- qnorm(0.975))    # 標準正規分布の 97.5%切断点の値
[1] 1.959964
> pnorm(qv)               # x = qv までの累積密度
[1] 0.975
> rnorm(10)               # 標準正規分布に従う正規乱数を 10 個生成
 [1]  0.487281915 -0.004507628  2.064879593  0.906066704 -0.715790777
 [6]  0.166484718 -0.814156869  1.844951358 -3.375783710 -1.437845392
>
```

12.5 Rによるグラフ描画

Rには多様なグラフ描画処理も用意されている．ヒストグラムを描画するのであれば関数 hist ( ) を用いる．引数には，描画の対象となるベクトル名あるいはデータフレーム名$列名を与える．

140ページの欄外に示した Beef.txt から作成したデータフレーム Beef について，BW に関するヒストグラムを表示するのであれば

　　　　　　　　　hist(Beef$BW)

とする．表示されるヒストグラムの例を以下に示す．

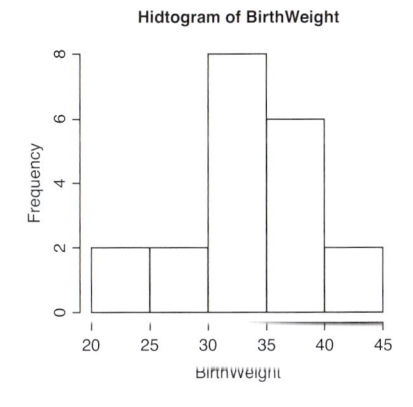

Hidtogram of BirthWeight

```
Rのコード
Beef <- read.csv("Beef.txt")
hist(Beef $BW,main="Histogram of BirthWeight",
xlab="BirthWeight",ylab="Frequency")
```

グラフ表示画面上でマウス右ボタンを押すとポップメニューが現れるが，

ここで「ビットマップにコピー」を選択すると，グラフがクリップボードに保存される．WordやPowerPointなどで「貼り付け」を選択すると，グラフをコピーすることができる．さらに，グラフ画面が最前面にあるとき（グラフ画面がアクティブなとき），メニューから「ファイル」→「別名で保存」を選択し，表示される画像の形式を指定するとその形式でイメージデータとしてファイルに保存される．また，散布図を描画するにはplot(x,y)が利用できる．ここで，引数には二つのベクトルあるいはデータフレーム$列名を指定する．

データフレームBeefのBWとDGの散布図を作成するのであれば，

plot(Beef $BW,Beef $DG,xlab="BirthWeight",ylab="Dairy Gain")

とする．表示される散布図の例を以下に示す．

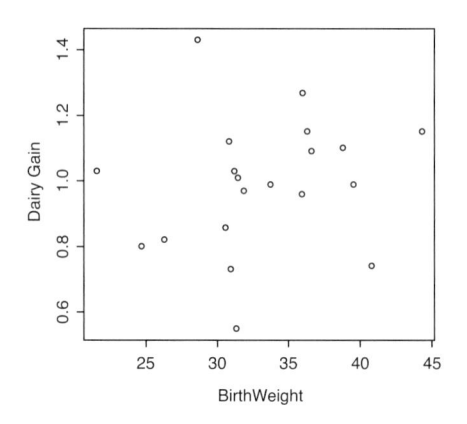

ここで紹介した例は，Rの機能のごく一部にすぎない．Rはユーザーが必要とするほとんどすべての統計処理やグラフ描画機能を備えている．とくにネット上には非常にたくさんのRに関するページが公開されている．本文中で紹介した二つのWebページに加えて，有用と思われる日本語WebページのURLを参考として以下に示した．

参考URL
- http://aoki2.si.gunma-u.ac.jp/R/
  群馬大学社会情報学部青木繁伸氏のページ．RのTipsが充実している（この内容については，書籍としても出版されている）．
- http://cse.naro.affrc.go.jp/takezawa/r-tips/r.html
  （独）農業・食品産業技術総合研究機構中央農業総合研究センター竹澤邦夫氏のページ．Rの解説と標準的な統計関数を用いた統計処理の説明が充実している．

練習問題

1. ベクトルの要素の和を求める関数として sum( ) がある．また，ベクトルの要素数を求める関数として length( ) がある．x <- c(1,2,3,4,5,6,7,8,9,10) であるとき，sum( ) と length( ) を用いて x の平均を求めなさい．また，mean (x) を用いて，求めた平均が正しいことを確認しなさい．

2. 不偏分散の定義式に従って，上記のベクトル x の分散を求めなさい．また，var (x) を用いて，求めた分散が正しいことを確認しなさい．sum(x*x) とすると，x の要素の平方和が求まる．

3. 対応のない標本の平均値の比較 (4.4 節) のサラブレット種とアラブ種の例題データについて差の検定を行いなさい．

4. 標本の大きさ 100 の一様乱数 (範囲 [1,6]) に従う標本を 100 個作成し，それぞれの標本平均を計算してそのヒストグラムを作成しなさい．なお，R での繰返し処理は以下のように for 文を用いて表すことができる．

    for(変数 in 1:終了値){
      処理
    }

   たとえば，処理を 100 回繰り返すのであれば

    for(k in 1:100){
      処理
    }

   とする．

5. 大きさ 100 の一様乱数 (範囲 [0,10]) のベクトル x を作成し，次に x の個々の要素から $y = x + e$ となるベクトル y を作成しなさい．このとき e は平均 = 0，標準偏差 = 1 に従う正規乱数とすること．得られた (x,y) の散布図を描き，x と y の相関係数を求めなさい．

6. 練習問題 5 で作成した x, y を用いて，定義式に従い y を従属変数，x を独立変数とした直線回帰式を求めなさい．

13章 線形モデル

個々の観測値(従属変数)が独立変数と誤差の和として成り立っていると仮定した加算的なモデルは**線形モデル**(linear model)と呼ばれ,高度な統計解析の基本となる.本章では線形モデルの代表例である**重回帰分析** (multiple regression analysis)と分散分析について,Rを用いて解説する.

13.1 重回帰分析

m 個の独立(説明)変数 x と従属(応答)変数 y との関係は,線形モデルを用いて $y_i = b_0 + b_1 x_{1i} + \cdots + b_m x_{mi} + e_i$ と表現できる.この式を**重回帰式**(multiple regression equation)と呼ぶ.8章の直線回帰式と比較すると,重回帰式では独立変数の項の数が増えただけで,式の構造自体は同じである.すなわち,直線回帰式は重回帰式の特殊な例と考えることもできる.重回帰式は以下に示す行列とベクトルを用いて $\mathbf{y} = \mathbf{Xb} + \mathbf{e}$ と表すことができる.

$$
\begin{matrix} \mathbf{y} & & \mathbf{X} & & \mathbf{b} & & \mathbf{e} \end{matrix}
$$

$$
\begin{pmatrix} y_1 \\ \vdots \\ y_i \\ \vdots \\ y_n \end{pmatrix} = \begin{pmatrix} 1 & \cdots & x_{1j} & \cdots & x_{1m} \\ \vdots & \ddots & \vdots & \vdots & \vdots \\ 1 & \cdots & x_{ij} & \cdots & x_{im} \\ \vdots & \vdots & \vdots & \ddots & \vdots \\ 1 & \cdots & \cdots & \cdots & x_{nm} \end{pmatrix} \begin{pmatrix} b_0 \\ \vdots \\ b_j \\ \vdots \\ b_m \end{pmatrix} + \begin{pmatrix} e_1 \\ \vdots \\ e_i \\ \vdots \\ e_n \end{pmatrix}
$$

誤差ベクトルの平方和 $\mathbf{e'e}$ を最小とする式は最小二乗法により $\mathbf{X'X\hat{b}} = \mathbf{X'y}$ で与えられる.ここで,$'$(プライム)はベクトルや行列の転置を表す.この式を**正規方程式**(normal equation)と呼ぶ.ここで,$\mathbf{X'X}$ の逆行列 $(\mathbf{X'X})^{-1}$ が存在すれば,$\mathbf{\hat{b}} = (\mathbf{X'X})^{-1}\mathbf{X'y}$ から,重回帰式の係数(**偏回帰係数**,partial regression coefficient)が求まる.Rでは線形モデルを取り扱うための関数として lm( ) が用意されている.そこで,以下の例題を用いて,R

13章 線形モデル

表 13.1 ウシの体型測定値と体重に関するデータ

個体	体高(m)	体長(m)	胸囲(m)	体重(kg)
1	1.27	1.45	1.80	475
2	1.28	1.50	1.86	490
3	1.31	1.50	1.98	580
4	1.28	1.52	1.96	557
5	1.32	1.50	1.87	540
6	1.27	1.46	1.86	440
7	1.28	1.53	1.84	459
8	1.27	1.50	1.82	470
9	1.28	1.47	1.92	500

による重回帰分析について説明する．

表 13.1 に示したウシの体型測定値と体重に関するデータが得られたとしよう．このデータを用いて，体高，体長，胸囲から体重を推定するために $\hat{y} = \hat{b}_0 + \hat{b}_1 x_1 + \hat{b}_2 x_2 + \hat{b}_3 x_3$ という線形モデルを当てはめることを考える．この場合，従属変数として体重(y)を，独立変数として体高(x_1)，体長(x_2)，胸囲(x_3)を取り上げることになる．R のコードを図 13.1 に示した．

```
x1 <- c(1.27,1.28,1.31,1.28,1.32,1.27,1.28,1.27,1.28)
x2 <- c(1.45,1.50,1.50,1.52,1.50,1.46,1.53,1.50,1.47)   # データをベクトルに格納
x3 <- c(1.80,1.86,1.98,1.96,1.87,1.86,1.84,1.82,1.92)
y <- c(475,490,580,557,540,440,459,470,500)
mreg <- data.frame(Height =x1, Length =x2,Chest=x3,Weight=y)   # データフレームを作成
mreg.result <- lm(Weight ~ Height+Length+ Chest ,data=mreg)    # 重回帰分析の実行
summary(mreg.result)                                            # 結果の表示
anova(mreg.result)                                              # 分散分析表の表示
```

図 13.1 重回帰分析のための R のソースコード

関数 lm ( ) の書式は，lm (従属変数名〜独立変数の並び, data＝データフレーム名) である．従属変数(Weight)以外のデータフレームに含まれる残りの変数をすべて独立変数とするのであれば，「従属変数名〜．」と表記することもできる．このソースコードを実行した結果を図 13.2 に示した．関数 summary ( ) と anova ( ) を用いることで，回帰係数の値のみならず分散分析結果も得られる．なお，anova ( ) による分散分析では独立変数ごとの偏差平方和が表示されているので，回帰全体の偏差平方和が必要な場合は，それぞれの偏差平方和を合計して求める．

重回帰式の当てはまりの程度を示す指標として**寄与率（決定係数，**coefficient of determination: R^2) がある．これは，全体の変動(SS_{total}) に

```
> summary(mreg.result)        # 結果の表示
Call:
lm(formula = Weight ~ ., data = mreg)
Residuals:         # 各データの残差の表示
      1       2       3       4       5        6        7       8        9
 29.5895  1.8991  2.5643  22.4413  0.1116 -33.1278 -22.4854 11.6774 -12.6699

Coefficients:          # 回帰係数の表示（順に，項目名，推定値，標準誤差，有意確率）
            Estimate Std. Error t value Pr(>|t|)
(Intercept) -1978.37    724.33   -2.731   0.0412 *
Height       1182.48    581.26    2.034   0.0976 .
Length         78.71    361.53    0.218   0.8363
Chest         448.84    169.57    2.647   0.0456 *
---
Signif. codes:  0 '***' 0.001 '**' 0.01 '*' 0.05 '.' 0.1 ' ' 1
Residual standard error: 25.65 on 5 degrees of freedom     # 注 1
Multiple R-squared: 0.8187,   Adjusted R-squared: 0.7099   # 寄与率の表示
F-statistic: 7.526 on 3 and 5 DF,  p-value: 0.0266         # 注 2
> anova(mreg.result)                                       # 分散分析結果の表示
Analysis of Variance Table

Response: Weight    # 順に項目名，自由度，偏差平方和，平均平方，F 値，有意確率
          Df  Sum Sq  Mean Sq  F value   Pr(>F)
Height     1  9923.4   9923.4  15.0845  0.01160 *
Length     1   320.0    320.0   0.4865  0.51660
Chest      1  4608.9   4608.9   7.0059  0.04560 *
Residuals  5  3289.3    657.9
---
Signif. codes:  0 '***' 0.001 '**' 0.01 '*' 0.05 '.' 0.1 ' ' 1
```

図 13.2　R による重回帰分析の結果
注 1：残差標準誤差 $= \sqrt{残差の平均平方} = \sqrt{657.9} = 25.65$
注 2：回帰全体の偏差平方和 $= 9923.4 + 320.0 + 4608.9 = 14852.3$
　　　回帰全体の平均平方 $= 14852.3 / 3 = 4950.77$
　　　よって，残差に対する回帰全体の F 値は $4950.77 / 657.9 = 7.526$ と計算できる．

対する回帰による変動（SS_{reg}）の比，すなわち $R^2 = SS_{\mathrm{reg}}/SS_{\mathrm{total}}$ である．図 13.2 の分散分析表の出力を用いて寄与率を計算すると，

$$SS_{\mathrm{reg}} = 9923.4 + 320.0 + 4608.9 = 14852.3$$
$$SS_{\mathrm{total}} = 14852.3 + 3289.3 = 18141.6$$

なので，

$$R^2 = SS_{\text{reg}}/SS_{\text{total}} = 14852.3/18141.6 = 0.8187$$

となる．summary( ) の出力中の Adjusted R-squared は**自由度調整済み寄与率**（adjusted coefficient of determination）と呼ばれている当てはまりの程度を示す値であり，これは偏差平方和の比の代わりに 1 −（残差の平均平方）/（全変動の平均平方）で定義される．

$$R^2_{\text{adj}} = 1 - \{657.9/\,(18141.6/8)\} = 0.70988$$

図 13.2 の結果から，体重を推定するための重回帰式として，

体重 = −1978.27 + 1182.48 × 体高 + 78.71 × 体長 + 448.84 × 胸囲

が得られる．

ところで，偏回帰係数の値はそれぞれの変数の測定単位の取り方に依存しているため，従属変数に対する各独立変数の影響の程度を偏回帰係数の値を用いて検討することはあまり意味がない．各独立変数が従属変数にどの程度影響しているかを比較するためには，従属変数，独立変数ともすべて平均が 0，分散が 1 となるように標準化したデータを用いて分析しなければならない．標準化したデータを用いて得られる偏回帰係数を**標準偏回帰係数**（standardized partial regression coefficient）と呼ぶ（この場合，切片は常に 0 となる）[*1]．標準偏回帰係数はそれぞれの変数の測定単位に依存しないので直接比較が可能である．なお，独立変数 i の偏回帰係数 b_i，その標準偏差 S_i および従属変数 y の標準偏差 S_y を用いて，独立変数 i の標準偏回帰係数 b_i' は

$$b_i' = b_i \times \frac{S_i}{S_y}$$

として求めることができる．

また，重回帰分析において取り上げる独立変数間に ±1 に近い非常に高い相関関係がある場合，**多重共線性**（multicollinearity）の問題が生じることがある[*2]．そのため，±1 に近い非常に高い相関関係があれば，変数の特性を考慮してどちらか一方の変数のみを独立変数として取り上げるべきである．

重回帰式の構造から明らかなように，重回帰式に含める独立変数の数が多いほど**残差**（residual）の偏差平方和は小さくなるため，寄与率は高い値となる．しかし，やみくもにたくさんの独立変数を取り上げると過適合の問題が生じるため，できるだけ少ない独立変数の組み合わせで従属変数の変動を十分に説明し，安定した回帰式を求めることが重回帰分析では重要である．重回帰分析に含める独立変数の選択の指標として**赤池の情報量基準**（Akaike's

---

[*1] 標準偏回帰係数を求めるための R コードは
> sd_y <- sd(mreg$Weight)
> sd_x <- c(0,sd(mreg$Height),
> sd(mreg$Length),sd(mreg$Chest))
> coef(mreg.result)*sd_x/sd_y
である．

[*2] 独立変数間に多重共線性が含まれているか否かをチェックするには，独立変数間の相関行列から固有値を求める．0 に非常に近い値が固有値に含まれていれば，多重共線性の存在が疑われる．R コードは
> x.cor <- cor(mreg[,1:3])
> z <- eigen(x.cor)
> z$values
である．

information criterion: AIC) がある．R では関数 AIC ( ) でこの回帰式の AIC が求まる[*3]．また，より適合度の優れた重回帰式を作成するためには，取り込む独立変数の組み合わせを選択することが必要であり，関数 step ( ) を用いることにより，各種の変数選択法による重回帰分析を行うことができる．さらに，重回帰式では予測値と観測値との差 (残差) は (1) 正規分布に従う，(2) 残差の期待値は 0，(3) 残差の分散は等しい，(4) それぞれの残差は互いに独立である，ことが望ましい．これらのチェックには残差と予測値の散布図，正規 Q-Q プロット図，基準化残差と予測値の散布図，Cook の距離などの回帰診断プロットを用いることができる[*4]．

13.2 不つり合い型データの分散分析

7 章で説明した分散分析も線形モデルとして取り扱うことができる．実験や調査で得られたデータでは，各副次級での観察値の数が不揃いな場合や，一部の副次級に欠測のある場合があるが，このような場合は 7 章で説明した分散分析の手法は適用できず，線形モデルとして扱わなければならない (最小二乗分散分析)．不つり合い型データは生物を材料とする実験では頻繁に直面するデータ形式である．例題として，表 13.2 に示した乳牛の 2 品種 (AA および BB) における産次の異なる雌牛 (初産，3 産および 5 産) から得られた泌乳記録のデータを用いることにする．

[*3] 図 13.1 に示した重回帰分析のための R のソースコードの実行結果である mreg.result を用いて AIC を計算する場合には，以下のようにする．
> AIC(mreg.result)
[1] 88.65167
また，以下のようにすると独立変数に体高と胸囲のみを考慮した場合の AIC が求まる．
> AIC(lm(Weight ~ Height+Chest,data=mreg))
[1] 92.07922
両者を比較すると前者のほうが AIC の値が小さく，当てはまりがよい．実際，寄与率は前者が 0.82，後者は 0.67 である．

[*4] R では，回帰診断プロット図は
par(mfrow=c(2,2))
plot(mreg.result,which=1:4)
で得られる．

表 13.2 泌乳記録のデータ (単位：kg)

品種	産 次		
	初産	3 産	5 産
AA	5.0	6.6	6.7, 7.2
BB	6.2, 6.4	6.4, 7.3	7.8, 7.9

この数値例は，繰返しのある二元配置のデータであるが，品種と産次と

Column

三上 (さんじょう)

三上 (さんじょう) とは馬上 (ばじょう)，枕上 (ちんじょう)，厠上 (しじょう) のことであり，中国宋の時代の欧陽脩が「帰田録」のなかで，よいアイデアが浮かぶ場所としてあげたものである．現在の生活空間のなかでは，さしずめ馬上は移動中の車や電車のなか，枕上は寝床のなか，厠上はトイレのなかに相当するであろう．統計モデルの適合度の指標として広く用いられている赤池の情報量基準 (AIC: Akaike's information criterion) も，赤池弘次氏 (元統計数理研究所所長) が学会へ向かう途中の電車のなかでひらめいたアイデアがその理論の基となったと伝えられている．考えに行き詰まったら，皆さんも三上でアイデアを練ったらいかがであろうか．

の組み合わせによる六つの副次級における測定値の数が異なっており，**不つり合い型データ**（unbalanced data）である．個々の観測値は $y_{ijk} = \mu + \alpha_i + \beta_j + e_{ijk}$ と表すことができる．この式は，観測値 y_{ijk} が，μ（**全平均**，overall mean），i 番目の品種(水準)の効果 α_i，j 番目の産次(水準)の効果 β_j，残差 e_{ijk}（同一の副次級内の k 番目の観測値に特有な誤差）の項に分解できることを示している．**ダミー変数**（dummy variable）[*5] として，x_i を y_{ijk} が i 番目の品種に属す場合に $x_i = 1$，そのほかの場合 $x_i = 0$，w_j を y_{ijk} が j 番目の産次に属す場合に $w_j = 1$，そのほかの場合 $w_j = 0$ となる変数と定義すれば，観測値 y_{ijk} は，$y_{ijk} = \mu + \alpha_1 x_1 + \alpha_2 x_2 + \beta_1 w_1 + \beta_2 w_2 + \beta_3 w_3 + e_{ijk}$ と書けるので重回帰式とまったく同じ構造となる．y_{ijk} を具体的に表記すれば

$$5.0 = \mu + \alpha_i + \beta_j + e_{ijk}$$

である．

この式に従って，表 13.2 のデータを行列形式で記述すると以下のようになる．

$$
\underset{\mathbf{y}}{\begin{pmatrix} 5.0 \\ 6.2 \\ 6.4 \\ 6.6 \\ 6.4 \\ 7.3 \\ 6.7 \\ 7.2 \\ 7.8 \\ 7.9 \end{pmatrix}}
=
\underset{\mathbf{X}}{\begin{pmatrix}
1 & 1 & 0 & 1 & 0 & 0 \\
1 & 0 & 1 & 1 & 0 & 0 \\
1 & 0 & 1 & 1 & 0 & 0 \\
1 & 1 & 0 & 0 & 1 & 0 \\
1 & 0 & 1 & 0 & 1 & 0 \\
1 & 0 & 1 & 0 & 1 & 0 \\
1 & 1 & 0 & 0 & 0 & 1 \\
1 & 1 & 0 & 0 & 0 & 1 \\
1 & 0 & 1 & 0 & 0 & 1 \\
1 & 0 & 1 & 0 & 0 & 1
\end{pmatrix}}
\underset{\mathbf{b}}{\begin{pmatrix} \mu \\ \alpha_1 \\ \alpha_2 \\ \beta_1 \\ \beta_2 \\ \beta_3 \end{pmatrix}}
+
\underset{\mathbf{e}}{\begin{pmatrix} e_{111} \\ e_{211} \\ e_{212} \\ e_{121} \\ e_{221} \\ e_{222} \\ e_{131} \\ e_{132} \\ e_{231} \\ e_{232} \end{pmatrix}}
$$

またこの正規方程式 $\mathbf{X}'\mathbf{X}\hat{\mathbf{b}} = \mathbf{X}'\mathbf{y}$ は

$$
\begin{pmatrix}
10 & 4 & 6 & 3 & 3 & 4 \\
4 & 4 & 0 & 1 & 1 & 2 \\
6 & 0 & 6 & 2 & 2 & 2 \\
3 & 1 & 2 & 3 & 0 & 0 \\
3 & 1 & 2 & 0 & 3 & 0 \\
4 & 2 & 2 & 0 & 0 & 4
\end{pmatrix}
\begin{pmatrix} \hat{\mu} \\ \hat{\alpha}_1 \\ \hat{\alpha}_2 \\ \hat{\beta}_1 \\ \hat{\beta}_2 \\ \hat{\beta}_3 \end{pmatrix}
=
\begin{pmatrix} 67.5 \\ 25.5 \\ 42.0 \\ 17.6 \\ 20.3 \\ 29.6 \end{pmatrix}
$$

となる．

そこで，不つり合い型データの分散分析も R では lm( ) と anova( ) を組

[*5] 分散分析では，名目データを用いて要因の水準を区別する．そのため，重回帰式と異なり水準の値をそのまま独立変数として用いることはできない．そこで，その水準に属する場合は 1，属さない場合は 0 という二つの値だけを取る変数（二値変数）を用いて線形モデルを表現することで正規方程式を作成している．この二値変数をダミー変数と呼ぶ．

13.2 不つり合い型データの分散分析

```
Breed <- factor(c(1,2,2,1,2,2,1,1,2,2))
Parity <- factor(c(1,1,1,3,3,3,5,5,5,5))         品種，産次，泌乳量のデータ入力
Yield <- c(5.0,6.2,6.4,6.6,6.4,7.3,6.7,7.2,7.8,7.9)
Yield.data <- data.frame(breed=Breed,parity=Parity,rhs=Yield)   # データフレームを作成
anova.result <- aov(rhs ~ breed+parity,data=Yield.data)         # 分散分析を実行
summary(anova.result)                                           # 分散分析表の出力
lsmean <-coef(anova.result)                                     # 最小二乗推定値の計算
lsmean                                                          # 最小二乗推定値の出力
parity.diff <- TukeyHSD(anova.result,"parity")     # テューキーの HSD 法による多重比較
parity.diff                                                     # 多重比較の結果出力
```

図 13.3　分散分析実行のための R のソースコード

```
> summary(anova.result)       # 分散分析表の出力
          Df  Sum Sq  Mean Sq  F value   Pr(>F)
breed      1  0.9375   0.9375   6.0391  0.049289 *       要因，自由度，偏差平方和，平均平方，
parity     2  4.6961   2.3480  15.1254  0.004534 **      F 値，有意確率の順に表示
Residuals  6  0.9314   0.1552
---
Signif. codes:  0 '***' 0.001 '**' 0.01 '*' 0.05 '.' 0.1 ' ' 1

> lsmean       # 最小二乗推定値の表示
(Intercept)      breed2       parity3      parity5           全平均，品種 BB，産次 3，産次 5 の順に表示
 5.3142857    0.8285714     0.9000000    1.6714286           品種 AA，初産はいずれも 0.0

> parity.diff                                    # テューキーの HSD 法による検定結果の表示
  Tukey multiple comparisons of means
    95% family-wise confidence level

Fit: aov(formula = rhs ~ breed + parity, data = Yield.data)

$parity
        diff         lwr        upr      p adj
3-1   0.9000   -0.08706948  1.887069  0.0700242
5-1   1.6375    0.71418105  2.560819  0.0038557        注 1
5-3   0.7375   -0.18581895  1.660819  0.1086879
```

図 13.4　R による分散分析の結果

注 1：この出力結果の内容は以下のとおりである．
　　第 1 カラム：水準の組み合わせ
　　第 2 カラム：水準間の最小二乗推定値の差 (diff)
　　第 3 カラム：ステューデント化された 95%信頼区間の下限値 (lwr)
　　第 4 カラム：ステューデント化された 95%信頼区間の上限値 (upr)
　　第 5 カラム：多重比較のための補正後の p 値 (p adj)

み合わせて実行することができる．なお，Rではlm( )とanova( )を組み合わせた分散分析のための関数aov( )が組み込まれているので，ここではaov( )を用いたソースコードを図13.3に，実行結果を図13.4にそれぞれ示した．

分散分析では，取り上げる要因（表13.2の例では品種と産次）はともに名目コードなので，factor( )を用いて名目コード化しておかなければならない．文字列を用いて，Breed <- c ("AA","BB","BB",…)のように指定することもできる．分析モデルの記述はlm( )の場合と同様に「従属変数〜独立変数の並び」と指定する．要因間の交互作用を考慮するのであれば，「Yield 〜 Breed + Parity + Breed * Parity」あるいは「Yield 〜 Breed * Parity」のように，「要因名 * 要因名」として交互作用の項を指定する．

分散分析の場合も重回帰分析と同様に，正規方程式 $\mathbf{X'X\hat{b}} = \mathbf{X'y}$ を解いて各水準の係数，すなわち効果（最小二乗推定値）を求めることになる．しかしながら，ダミー変数を用いると $\mathbf{X'X}$ は**正則な行列**（nonsingular matrix）とならない[*6]〔考慮した要因の数だけ一次従属の関係が含まれ，行列の次数と**階数**(rank)[*7]が一致しないので $\mathbf{X'X}$ の逆行列が存在しない〕ため，なんらかの制約条件を課して正則な行列をつくらなければならない．aov( )ではとくに指定しない限り，各要因の1番目の水準の効果を強制的に0として

[*6] 正則でない行列を**特異行列**（singular matrix）と呼ぶ．特異行列の行列式の値は0となり，逆行列を求めることができない．
[*7] 行列の階数とは，その行列の列ベクトルあるいは行ベクトルのうち，一次独立なベクトルの数の最小値を表す．$m \times n$ の次数をもつ行列の階数 rank A は $1 \leq \text{rank A} \leq \min(m,n)$ である．具体的には，行列の基本変形によって得られるすべての要素が0でない行あるいは列の数の最小値である（Gaussの消去法を施したとき，対角要素が0でない行の数に相当する）．正方行列（行と列の数が等しい）の次数と階数が一致する場合，正則な行列となり逆行列を求めることができる．次数と階数が一致しなければ特異行列であり，逆行列は存在しない．Rでは，行列の次数は dim(行列名)，階数は qr(行列名)$rank で得られる．
[*8] **Rのパッケージを新たにインストールする方法**
carパッケージをインストールする例
http://cran.r-project.org/ の左側のメニューからpackageを選択する．
パッケージのリストからcarを選択する．
DownloadsのなかからOSに応じたbinaryファイルをダウンロードする（Macならcar_2.0-8.tgz，Windowsならcar_2.0-8.zipを選択する．ただし，carの数値2.0-8はパッケージのバージョンによって異なる）．
Rを起動し，RGuiのメニューから「パッケージ」→「ローカルにあるzipファイルからのパッケージのインストール」を選択する．
ファイル選択のダイアログが表示されるので，carのzipファイルを指定する．

[*9] **Type IとType IIIの平方和の相違点**
分散分析において，取り上げる変動要因が二つ以上の場合，各変動要因の平方和の計算にはいくつかの方法がある．Type Iは逐次平方和（sequential sum of squares）と呼ばれており，変動要因を一つずつモデルに追加し，その際のモデルの平方和の増加分をその変動要因の平方和とする．一方，Type IIIは，最初にすべての変動要因を含むモデルの平方和を求め，そのモデルからある変動要因を除いた場合の平方和の減少量をその変動要因の平方和とする．つり合い型データの場合，Type IとType IIIの平方和は一致するが，不つり合い型データの場合，両者の値は異なる．さらに，Type Iでは変動要因の投入順序により平方和の値が異なる．

[*10] 関数aov( )で，各要因内の水準の効果の和を0とする制限を用いたRのソースコードおよび実行例を以下に示す．
> sumZero <- aov(rhs ~ breed+parity,data=Yield.data,
+ contrasts=list(breed="contr.sum",parity="contr.sum"))
> coef(sumZero)
(Intercept)   breed1   parity1   parity3
 6.58571429 -0.41428571 -0.85714286 0.04285714
この場合，breed1+breed2=0 より，breed2=0.41128571 なので breed2-breed1=0.8286 となる．同様に parity1+parity3+parity5=0 から parity5= 0.8142857 であり，parity5- parity3= 0.7714286 となる．これらの値は，図13.4に示した対応した最小二乗推定値の差と一致している．

$\mathbf{X'X}$ から除いて計算している．また，出力される偏差平方和は Type I と呼ばれているものである．**SAS**〔SAS Institute JAPAN(株) の汎用統計解析ソフト〕の GLM プロシジャーのように Type III の平均平方が必要であれば，パッケージ car をインストールして[*8]，そのなかに含まれる Anova( ) を用いて行う[*9]．

aov( ) では，各要因の 1 番目の水準の効果を強制的に 0 とする代わりに，各要因内の水準の効果の和を 0 とする制限を設定することもできる[*10]．制限の設定方法，すなわち水準の効果の和を 0 とするか，各要因内の水準の効果の和を 0 とするかによって coef( ) で得られる最小二乗推定値の値は異なるが，要因間の任意の二つの水準間の最小二乗推定値の差は，用いる制限の設定方法にかかわらず常に一定の値となる．

なお，7 章と同様に水準間の効果の差の検定にはテューキーの HSD 法を用いる．書式は TukeyHSD（分散分析の結果，対象となる要因名）である．図 13.4 の結果では，5 産と初産の泌乳量に 1% 水準で有意な差が認められている (p adj で有意確率が示されている)．

ここでは二元配置の不つり合い型データの分散分析について学んだ．生物を材料にした実験では，より複雑な構造をもつ線形モデル（多元配置）の分散分析が必要になる場合もあるが，要因とその水準を適切に定めることにより同じ手順を用いて分析することができる．読者自身が多くのデータを用いて分析に習熟することが何よりも重要である．

練習問題

1 8 章の例題データ〔ブタの 30 kg 到達日齢 (x) と 90 kg 到達日齢 (y) のデータ〕について，正規方程式 $\mathbf{X'X\hat{b}} = \mathbf{X'y}$ を作成し，この正規方程式の解 $\hat{\mathbf{b}}$ を求めなさい．

2 重回帰分析の例（表 13.1 のデータ）について，回帰式に独立変数を二つに制限した場合，体高，体長，胸囲のうちどの二つを取り上げるのがよいか検討しなさい．

3 以下のデータについて直線回帰式と二次回帰式のいずれがよく当てはまるかを検討し，その回帰式を求めなさい．

x	0.5	1.0	1.8	2.0	4.0	4.5	5.0
y	10.3	15.5	15.8	15.0	10.3	9.3	4.6

4 以下のデータに対して，アロメトリー（相対成長）式 ($y = ax^b$) を当てはめなさい．

x	1.00	2.00	3.00	4.00	5.00	6.00
y	0.05	0.34	0.55	2.07	2.87	3.91

13 章 線形モデル

ヒント：アロメトリー式の両辺対数を取ると線形式となる．

5 分散分析の例題（表 13.2 のデータ）について，品種と産次の交互作用を考慮した分散分析を行いなさい．

14章 生物学的応用

これまでの章では，生物を対象とした実験や調査から得られたデータの解析手法の基礎について学んだ．本章では，生物の本質である成長の解析，形態や種の分類，さらには連続的に変異する形質の遺伝現象の解析を例に取って，応用的な側面から統計的方法の適用を紹介する．

14.1 成長曲線の当てはめ

動物の発育や植物の成長の現象はダイナミックなシステムであり，加齢や時間の経過に伴って生物のサイズは変化していく．加齢に伴う成長の記録が取られている場合に，それらの一連の測定値に対して適当な**成長モデル** (growth model) を当てはめ，多数の測定値の情報を少数のパラメータ推定値に集約して成長の様相をとらえることは，成長解析における有用な手段の一つである．本節では，**非線形成長曲線** (nonlinear growth curve) の当てはめについて紹介しよう．

表 14.1 に示したデータは，わが国固有の肉用品種である黒毛和種の雌牛の体重を生時から 55 か月齢時まで測定して得られた記録である．このように，同一の個体について，加齢に伴う時間の経過を追って測定した一連の成長データは，**個成長** (individual growth) あるいは**縦断的成長** (longitudinal growth) のデータと呼ばれる．ちなみに，時間の経過に伴う各時期の成長の値として，それぞれの時期に測定した多くの個体の平均値をあてたデータは，**平均成長** (mean growth) あるいは**横断的成長** (cross-sectional growth)

表 14.1 黒毛和種の雌牛における体重の個成長データ

月齢	0	1	2	3	4	5	10	15
体重(kg)	27.7	33.8	46.5	64.7	87.0	112.3	254.4	369.7
月齢	20	25	30	35	40	45	50	55
体重(kg)	428.0	436.1	420.8	412.1	426.0	447.8	415.2	416.8

データという．

　動物個体の出生から成体に至るまでの個成長の解析にあたって，非線形成長曲線モデルの当てはめが行われる場合が多く見られる．表14.2に代表的な非線形成長曲線モデルをあげた[*1]．これらの非線形モデルは，受精卵に始まる細胞分裂と増殖の生物的プロセスや，加齢に伴う抵抗力低下の生物的現象などの考え方に基づくモデルであり，各式に含まれるパラメータは，それぞれ表14.2に記載したような生物学的意味を備えている．

*1 二つの変数 y と t (y, t は実数) の関係が $y = f(t)$ というモデル方程式で表され，y と t が比例法則によって関係づけられているとき，$y = f(t)$ は線形 (linear) であるといわれる．すなわち，$y = at$ (a は実数) は線形式であり，このグラフは $y = t = 0$ (原点) を通る直線である．一方，y と t が比例法則によって関係づけられていない場合は非線形であり，$y = at^2$, $y = \sqrt{t}$, $y = \ln(t)$, $y = e^t$ などをはじめ，表14.2に示した成長曲線のモデルはすべて非線形である．なお，$y = at + b ; b \neq 0$ (a, b は実数) を線形と見なす場合には，非同次線形モデルと呼ばれる．

表14.2　非線形成長曲線モデルの例

モデル[*2]	非線形式	成熟度 生時	成熟度 変曲点
Brody	$y_t = A(1 - Be^{-kt})$	$1 - B$	
Logistic	$y_t = A(1 + Be^{-kt})^{-1}$	$\dfrac{1}{1 - B}$	0.5
Gompertz	$y_t = A\exp(-Be^{-kt})$	e^{-B}	0.368
von Bertalanffy	$y_t = A(1 - Be^{-kt})^3$	$(1 - B)^3$	0.296
Richards	$y_t = A(1 - Be^{-kt})^M$	$(1 - B)^M$	$\left(\dfrac{M - 1}{M}\right)^M$

y_t：月齢 t における発育測定値　　k：成熟率
A：成熟値　　　　　　　　　　　　M：変曲点のパラメータ
B：積分定数　　　　　　　　　　　e：自然対数の底

　ここでは，計算例として，表14.1のデータに対してLogisticモデルの当てはめを行ってみよう．統計処理のためのフリーソフトウェアであるRのソースコードの一例を示すと，図14.1のようになる．ここでは，Rの最小

```
y <- c(27.7, 33.8, 46.5, 64.7, 87.0, 112.3, 254.4, 369.7, 428.0,
436.1, 420.8, 412.1, 426.0, 447.8, 415.2, 416.8)          # 体重の入力
t <- c(0, 1, 2, 3, 4, 5, 10, 15, 20, 25, 30, 35, 40, 45, 50, 55)   # 月齢の入力
#Logistic model
Logistic.result <- nls(y ~ A*(1+B*exp(-k*t))^-1,          # 非線形回帰分析・成長モデルの記述
start=list(A=400, B=10, k=0.1))                           # 反復推定のための初期値の入力
Logistic.predict <- predict(Logistic.result)              # 予測値の計算
cor(Logistic.predict, y)^2                                # 決定係数の算出
AIC(Logistic.result)                                      # AIC の算出
matplot(c(0,55),c(1,450),main="Logistic モデルによる発育曲線 ",
xlab=" 月 齢 ", ylab=" 体 重 ", type="n")                  # グラフエリアの表示
points(Logistic.predict ~ t, type="l", col="blue")        # 予測値のプロット
points(y ~ t, pch="*")                                    # 測定値のプロット
summary(Logistic.result)                                  # 分析結果の表示
```

図14.1　RによるLogisticモデルの当てはめのためのソースコード

二乗法による非線形回帰分析のための標準パッケージである nls を用いて Logistic モデルの当てはめを行っている．ほかのモデルを当てはめる場合も，それぞれの非線形モデルおよびパラメータを適切に記述すれば，同様に行うことができる．

表 14.3 は，R による計算結果の出力の一部をまとめたものである．Logistic モデルの当てはめでは，成熟体重 A の予測値は約 427 kg，積分定数 B は 13.98，成熟率 k は 0.31 と推定された．

表 14.3 Logistic モデルの当てはめの結果

パラメータ	推定値	標準誤差	t 値[†]	p 値
A	426.71	3.74	114.06	0.000***
B	13.98	1.59	8.77	0.000***
k	0.31	0.02	20.04	0.000***

[†]自由度：13，*** $p < 0.001$

非線形モデルの測定値への当てはまりの程度，すなわち**モデルの適合度** (goodness of model fit)を判定するうえでは，複数の基準が提案されている．ここでは，一般的な基準の一つである決定係数と赤池 (1973) の**情報量基準** (an information criterion, Akaike's information criterion: AIC) の値を計算し，表 14.4 に示した．この表には，Logistic モデルの当てはめの結果に加えて，ほかの非線形モデルを当てはめた結果も併せて記載している．決定係数は，値が 1 に近いほど当てはまりがよいことを示すが，AIC は値の小さいほうがより適合していることを示す基準である．

表 14.4 Logistic モデルおよびその他のモデルの適合度の結果

モデル	決定係数	AIC	$\hat{A}$	$\hat{B}$	$\hat{k}$	$\hat{M}$
Logistic	0.997	124.55	426.71	13.98	0.31	—
Brody	0.970	161.93	445.05	1.05	0.10	—
Gompertz	0.995	134.41	430.03	3.50	0.20	—
von Bertalanffy	0.992	141.51	431.90	0.78	0.17	—
Richards	0.997	126.52	426.56	−16.41	0.31	−0.94

表 14.4 の結果から，この雌個体のデータの場合，Logistic モデルは Richards モデルとともに，ほかのモデルよりも相対的によく当てはまっていることがわかる．

当てはめた Logistic モデルのプロット図を実測値とともに示すと図 14.2 のようになる．また，表 14.2 に記載したモデルをすべて当てはめた場合の各モデルの具体的な形状の様相をまとめて図 14.3 に示す．

*2 出典は以下のとおりである．
S. Brody, "Bioenergetics and Growth", Reinhold Publishing, New York (1945).
P. F. Verhulst, "Notice sur la loi que la population poursuit dans son accroissement", Correspondance Mathématique et Physique, **10**, 113 (1838).
B. Gompertz, "On the nature of the function expressive of the law of human mortality, and on a new mode of determining the value of life contingencies", Philosophical Transactions of the Royal Society of London, **115**, 513 (1825).
L. von Bertalanffy, "Quantitative laws in metabolism and growth", The Quarterly Review of Biology, **32**, 217 (1957).
F. J. Richards, "A flexible growth function for empirical use", Journal of Experimental Botany, **10**, 290 (1959).

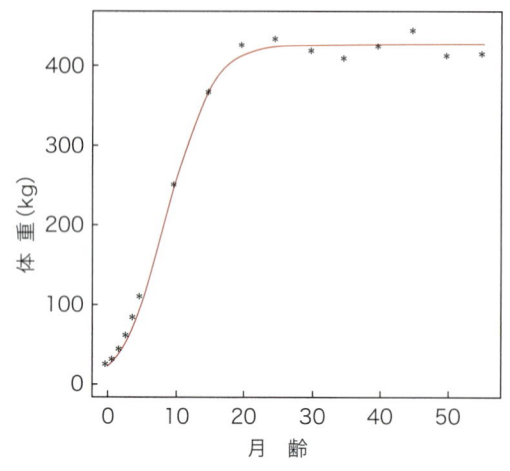

図14.2 個成長の体重測定値（表14.1）とLogisticモデルの当てはめによるプロット図

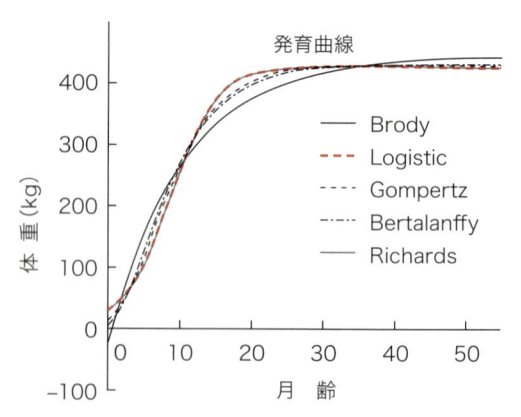

図14.3 五つの非線形成長モデルを当てはめた場合のモデルの形状の様相
LogisticとRichardsの二つのモデルは，ほとんど同じ様相の曲線を与えるので，グラフが重なって区別がつきにくくなっている．

14.2 情報の縮約と分類
14.2.1 主成分分析

生物から得られる情報は，ときとして多岐にわたる．たとえば牛乳の成分検査では，一般に脂肪，タンパク質，乳糖など10形質ほどが測定される．また，ホルスタイン種の雌牛の体型は14項目にわたって評価され，審査が行われている．これら多くの形質が多数の個体で測定されれば，得られる情報は膨大で全体像を把握するのが困難となる．このような多数の情報を要約し，全体を俯瞰するための手法がいくつか存在するが，ここではその一つとして**主成分分析** (principal component analysis: PCA) を紹介する．本手法は，成長や形態の解析，DNA多型を用いた種の分類，さらにはアンケート調査や経営分析などの手段として多くの分野で活用されている．

簡単のために二つの変数からなる情報が得られた場合を例にして主成分分析を行ってみる．表14.5は大相撲の歴代横綱（第60〜69代）の身長 (cm) と体重 (kg) を測定したデータである（「ウィキペディア」参照）．

表14.5 第60〜69代横綱の身長 (cm) と体重 (kg)

形質	白鵬	朝青龍	武蔵丸	若乃花	貴乃花	曙	旭富士	大乃国	北勝海	双羽黒
身長	192	184	192	180	185	203	189	189	181	200
体重	153	147	237	134	154	233	143	211	151	150

表14.5から身長と体重の平均値と標準偏差を求め，Z変換（3章参照）によりそれぞれを平均0，標準偏差1の変数に標準化すると表14.6のようになる．

14.2 情報の縮約と分類

表 14.6　第 60 〜 69 代横綱の標準化した身長と体重

形質	白鵬	朝青龍	武蔵丸	若乃花	貴乃花	曙	旭富士	大乃国	北勝海	双羽黒
身長 x_{1i}	0.329	−0.725	0.329	−1.252	−0.593	1.779	−0.066	−0.066	−1.120	1.383
体重 x_{2i}	−0.464	−0.617	1.667	−0.946	−0.439	1.565	−0.718	1.007	−0.515	−0.540

ここで横軸に身長，縦軸に体重を取り，散布図を描くと図 14.4 が得られ，身長と体重には正の関連性があるように見受けられる．

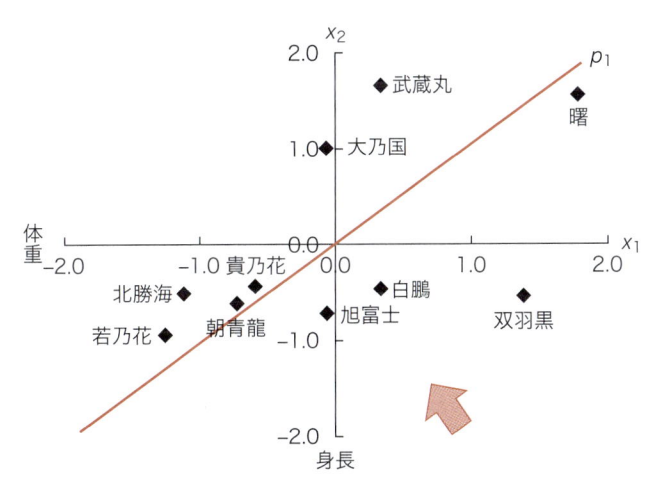

図 14.4　歴代横綱 10 人の標準化した身長と体重の散布図

実際，この 2 変数で相関係数を計算すると $r = 0.542$ の正の値が得られる．主成分分析とは，身長や体重といった既存の軸にとらわれず，データがもつ変動をよりよく表す軸(ただし各変数の平均を通過する)を新たに導入し，情報を集約してゆく分析法である．

いま，図 14.4 に赤線で示した新たな軸 (p_1 軸) を考える．この軸を右下の矢印の方向から眺めると，図 14.5 のような新たな変数 (p_{1i}) が得られるであろう．主成分分析では，この p_{1i} の分散

$$V(p_{1i}) = \frac{1}{n-1} \sum (\mu_{1i} - \overline{p}_1)^2$$

を最大にする軸を決定し，既存の変数である x_{1i} と x_{2i} を合成した新たな変数により情報を集約する．ここで，$\overline{p}_1$ は p_{1i} の平均を表す．

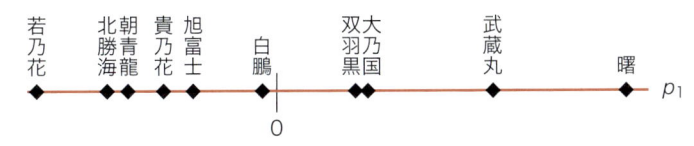

図 14.5　矢印の方向から見た歴代横綱 10 人

ところで，平面状の点 (x_{1i}, x_{2i}) を新たな軸に投影した場合，p_{1i} の値はいくらになるのだろうか．これは，x_1 軸を角度 θ だけ回転させたものが p_1 軸であると考えれば，

$$p_{1i} = \cos\theta \times x_{1i} + \sin\theta \times x_{2i}$$

で与えられる．ここで重要なのは，x_{1i} および x_{2i} をある定数で変換すれば p_{1i} が得られるという点であり，つまり上式は

$$p_{1i} = a_{11}x_{1i} + a_{12}x_{2i}$$

と表すことができる．そして $V(p_{1i})$ を最大にするような定数 $\mathbf{a_1} = (a_{11}\ a_{12})'$ は，x_{1i} と x_{2i} の相関係数行列

$$\mathbf{R} = \begin{pmatrix} 1 & r \\ r & 1 \end{pmatrix}$$

に対する固有方程式

$$|\mathbf{R} - \lambda\mathbf{I}| = 0 \quad (\mathbf{I} \text{ は単位行列})$$

を解き，最大固有値に対する固有ベクトルを求めることで得られる[*3]．すなわち，

[*3] x_{1i} の平均 ($\bar{x}_1$) および分散 (v_1) が定義より

$$\bar{x}_1 = 0 \text{ および } v_1 = 1$$

であることから，

$$v_1 = 1$$
$$\frac{1}{n-1}\sum(x_{1i} - \bar{x}_1)^2 = 1$$
$$\sum x_{1i}^2 = n - 1$$

であり，同様に

$$\sum x_{2i}^2 = n - 1$$

も成り立つ．さらに，

$$r = \frac{1}{n-1}\sum(x_{1i} - \bar{x}_1)(x_{2i} - \bar{x}_2)$$
$$r = \frac{1}{n-1}\sum x_{1i} x_{2i}$$
$$\sum x_{1i} x_{2i} = (n-1)r$$

であることにも留意しておく．ここで，

$$\bar{p}_1 = \frac{1}{n}\sum(a_{11}x_{1i} + a_{12}x_{2i})$$
$$= a_{11}\frac{1}{n}\sum x_{1i} + a_{12}\frac{1}{n}\sum x_{2i}$$
$$= a_{11}\bar{x}_1 + a_{12}\bar{x}_2$$
$$= 0$$

であるので，分散の式は

$$V(p_{1i}) = \frac{1}{n-1}\sum p_{1i}^2$$
$$= \frac{1}{n-1}\sum(a_{11}x_{1i} + a_{12}x_{2i})^2$$
$$= \frac{1}{n-1}[a_{11}^2\sum x_{1i}^2 + a_{12}^2\sum x_{2i}^2 + 2a_{11}a_{12}\sum x_{1i}x_{2i}]$$
$$= a_{11}^2 + a_{12}^2 + 2a_{11}a_{12}r$$

と整理されるが，これは一般に a_{11} と a_{12} の値が大きくなればいくらでも大きくなる．そこで，

$$a_{11}^2 + a_{12}^2 = 1$$

という制約（すなわちベクトル $\mathbf{a_1}$ の長さを1とする）条件のもとで $V(p_{1i})$ の最大化を考える．これにはラグランジュの未定乗数 λ を導入し，

$$V = a_{11}^2 + a_{12}^2 + 2a_{11}a_{12}r - \lambda(a_{11}^2 + a_{12}^2 - 1)$$

を未知の a_{11} と a_{12} でそれぞれ偏微分してゼロとおくのが一般的である．すると

$$\begin{cases} 2a_{11} + 2a_{12}r = 2\lambda a_{11} \\ 2a_{12} + 2a_{11}r = 2\lambda a_{12} \end{cases}$$

という二つの方程式が得られ，両辺を2で割り行列の形で表記すると

$$\mathbf{Ra} = \lambda\mathbf{a}$$

となり，λ が $\mathbf{R}$ の固有値で $\mathbf{a}$ が固有ベクトルであることを示している．

$$\begin{vmatrix} 1-\lambda & r \\ r & 1-\lambda \end{vmatrix} = 0$$
$$(1-\lambda)^2 - r^2 = 0$$
$$\lambda = 1 \pm r$$

であるので，r が正のとき最大固有値は $\lambda_1 = 1+r$ である．その固有ベクトルは，

$$\mathbf{R}\mathbf{a_1} = \lambda_1 \mathbf{a_1}$$
$$\begin{pmatrix} 1 & r \\ r & 1 \end{pmatrix}\begin{pmatrix} a_{11} \\ a_{12} \end{pmatrix} = (1+r)\begin{pmatrix} a_{11} \\ a_{12} \end{pmatrix}$$

から

$$a_{11} = a_{12}$$

であることがわかり，定義より $\cos^2\theta + \sin^2\theta = 1$ なので，

$$a_{11}^2 + a_{12}^2 = 1$$
$$a_{11}^2 + a_{11}^2 = 1$$
$$a_{11}^2 = 0.5$$
$$a_{11} = \sqrt{0.5} = a_{12}$$

となる[*4]．したがって，点 (x_{1i}, x_{2i}) は分散を最大限集約した新たな軸の

$$p_{1i} = \sqrt{0.5}\, x_{1i} + \sqrt{0.5}\, x_{2i}$$

に投影される．このような最大固有値から得られる成分を第 1 主成分といい，$\mathbf{a_1}$ を第 1 主成分ベクトル，p_{1i} を**第 1 主成分得点**(first principal component score)と呼んでいる．ところで，データがもつ全情報量は $tr(\mathbf{R})$ ($\mathbf{R}$ のトレースといい，行列の対角成分の和) で表すことができ，例題では 2 であるが，最大固有値はそのうち軸 p_1 が説明する情報量を示している．したがってこの場合，全分散の

$$\frac{\lambda_1}{tr(\mathbf{R})} = \frac{1.542}{2} = 0.771$$

すなわち 77.1% が最大固有値で説明されることとなり，これは第 1 主成分の**寄与率**と呼ばれている．主成分分析は情報の集約が目的なので，第 1 主成分で目的が達成されたと判断すればそこで計算を終了するが，必要であれば第 2 主成分以降も順次算出することが可能である．第 2 主成分は軸 p_1 と直交することが条件[*5]であり，2 番目に大きな $\mathbf{R}$ の固有値 $\lambda_2 = 1-r$ に対

[*4] R では
> cmat <-
matrix(c(1,0.542,0.542,1), 2, 2)
> evv <- eigen(cmat)
> evv
とすれば固有値と固有ベクトルが求められる．さらに
> evv$values
> evv$vectors
により，固有値と固有ベクトルのそれぞれを扱うことができる．解析ソフトの違いにより固有ベクトルの符号がすべて逆になることもあるが，反対の方向から軸を眺めることに相当し，分散の要約という点からはどちらも同じ意味をもつ．

[*5] 第 1 主成分と直交させるために，新たな制約条件

$$\mathbf{a_1}'\mathbf{a_2} = 0$$
$$a_{11}a_{21} + a_{12}a_{22} = 0$$

を与え，

$$V = a_{21}^2 + a_{22}^2 + 2a_{21}a_{22}r \\ - \lambda(a_{21}^2 + a_{22}^2 - 1) \\ - \Phi(a_{11}a_{21} + a_{12}a_{22})$$

を偏微分して解く．

応する固有ベクトルが第 2 主成分ベクトル

$$\mathbf{a_2} = (a_{21} \ a_{22})'$$

となり，

$$\begin{pmatrix} 1 & r \\ r & 1 \end{pmatrix} \begin{pmatrix} a_{21} \\ a_{22} \end{pmatrix} = (1-r) \begin{pmatrix} a_{21} \\ a_{22} \end{pmatrix}$$

$$\begin{pmatrix} a_{21} \\ a_{22} \end{pmatrix} = \begin{pmatrix} \sqrt{0.5} \\ -\sqrt{0.5} \end{pmatrix}$$

と求められる．したがって，軸 p_2 に投影した点 (x_{1i}, x_{2i}) は

$$p_{2i} = \sqrt{0.5}\, x_{1i} - \sqrt{0.5}\, x_{2i}$$

と表される．すなわち，点 (x_{1i}, x_{2i}) は第 1 および第 2 主成分で定めた軸から見ると点 (p_{1i}, p_{2i}) となり，p_{2i} は第 2 主成分得点である．

第 2 主成分の寄与率は，その固有値を用い，

$$\frac{\lambda_2}{tr(\mathbf{R})} = \frac{0.458}{2} = 0.229$$

と表され，第 1 および第 2 主成分で説明したデータのバラツキは，それぞれの寄与率を合計した累積寄与率

$$0.771 + 0.229 = 1$$

で求められる．例では 2 形質の情報を二つの主成分で表現したため，すべてのバラツキが余すことなく説明され，累積寄与率は 100% となった．

各主成分の特徴を明らかにするために，主成分と元の変数との関連性（相関）を定義することができる．この関連性を**因子負荷量**(factor loading)といい，第 1 主成分と身長および体重の因子負荷量は，それぞれ

$$r_{p1x1} = \sqrt{\lambda_1}\, a_{11} \quad \text{および} \quad r_{p1x2} = \sqrt{\lambda_1}\, a_{12}$$

で与えられ，第 2 主成分のそれらは

$$r_{p2x1} = \sqrt{\lambda_2}\, a_{21} \quad \text{および} \quad r_{p2x2} = \sqrt{\lambda_2}\, a_{22}$$

となる．

各主成分の特徴は因子負荷量や主成分得点を用いて考察することができる．例題における因子負荷量は，

$$r_{p1x1} = 0.878, \ r_{p1x2} = 0.878, \ r_{p2x1} = 0.479, \ r_{p2x2} = -0.479$$

と計算される．第1主成分の因子負荷量はともに 0.8 程度と正の高い値であることから，体のサイズを表す成分であると考えられる．一方，第2主成分の因子負荷量は，身長とは中程度の正，体重とは中程度の負の値である．第2主成分は第1主成分と直交し，その影響，つまりサイズの影響を取り去ったものであると考えられるため，第2主成分は身長が低く体重が重いと小さくなり，身長が高く体重が軽いと大きくなる．すなわち，相撲用語でいうところの「あんこ型」と「そっぷ型」のような体のシェイプ(形状)を表している成分だと考えることができそうである．

そこで，すべての標本で主成分得点を計算し，平面状にプロットすると図 14.6 が得られる．第1主成分得点が最も大きな力士は曙関で，次に武蔵丸関が続く．逆に第1主成分の小さな力士は若乃花関と北勝海関であり，第1主成分が体のサイズを表していることが伺える．第2主成分得点では双羽黒関が大きく，武蔵丸関や大乃国関が小さい．双羽黒関は身長は高いが体重は平均的な体型であり，武蔵丸関や大乃国関は身長は平均的で体重の重い力士であることから，因子負荷量での考察と一致している．つまり，図 14.6 の第1象限には一般に全体的なサイズが大きくそっぷ型の力士(曙，双羽黒)，第2象限はサイズが小さくそっぷ型（白鵬，旭富士），第3象限はサイズが小さくあんこ型（貴乃花，朝青龍，北勝海，若乃花），第4象限はサイズが大きくあんこ型の力士(武蔵丸，大乃国)がプロットされており，サイズとシェイプといった成分で 10 名の力士が分類された．この例題ではすべての力士を四つのタイプのいずれかに分類したが，貴乃花関や朝青龍関があんこ型に分類されているように必ずしも直感と一致しない点もある．これらの力士は第2主成分得点の値が非常に小さいことから，中間型という別のタイプを設定し分類することも可能である．このように主成分分析は，個々の相関だけを眺めていては把握できない変数間の潜在的な構造を明らかにするのに有

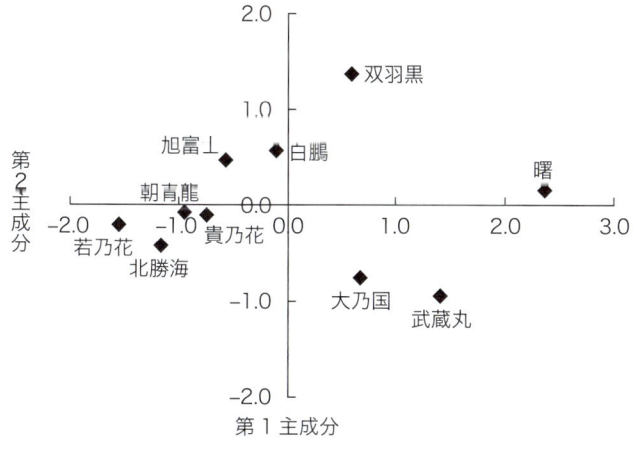

図 14.6 歴代横綱 10 人の第1および第2主成分得点の散布図

効な手法である．

　形質が k 個ある場合も，上記とまったく同じ手順で主成分分析が行える．すなわち $k \times k$ の相関係数行列

$$\mathbf{R} = \begin{pmatrix} 1 & r_{12} & r_{13} & \cdots & r_{1k} \\ r_{21} & 1 & r_{23} & \cdots & r_{2k} \\ r_{31} & r_{32} & 1 & \cdots & r_{3k} \\ \vdots & \vdots & \vdots & \ddots & \vdots \\ r_{k1} & r_{k2} & r_{k3} & \cdots & 1 \end{pmatrix}$$

を用い，$\mathbf{R}$ の固有値を求め，大きさの順に

$$\lambda_1 > \lambda_2 > \lambda_3 > \cdots > \lambda_k$$

と並べる．相関係数行列の固有値はそのまま寄与率となるので，第 m 主成分 $(1 \leq m \leq k)$ までの累積寄与率は，

$$\frac{1}{tr(\mathbf{R})} \sum_{i=1}^{m} \lambda_i = \frac{1}{k} \sum_{i=1}^{m} \lambda_i$$

で求められる．さらに，それぞれの固有値に対応する固有ベクトルから主成分得点や因子負荷量が計算できる．主成分のもつ意味については，因子負荷量や主成分得点を散布図に描くなどして考察することとなる．

　この場合，第 k 主成分まで計算することができるが，より低い次元に情報を縮約することがこの分析の目的であるので，実際には k より小さい主成分で分析を終了する．そのためには，固有値や累積寄与率の大きさを目安とすることが多い．つまり，k 個の固有値の平均は 1 であることから，固有値が 1 より大きい主成分をすべて取り上げるというのが一つの方法である．また，累積寄与率がある一定の値，たとえば 0.8 を超えるまでの主成分を採用するという方法も一般に行われている．しかし最良の主成分数は，k の数や形質間の関連性の程度，あるいは分析の結果として何を考察するのかにより変化すると考えられ，分析を実施する者に委ねられている部分でもある．

　本書では標準化したデータの分散共分散行列（相関係数行列）を用いて説明したが，標準化をしない場合には結果がかなり異なるので注意が必要である．

14.2.2　クラスター分析

　個体をいくつかのグループに分類するための統計的手法の一つに**クラスター分析**（cluster analysis）がある．この分析手法は，生物の分類や進化的系統樹の作成など，従来より生物学において用いられてきたが，ゲノム解析から得られる膨大なデータを統計解析する際にも有効であり，近年は**バイオ**

インフォマティクス（bioinformatics）の分野でも注目されている．ここでは，マイクロアレイを用いた実験から得られる遺伝子の発現パターンに基づいて，多数の遺伝子を少数のグループに分類する場面を想定し，クラスター分析の原理を学ぶ．

(1) マイクロアレイの概要

ゲノム研究の発展に最も大きく貢献した技術に，**マイクロアレイ**（microarray）の登場をあげることができる．マイクロアレイの利用によって，ゲノム内のすべての遺伝子の転写レベルを同時に測定できるようになった．また，環境の変化に対する遺伝子発現の反応を網羅的に調べることも可能になった．

マイクロアレイ（DNAチップと呼ばれることもある）は，多数の遺伝子断片をスライドガラス上へ高密度にスポットしたものである．たとえば，全遺伝子の塩基配列が解明されている酵母では，約6200個の遺伝子があることが知られており，酵母のマイクロアレイでは約6200個の遺伝子がスポットされている．マイクロアレイを用いた典型的な分析では，材料とする生物を対照区と実験区のそれぞれで処理し，各区の生物から得た細胞から抽出したmRNAをもとにcDNAを合成する．この合成で使用するヌクレオチドは，対照区では緑色の蛍光色素（Cy3），実験区では赤色の蛍光色素（Cy5）で標識されているので，合成されるcDNAは処理区によって異なる色で着色される．次に二つの処理区から得られたcDNAを等量混合しマイクロアレイとインキュベートすると，標識cDNAはマイクロアレイ上にスポットされた対応する遺伝子と結合する．このような処理をされたマイクロアレイをスキャナにかけ，各スポットに結合した標識cDNAが発する緑色と赤色の発色量をそれぞれ測定する．

マイクロアレイを用いた実験から得られるデータの例として，表14.7に五つの遺伝子についての発色量の仮想的なデータを示した．酵母では約6200個の遺伝子について，同様のデータが得られることになる．各遺伝子について赤色と緑色の発色量について比較すると，たとえば遺伝子3では赤色のほうが緑色よりも発色量が多くなっている．このことは，実験区の条

表14.7　マイクロアレイを用いた実験から得られるデータの例

遺伝子	赤色の発色量	緑色の発色量	発色量の比（赤色／緑色）
1	2345	2467	0.95
2	3589	2158	1.66
3	4109	1469	2.80
4	1500	3589	0.42
5	1023	3554	0.31

件下では遺伝子3の発現量が，対照区の条件下での発現量よりも増加したことを示している．逆に，遺伝子5では緑色のほうが赤色よりも発色量が多く，この遺伝子は実験区の条件下では発現量が低下することを示している．緑色と赤色の発色量がほぼ等しい遺伝子1は，実験区の条件下でも発現量は影響を受けないことがわかる．統計解析では，表の右端に示した発色量の比(発現比)が遺伝子の発現量の指標として用いられる．

マイクロアレイを用いた多くの実験では，実験区は複数設けられる．たとえば，酵母を密閉容器内で生育させ，2, 4, 6, 8, 10時間後の遺伝子の発現量を調べ，酸素濃度(時間が経過するに従って酸素濃度は低下する)の違いが発現量に与える影響を知りたいとしよう．この実験では，0時間後(すなわち酸素濃度が十分なとき)が対照区となり，その後の各時間における遺伝子の発現量は対照区における発現量に対する比で表される．したがって実験区は五つあり，実験全体から得られるデータは，遺伝子数(約6200) × 実験区数(5) = 約31,000の発現比からなる．このような膨大なデータから発現比のパターンが類似した遺伝子をグループ化(クラスタリング)し，機能が類似した遺伝子を発見するときに用いられる統計的手法の一つにクラスター分析がある．ゲノム解読が完了した酵母のような生物でも，機能のわからない遺伝子が多数存在する．グループ化した遺伝子群のなかに機能がわかっている遺伝子が含まれる場合，機能が未知の遺伝子の機能を類推することもできる．

(2) クラスター分析の手順

クラスター分析の概要を示すために，表14.8のデータを用いる．このデータは，二つの実験区(実験1および2)における五つの遺伝子の発現比である．このデータにクラスター分析を適用するには，分類の対象となる遺伝子間の発現に基づく距離を測定する必要がある．距離の尺度には多くのものがあるが，ここでは最も一般的な**ユークリッド距離**(Euclidean distance)を用いる[*6]．図14.7は，表14.8の遺伝子1と遺伝子3の実験1および2における発現比をプロットしたものである．

[*6] 距離には，ほかにもマハラノビスの汎距離など多くの表し方がある．また，相関係数のような分類対象間の類似度を用いるときもある．類似度が大きくなればなるほど距離は近くなるので，類似度を用いるときには距離に変換する必要がある．たとえば，相関係数 (r) を類似度としたときには $(1-r)/2$ で変換すれば，0から1の値を取る距離に変換できる．

表14.8 クラスター分析に用いるデータ

遺伝子	実験1	実験2
1	5.31	6.21
2	3.98	6.86
3	1.83	2.22
4	1.03	3.14
5	2.54	1.99
6	0.33	0.51
7	0.13	0.14

ピタゴラスの定理を適用すると，遺伝子1と遺伝子3のあいだのユーク

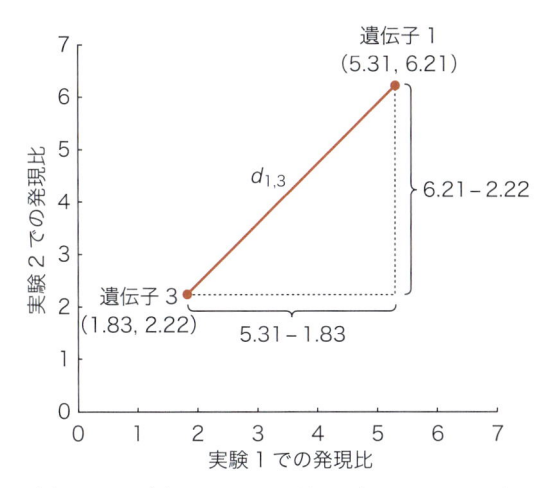

図14.7 遺伝子1と遺伝子3の発現比のプロットとユークリッド距離

リッド距離($d_{1,3}$)は

$$d_{1,3} = \sqrt{(5.31-1.83)^2 + (6.21-2.22)^2} = 5.29$$

として得られる．ほかの遺伝子間の組み合わせについても同様にして距離を求めると，次のような総当たりの距離が得られる．

	遺伝子					
	1	2	3	4	5	6
遺伝子2	1.48					
遺伝子3	5.29	5.11				
遺伝子4	5.27	4.75	1.22			
遺伝子5	5.05	5.08	0.75	1.90		
遺伝子6	7.57	7.32	2.28	2.72	2.66	
遺伝子7	7.98	7.75	2.69	3.13	3.04	0.42

なお，この例では実験区が二つしかないので，各遺伝子は図14.7のように平面上にプロットされるが，実験区が一般にn個ある場合には，各遺伝子はn次元の空間に位置づけられる．その場合，遺伝子aとbのあいだのユークリッド距離($d_{a,b}$)は，

$$d_{a,b} = \sqrt{\sum_{i=1}^{n}(x_{a,i} - x_{b,i})^2}$$

として求めることができる．ここで$x_{a,i}$および$x_{b,i}$は，それぞれ遺伝子aおよびbのi番目の実験における発現比である．

クラスター分析では，分類対象(ここでは遺伝子)のクラスターが順次形成されていく．分類対象がN個(いまの例では$N=7$)ある場合，分析が完了

するまでに N 回のステップ $(P_1, P_2, \cdots, P_N)$ がある．まず，P_1 では N 個の分類対象がそれぞれにクラスターを構成する（クラスター数 $= N$）．P_2 では最も距離の近い二つの分類対象が一つのクラスターにまとめられる（クラスター数 $= N-1$）．以下，同様にして各ステップで順次クラスターが形成され，最終ステップ P_N ですべての分類対象が一つのクラスターにまとめられる．具体的なアルゴリズムは次のようにまとめられる．

P_1：N 個のクラスターは，それぞれに一つの分類対象を含む．

$P_2 \sim P_N$：異なるクラスター間で距離を比較し，最も距離の近いクラスターを一つのクラスターにまとめる．まとめた後のクラスター数が 2 以上のときは，次のステップに移り，同様の処理を繰り返す．クラスター数が 1 になったとき，分析を完了する．

スタートの段階 P_1 では，分類対象間の距離は距離行列として与えられているが，クラスタリングのステップが進むと，一つの分類対象と複数の分類対象を含むクラスターのあいだ，あるいは複数の分類対象を含むクラスターのあいだで距離を評価する必要がでてくる．どのようにして距離を評価するかについては多くの方法が提案されているが，代表的な方法として**最近隣法**(single linkage)，**最遠隣法**(complete linkage)，**群平均法**(group average)がある[*7]．図 14.8(a)に示すように，最近隣法ではそれぞれのクラスターに属する分類対象間の距離を評価して，最も近い距離を二つのクラスター間の距離とする．逆に，最遠隣法では二つのクラスター間の距離を最も遠い分類対象間の距離とする（図 14.8 b）．一方，群平均法では二つのクラスターの分類対象間の総当たりの距離（図 14.8 c）の平均値を二つのクラスター間の距離とする．クラスター間の距離をどの方法で評価するかによって，最終的な結果が大きく変わる場合がある．どの方法を採用するかは，同種の問題に対する過去の適用例に従うのが無難である．適用例がない場合には，いくつかの方法で得られた結果を比較し，分析者があらかじめもつイメージに最も合致するものを選ぶべきである．一般に，マイクロアレイ法から得ら

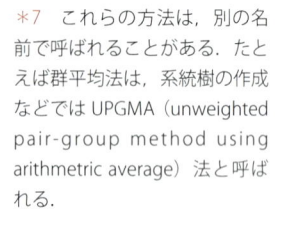

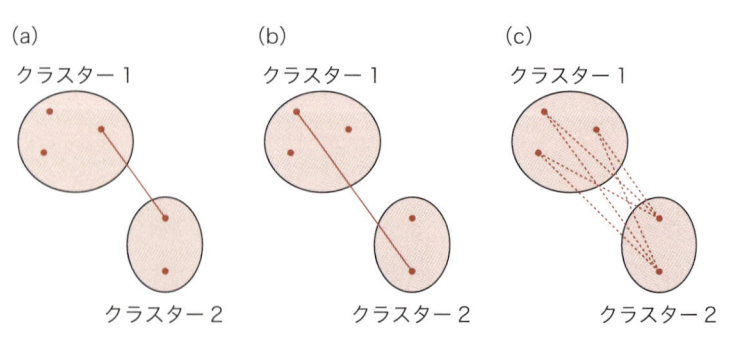

*7 これらの方法は，別の名前で呼ばれることがある．たとえば群平均法は，系統樹の作成などでは UPGMA (unweighted pair-group method using arithmetic average) 法と呼ばれる．

図 14.8 (a)最近隣法，(b)最遠隣法および(c)群平均法の説明図

れたデータの解析には，最近隣法あるいは群平均法が用いられることが多い．

以下のプログラムは，csv形式で保存された表 14.8 のデータ（ここではmicroArray.csv）に群平均法によるクラスター分析を施すためのRのソースコードである[*8]．なお，最近隣法を用いるときにはプログラム中の関数 hclust の引数を method="single" に，最遠隣法を用いるときには method="complete" に変更すればよい．このプログラムを実行すると，図 14.9 のグラフが得られる．このグラフは樹形図あるいは**デンドログラム**（dendrogram）と呼ばれ，クラスタリングのプロセスを図として示したものである．

[*8] ここではRを使った分析例を示したが，実際のマイクロアレイデータの解析には専用のプログラムが公開されている．

```
rawData <- read.csv("micorArray.csv")        # データの読み込み
rawData[,1] <- factor(rawData[,1])           # 遺伝子番号を factor に変換
rawData
rawData.dist <- dist(rawData[,2:3])          # ユークリッド距離で距離行列を作成
round(rawData.dist,3)                        # 総当たりの距離の表示
rawData.cluster <- hclust(rawData.dist,method="average")  # 群平均法でクラスター分析
plot(rawData.cluster,hang=-1,
    main=" 群平均法によるクラスター分析 ",
    xlab=" 遺伝子 No",
    sub="")                                  # デンドログラム（樹形図）の出力
```

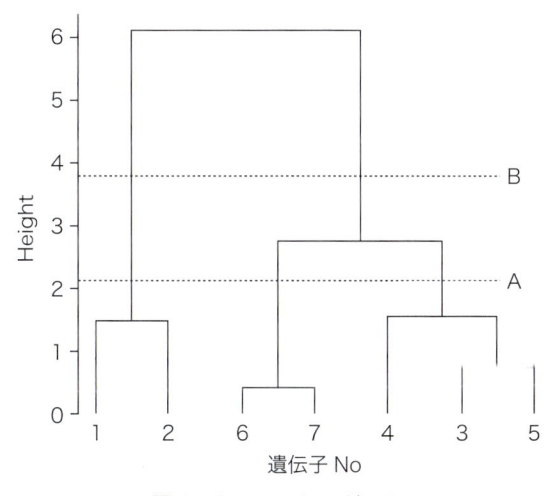

図 14.9 デンドログラム

図 14.9 に示したデンドログラムでは，高さがユークリッド距離を示している．まず，ステップ P_1 で遺伝子間の距離が最も近い遺伝子 6 と 7 が一つのクラスターにまとめられている．以下，ステップ P_2 で遺伝子 3 と 5 が一

つのクラスターを形成し，ステップ P_3 で遺伝子3と5からなるクラスターに遺伝子4が加えられたことがわかる．最終的にステップ P_7 ですべての遺伝子は一つのクラスターにまとめられる．

ここで説明したクラスター分析〔厳密には，**階層的クラスター分析**(hierarchical cluster analysis) と呼ばれる〕には，どの距離を閾値として分析結果を解釈するかという問題がある．たとえば，図14.9のAを閾値とした場合，七つの遺伝子は(遺伝子1, 2), (遺伝子6, 7), (遺伝子3, 4, 5)の三つのクラスターに分類される．一方，Bを閾値とすると，クラスターは(遺伝子1, 2), (遺伝子3, 4, 5, 6, 7)の二つになる．閾値の決定は，クラスター分析の結果を解釈するうえで最も重要である．

もし，実験者が事前の情報からあらかじめクラスターの数を設定できる場合には，**非階層的クラスター分析** (non-hierarchical cluster analysis) を用いることもできる．これによって，分類対象(遺伝子)を定められた数のクラスターに最適に割り当てることができる．非階層的クラスター分析の代表的な手法としては **k-平均法**(k-means method) がある．

ここでは，クラスター分析の概要と応用例を示したが，マイクロアレイ法から得られるデータの統計解析の詳細は専門書を参考にしていただきたい．

14.3 量的形質の遺伝

遺伝学において研究の対象とする形質は，メンデルが調べたエンドウマメの種子の色やしわの有無のように表現型が質的な特徴によって少数の不連続なクラスに分類できる**質的形質**(qualitative trait) と，ヒトの体重，イネの草丈，ウシの乳量などのように連続的な値を示す**量的形質**(quantitative trait) に大別できる．量的形質の遺伝学は，主として動植物の育種学において統計学の応用分野として発展したが，近年では進化生態学においてもその応用が注目されている．

14.3.1 表現型値と遺伝子型値

質的形質においては，9章で見たように表現型を不連続なクラスに分類し，クラスごとの出現頻度を調べたデータが解析の対象となる．これに対して量的形質の遺伝解析では，表現型を体重や身長などのような値(value) で表したデータが分析の対象となる．個体が表現型として示す値を**表現型値**(phenotypic value) という．表現型値は，形質によって程度に違いはあるものの，その個体がもつ遺伝子の作用を受け，表現型値のうち遺伝の作用による構成部分を**遺伝子型値**(genotypic value) という．一般に量的形質の遺伝子型値は，多数の遺伝子(**ポリジーン**，polygene) の働きの複合産物と考えられる．このような遺伝子の作用に加えて，量的形質の表現型値は環境の

影響も受ける．このことは，われわれの体重が食生活などの環境要因によって影響を受けることからも直感的に理解できる．表現型値のうちの環境（非遺伝的）要因による構成部分は，**環境偏差** (environmental deviation) あるいは**環境効果** (environmental effect) と呼ばれる．したがって表現型値 (P) は，遺伝子型値(G)と環境偏差(E)を用いて

$$P = G + E$$

と表される．

　この簡単な式は，量的形質の遺伝学において大前提となるモデルである．このモデルの重要な点は，環境偏差を遺伝子型値の周りにランダムに生じる偏差と見なすことである．たとえば，1頭のヒツジ（ドナー）の体細胞から多数のクローンがつくられたものとしよう．クローンは，いずれもドナーと同じ遺伝子型値(G)をもつ．ところが，これらのクローンの体重を測定すると，個体ごとに違いがあるはずである．この違いを生じる原因が環境偏差である．多数のクローンの体重を測定し，その平均値を求めると，プラス方向に働いた環境偏差とマイナス方向に働いた環境偏差が互いにキャンセルされるため，ドナーの遺伝子型値に近い値を示すであろう．

　図 14.10 は，量的形質の表現型値の分布の例として，ブロイラーの6週齢体重（単位：g）の度数分布を示したものである．図には，データから求めた平均値と分散をもつ正規分布曲線(3章参照)も重ねて示してある．この図からわかるように，一般に表現型値の分布は正規分布で近似できる．このことは，3章で述べた中心極限定理によって理論的に裏づけられる．

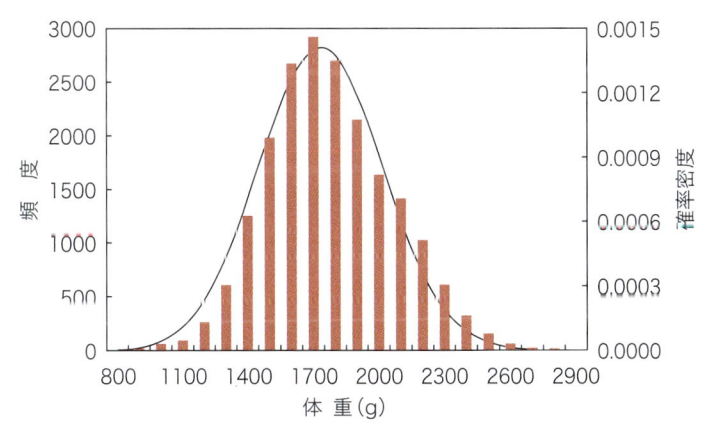

図 14.10　ブロイラーの6週齢体重の分布

14.3.2　遺伝子型値の分割

　ある個体で，量的形質に関与する一つの遺伝子座 A_1 に A_1 と A_2 という

14章 生物学的応用

二つの対立遺伝子が存在するものとしよう．これらの遺伝子の遺伝子型値への寄与を，それぞれα_1およびα_2で表そう．またA_1遺伝子とA_2遺伝子の働き合い，すなわち相互作用による表現型値への寄与をδ_Aで表せば，この遺伝子座の遺伝子型値への寄与は$\alpha_1 + \alpha_2 + \delta_A$である．さらに，もう一つの遺伝子座Bに$B_1$と$B_2$の対立遺伝子が存在するものとすれば，この遺伝子座の遺伝子型値への寄与も，B_1およびB_2遺伝子の効果（それぞれβ_1およびβ_2）による寄与と二つの遺伝子の相互作用による寄与（δ_B）の和（$\beta_1 + \beta_2 + \delta_B$）となる．

これらの寄与に加えて，二つの遺伝子座を同時に考えた場合には，異なる遺伝子座の遺伝子あるいは遺伝子型のあいだで相互作用が生じる．その相互作用を$\delta_{A \times B}$で表せば，二つの遺伝子座AとBの遺伝子型値（G）への寄与は

$$\alpha_1 + \alpha_2 + \beta_1 + \beta_2 + \delta_A + \delta_B + \delta_{A \times B}$$

となる．このうちα_1やβ_2は，ほかの遺伝子の存在の有無にかかわらず個々の遺伝子が示す固有の効果であり，**相加的遺伝子効果**（additive genetic effect）と呼ばれる．また，δ_Aやδ_Bは同一の遺伝子座内での遺伝子間の相互作用による効果で**優性効果**（dominance effect）といい，$\delta_{A \times B}$は異なる遺伝子座の遺伝子あるいは遺伝子型間で生じる相互作用による効果で**エピスタシス効果**（epistatic effect）と呼ぶ．

このような三つの効果への分割は，多数の遺伝子座が遺伝子型値に関与する場合にも拡張できる．相加的遺伝子効果の全遺伝子座に関する和は，**相加的遺伝子型値**（A: additive genetic value）あるいは**育種価**（breeding value）と呼ばれる．また，優性効果の全遺伝子座に関する和を**優性偏差**（D: dominance deviation），エピスタシス効果の総和を**エピスタシス偏差**（I: epistatic deviation）と呼ぶ．遺伝子型値（G）は

> **Column**
>
> ## 量的遺伝学と分子遺伝学
>
> 量的遺伝学においては，量的形質は小さな効果をもつ多数の遺伝子によって支配されているものと仮定し，形質の表現型を値として扱っている（ポリジーンモデル，無限遺伝子座モデル）．したがって，個々の遺伝子座における遺伝子の効果を詮索することは放棄されている．これは一見すると乱暴な取扱いに思えるが，このような取扱いで開発された選抜手法は，動植物の育種において目覚ましい成果を上げてきた．しかし，近年における分子遺伝学の発展に触発され，量的形質に関与する遺伝子座（QTL: quantitative trait loci）の解明が進んでいる．発見されたQTLを従来のポリジーンモデルに組み込んだ選抜手法の開発は，21世紀の量的遺伝学において最も重要な課題の一つである．

$$G = A + D + I$$

に分割される[*9].

以上をまとめると，表現型値は次のように分割できる．

$$P = A + D + I + E$$

一般には，相互作用による遺伝子型値 $(D+I)$ を非相加的遺伝子型値と呼び，これを環境偏差 (E) とひとまとめにして $e = D + I + E$ とし，

$$P = A + e$$

として分析することが多い．

14.3.3 表現型分散と遺伝分散

量的形質の遺伝解析では，集団内の遺伝変異（分散）を定量することが主眼となる．表現型値 (P) は遺伝子型値 (G) と環境偏差 (E) を用いて $P = G + E$ と書けるので，その分散は

$$V(P) = V(G) + 2COV(G, E) + V(E)$$

となる．$COV(G, E)$ の項は，遺伝子型値と環境効果の共分散を表し，たとえば，優れた遺伝子型をもつ個体には良好な環境を与えるなど，遺伝子型値と環境効果に相関が生じるような処理をすると $COV(G, E) \neq 0$ となる．通常は，$COV(G, E) = 0$ と見なし，

$$V(P) = V(G) + V(E)$$

として分析を行うことが多い[*10]．$V(P)$ を**表現型分散**（phenotypic variance）あるいは**表型分散**，$V(G)$ を**遺伝分散**（genetic variance），$V(E)$ を**環境分散**

[*9] 優性およびエピスタシス効果は，いずれも複数の遺伝子（あるいは遺伝子型）の特定の組み合わせによって生じる効果である．したがって，減数分裂によって形成された配偶子にこれらの効果が伝えられるチャンスは一般にきわめて低い．これに対して，個々の遺伝子効果に起因した相加的遺伝子効果は，その一部が配偶子に伝えられる．たとえば，相加的遺伝子型値 A をもつ個体から形成される配偶子は，期待値として $A/2$ の遺伝子型値をもつ．動植物の育種においては，親として望ましい個体を選ぶこと（選抜）が重要な手段である．選抜においては，遺伝子型値 (G) について優れた個体を選ぶのではなく，相加的遺伝子型値 (A) について優れた個体を選ぶことが重要である．この意味で，相加的遺伝子型値を育種価と呼ぶことも理解できよう．相加的遺伝子型値は，自然選択に対する進化的応答を考えるうえでも重要である．

[*10] 量的遺伝学の基本的な公式は，次のような分散と共分散の操作上のルールを用いて導くことができる．ただし，$V(X)$ は確率変数 X の分散，$COV(X, Y)$ は確率変数 X と Y の共分散，a は定数である．

$V(aX) = a^2 V(X)$
$V(X+Y) = V(X) + 2COV(X, Y) + V(Y)$
$COV(X, X) = V(X)$
$COV(X, aY) = COV(aX, Y) = aCOV(X, Y)$
$COV(X, Y+Z) = COV(X, Y) + COV(X, Z)$
$COV(X+Y, Z+W) = COV(X, Z) + COV(X, W) + COV(Y, Z) + COV(Y, W)$

なお，$V(X+Y) = V(X) + 2COV(X, Y) + V(Y)$ は $(X+Y)^2 = X^2 + 2XY + Y^2$ と対応づけて記憶しておくと便利である．

(environmental variance) という．遺伝分散は，さらに前節で示した構成成分の分散の和として，

$$V(G) = V(A) + V(D) + V(I)$$

と表される．優性偏差 (D) およびエピスタシス偏差 (I) は相加的遺伝子型値 (A) の周りにランダムに生じる偏差と定義されているので，上の式には共分散の項は現れない．$V(A)$ は**相加的遺伝分散** (additive genetic variance)，$V(D)$ は**優性分散** (dominance variance)，$V(I)$ は**エピスタシス分散** (epistatic variance) と呼ばれる．

14.3.4 遺伝率と遺伝的改良量

　遺伝変異の大きさは形質の測定単位に依存し，同じ形質を mm 単位で測定した場合には，遺伝分散は cm 単位で行った場合の 100 倍の値になる．したがって，量的形質の遺伝分析においては，遺伝変異の大きさは表現型分散に対する割合として表示する．このパラメータは測定単位に依存しないので，集団間や形質間で遺伝変異の大きさを比較するときに便利である．分散の大きさに加え，後で示すように選抜(人為選択)や自然選択に対する集団の反応(応答)は，表現型分散に対する割合として表された遺伝変異が直接的なかかわりをもつ．

　ある形質が遺伝的であるというとき，その形質が遺伝子型によって決定されているという意味にも，その形質が親から子へ遺伝するという意味にも解釈できるが，これら二つの意味は同じではない．このことは，量的形質の遺伝変異を考える際には厳密に区別しなければならない．表現型分散に対する遺伝分散の割合

$$h_\mathrm{B}^2 = \frac{V(G)}{V(P)}$$

は**広義の遺伝率** (broad sense heritability) と呼ばれ，個体の表現型値のうち遺伝子型値によって決定される程度を表す．一方，表現型値分散に対する相加的遺伝分散の割合

$$h^2 = \frac{V(A)}{V(P)}$$

は**狭義の遺伝率** (narrow sense heritability) と呼ばれ，表現型が親から伝達された遺伝子効果(相加的遺伝子型値あるいは育種価)によって決定される割合を示す．通常，単に遺伝率 (heritability) というときには狭義の遺伝率を指す．

14.3 量的形質の遺伝

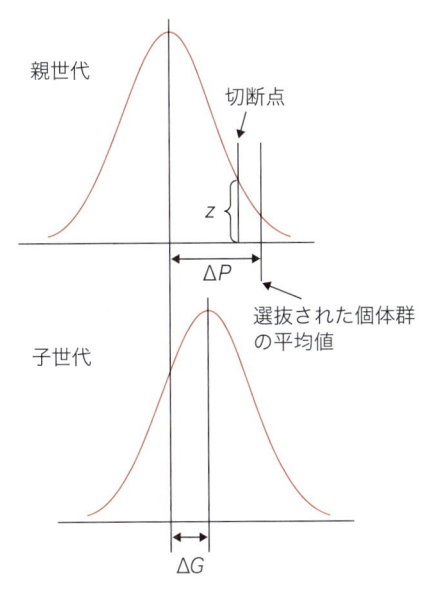

図 14.11 切断型選抜の模式図

選抜による**遺伝的改良量**(遺伝的獲得量あるいは選抜反応ともいう)の予測を考えてみよう．図 14.11 は，動植物の育種において一般的な**切断型選抜**(truncated selection)による遺伝的改良を模式的に示したものである．この選抜では，選抜の基準を個体の表現型値とし，表現型値が選抜の切断点(ボーダーライン)をクリアした個体がすべて選抜される．親世代の選抜前の全個体の表現型値の平均値を $\bar{P}_0$，選抜された個体群の表現型値の平均値を $\bar{P}_0^*$ とする．$\Delta P = \bar{P}_0^* - \bar{P}_0$ は**選抜差** (selection differential) と呼ばれる．選抜された個体群でランダム交配を行って得られる子世代の表現型値の平均値を $\bar{P}_1$ とすれば，$\Delta G = \bar{P}_1 - \bar{P}_0$ が選抜による**遺伝的改良量**(genetic gain)である．世代あたりの遺伝的改良量は，遺伝率と選抜差を用いて，

$$\Delta G = h^2 \Delta P$$

として予測できる[*11]．

遺伝的改良量の予測に用いられる選抜差は，選抜の強さを表す指標ではあるが，形質の測定単位に依存している．そこで，選抜差を表現型値の標準偏差を用いて，

$$i = \frac{\Delta P}{\sqrt{V(P)}}$$

と変換した値が用いられる．このように変換された選抜差を標準化選抜差あるいは**選抜強度** (selection intensity) という．3章で示した正規分布の密度

[*11] この予測式は，選抜が切断型でないときでも成り立つので，繁殖年齢に達した全個体の平均値と実際に繁殖にかかわった個体の平均値の差から選抜差が得られれば，遺伝率の推定値を用いて自然選択に対する応答(selection response) を予測することもできる．

関数を用いれば，選抜強度は次のように書くこともできる．

$$i = \frac{z}{p}$$

ここで，p は選抜される個体の割合（選抜率），z は選抜の切断点（ボーダーライン）における標準正規分布の高さである．選抜強度は，集団間や形質間で選抜の強さを比較するときに便利である．また，選抜率 p が与えられたときには，数表から選抜強度を求めることができる[*12]．選抜強度に関する数表の一部を表 14.9 に示す．

表 14.9　選抜率と選抜強度

選抜率 p	選抜強度 i
0.01	2.665
0.05	2.063
0.10	1.755
0.20	1.400
0.30	1.159
0.40	0.966
0.50	0.798

選抜強度を用いると，遺伝的改良量の予測式は

$$\Delta G = ih\sqrt{V(A)}$$

と書ける[*13]．h（遺伝率の平方根）は，選抜の指標（選抜基準：いまの場合，表現型値）と相加的遺伝子型値の相関係数であり（練習問題 5 参照），この値が高いほど選抜の精度が高いことを意味する．一般に，選抜基準と相加的遺伝子型値との相関係数を**選抜の正確度**（accuracy of selection）という．

14.3.5　遺伝率の推定

遺伝率は，選抜による遺伝的改良量を決定する重要な要素である．そこで，実際に選抜を行う前に，対象とする集団について選抜形質の遺伝率を推定しておく必要がある[*14]．親世代における選抜差 ΔP と子世代での遺伝的改良量 ΔG が測定できれば，遺伝率を

$$h^2 = \frac{\Delta G}{\Delta P}$$

として推定することができる．このようにして推定された遺伝率を**実現遺伝率**（realized heritability）という．実現遺伝率は選抜実験の結果を評価するときに用いられるが，少なくとも 1 世代の選抜を実際に行う必要があるため，

[*12] たとえば，選抜率を $p = 0.1$ としたときの選抜強度は，R では次のようにして求めることができる．
```
> p=0.1                    # 選抜率
> t=qnorm(p,lower.tail=FALSE)
                           # 切断点
> z=dnorm(t)
                           # 切断点における高さ
> z/p
[1] 1.754983
```

[*13] 家畜においては一般に 1 頭の雄を複数の雌と交配するので，選抜される個体数は雄のほうが少なく，雄は雌よりも強い選抜を受ける．この場合，選抜強度は雄のほうが雌よりも大きくなる．雄の選抜強度を i_m，雌の選抜強度を i_f とすれば，子世代に期待される遺伝的改良量は

$$\Delta G = \frac{i_m + i_f}{2} h\sqrt{V(A)}$$

で予測できる．両性の選抜強度の中間値を全体の選抜強度 i とする理由は，雄の選抜個体群と雌の選抜個体群の子世代への遺伝的な寄与は，個体数の多少にかかわらず常に 1/2 だからである．

[*14] もし遺伝率が低ければ，ほかの集団との交雑などによって新たな遺伝変異を導入し，遺伝率を高めたうえで選抜を行う必要がでてくる．また野外集団における遺伝率は，ある形質に対して親世代で働いた自然選択に対する子世代の応答を決定するので，十分な遺伝変異をもたない集団は環境の変化に適応できず，進化的に大きな制約を受けることになる．

実際の育種において，この方法によって遺伝率が推定されることはほとんどない．一般に遺伝率は，以下に述べるように回帰分析や分散分析によって推定される．

(1) 親子回帰(parents–offspring regression)

一方の親（たとえば父親）の表現型値を P_s，相加的遺伝子型値を A_s，環境偏差（非相加的遺伝効果を含む）を e_s とすれば，

$$P_s = A_s + e_s$$

である．また，この親から生まれた子どもの相加的遺伝子型値 A_o は，母親の相加的遺伝子型値を A_d とすれば，

$$A_o = \frac{A_s + A_d}{2}$$

と書けるので，子どもの表現型値 P_o は，環境偏差（非相加的遺伝効果を含む）を e_o とすれば，

$$P_o = A_o + e_o = \frac{A_s + A_d}{2} + e_o$$

と表せる．交配を完全にランダムに行った場合には，両親間に血縁関係はないので $COV(A_s, A_d) = 0$ となるから，父親と子どもの表現型値の共分散は，分散・共分散の操作ルールを用いると，

$$COV(P_s, P_o) = \frac{1}{2} V(A)$$

となる[*15]．なお，この式を導くにあたって，親と子が育った環境に関連はないとの仮定から $COV(e_s, e_o) = 0$ としている．しかし，親子が同じ社会環境で成長したり，野生の動植物などで，親が優れた環境で育ち，繁殖後もその環境を占有し続けたりする場合には，子どもも優れた環境で育つことになり，親と子どもの環境偏差に相関が生じる．このような場合には，上の仮定が満たされないことに注意すべきである．

子どもの表現型値の父親の表現型値への回帰係数は，

$$b = \frac{COV(P_s, P_o)}{V(P_s)} = \frac{V(A)}{2V(P_s)}$$

である．父親の表現型値の分散 $V(P_s)$ を集団の表現型分散 $V(P)$ と見なせば，

$$h^2 = 2b$$

として遺伝率が推定できる．

[*15] 父親と子どもの表現型値の共分散は，分散・共分散の操作ルールを用いると，

$COV(P_s, P_o)$
$= COV\left(A_s + e_s, \frac{A_s + A_d}{2} + e_o\right)$
$= \frac{1}{2}COV(A_s, A_s) + \frac{1}{2}COV(A_s, A_d)$
$\quad + COV(e_s, e_o)$

となる．なお，ここでは相加的遺伝子型値と環境偏差との共分散はないと仮定した．両親間に血縁関係がなければ $COV(A_s, A_d) = 0$ であり，さらに父親と子どもの育った環境に相関がないものとすれば，$COV(e_s, e_o) = 0$ であるから，

$COV(P_s, P_o) = \frac{1}{2}COV(A_s, A_s)$
$\qquad\qquad = \frac{1}{2}V(A)$

となる．

両親の表現型値の平均値

$$P_\mathrm{m} = \frac{P_\mathrm{s} + P_\mathrm{d}}{2}$$

は，中間親（mid-parent）と呼ばれる．子どもの表現型値の中間親への回帰係数が遺伝率の推定値を与える（練習問題7参照）．

(2) きょうだい間の相関（correlation between sibs）：**分散分析による推定**

きょうだい（sib）は，共通の父親と母親をもつ全きょうだい（full-sib）と，一方の親のみを共通にもつ半きょうだい（half-sib）に分けられる．動物では父親を共通にもつ半きょうだい（同父半きょうだい）が多く，花粉の風媒や虫媒によって受精する他殖性作物や林木では母親を共通にもつ半きょうだい（同母半きょうだい）が多くなる．ここでは動物の場合について説明するが，性を入れ替えれば植物の場合にも同様に適用できる．

図14.12は，同父半きょうだい間の相関から遺伝率を推定するときの，データの構成を示した模式図である．k 個体の雄（父親 s_1, s_2, $\cdots$, s_k）のそれぞれに m 個体の雌（母親 d_{i1}, d_{i2}, $\cdots$, d_{im}）をランダムに交配し，雌から1個体の子どもの表現型値を測定する．したがって，図中の子ども o_{11} と o_{12}, o_{22} と o_{2m} などは半きょうだいである．半きょうだいの表現型値間の共分散（COV_HS）は，半きょうだいが父親から共通して受ける効果（すなわち，父親の相加的遺伝子型値の半分）によって生じる．COV_HS は，親子回帰のときと同じように考えれば，

$$COV_\mathrm{HS} = \frac{1}{4} V(A)$$

となり，相加的遺伝分散の1/4の推定値を与える．

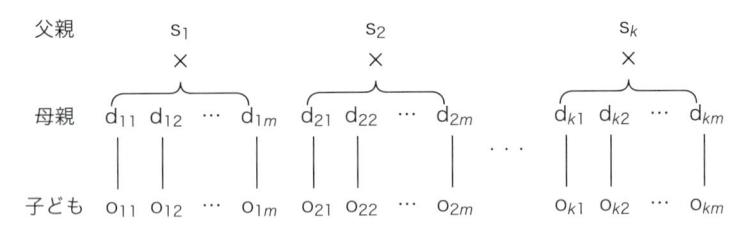

図14.12 半きょうだいを用いた遺伝率推定のためのデータの構成

このことを利用して，遺伝率を表14.10のような父親を変動因とした一元配置の分散分析によって推定する．半きょうだいが父親から共通して受ける効果の分散を父親の分散成分と呼び，σ_S^2 で表す．また，それ以外の原因によって半きょうだい内に生じる変動に関する分散成分を σ_W^2 で表す．7章で学んだ平均平方は，表14.10の右端の欄に示すように分散成分を用いて

表14.10 同父半きょうだいデータから遺伝率を推定するための分散分析

変動因	自由度	平均平方	平均平方の構成
父　親	$k-1$	MS_S	$\sigma_W^2 + m\sigma_S^2$
父親内子ども	$k(m-1)$	MS_W	σ_W^2

表すことができる[*16]．したがって，分散分析の結果から二つの分散成分を

$$\sigma_S^2 = \frac{MS_S - MS_W}{m}$$

$$\sigma_W^2 = MS_W$$

として推定できる．推定された二つの分散成分は，相加的遺伝分散および表現型分散を用いて，

$$\sigma_S^2 = COV_{HS} = \frac{1}{4}V(A)$$

$$\sigma_S^2 + \sigma_W^2 = V(P)$$

と書くこともできる．したがって，遺伝率を

$$h^2 = \frac{4\sigma_S^2}{\sigma_S^2 + \sigma_W^2}$$

として推定できる．

なお，半きょうだいの表現型値間の相関（t_{HS}）は，分散成分を用いて，

$$t_{HS} = \frac{COV_{HS}}{\sqrt{V(P) \cdot V(P)}} = \frac{\sigma_S^2}{\sigma_S^2 + \sigma_W^2}$$

と書ける．このように表された相関係数を**級内相関**（intra-class correlation）という．

以上では，各母親からは1個体の子どもが測定されるものとしたが，ブタなどの多胎動物やショウジョウバエなどの昆虫では，各母親から複数の子どもの表現型値が測定できる．この場合，k個体の雄（父親 $s_1, s_2, \cdots, s_k$）のそれぞれにm個体の雌（母親 $d_{i1}, d_{i2}, \cdots, d_{im}$）をランダムに交配し，雌から$n$個体の子どもの表現型値を測定した結果がデータとなる．したがって，同一の母親内の子どもは全きょうだいになる．このようなデータに対しては，表14.11のような分散分析を行う．また，分散成分の遺伝的解釈は表14.12のようになる．

[*16] 平均平方の構成については，巻末にあげた分散分析に関する参考図書を参照されたい．

表14.11 半きょうだいおよび全きょうだいデータから遺伝率を推定するための分散分析

変動因	自由度	平均平方	平均平方の構成
父親	$k-1$	MS_S	$\sigma_W^2 + n\sigma_D^2 + mn\sigma_S^2$
父親内母親	$k(m-1)$	MS_D	$\sigma_W^2 + n\sigma_D^2$
母親内子ども	$km(n-1)$	MS_W	σ_W^2

表14.12 分散成分とその解釈

分散成分	解釈
父親: $\sigma_S^2 = COV_{HS}$	$= \frac{1}{4}V(A)$
母親: $\sigma_D^2 = COV_{FS} - COV_{HS}$	$= \frac{1}{4}V(A) + \frac{1}{4}V(D) + V(E_C)$
子ども: $\sigma_W^2 = V(P) - COV_{FS}$	$= \frac{1}{2}V(A) + \frac{3}{4}V(D) + V(E) - V(E_C)$
計: $\sigma_S^2 + \sigma_D^2 + \sigma_W^2 = V(P)$	$= V(A) + V(D) + V(E)$
父親+母親: $\sigma_S^2 + \sigma_D^2 = COV_{FS}$	$= \frac{1}{2}V(A) + \frac{1}{4}V(D) + V(E_C)$

*17 たとえば，父親の遺伝子型をA_1A_2，母親の遺伝子型をA_3A_4としたとき，生まれてくる2個体（全きょうだい）はともにA_1A_3など同一の遺伝子型をもつことがある．このような場合，全きょうだいは同一の優性効果を共有するため，全きょうだい間の共分散に優性分散が含まれる．全きょうだいが同一の遺伝子型をもつ確率は1/4であり，これが優性分散の係数になっている．さらに，全きょうだい間の共分散にはエピスタシス分散も含まれるが，ここではそれを無視している．一般に，個体XとYのあいだの**相加的血縁係数**（coefficient of additive relationship）をrとすれば，XとYの表現型値の共分散は

$$COV(P_X, P_Y) = rV(A)$$

と書ける．XとYが全きょうだい，あるいは親子のときは$r = 1/2$，半きょうだいのときは$r = 1/4$である．XとYが全きょうだいのときのように，2個体が同一の遺伝子型をもつ可能性がある場合には，上の共分散に優性分散やエピスタシス分散が加わる．

なお，全きょうだい間の共分散（COV_{FS}）が

$$COV_{FS} = \sigma_S^2 + \sigma_D^2 = \frac{1}{2}V(A) + \frac{1}{4}V(D) + V(E_C)$$

となることには注意が必要である．優性分散$V(D)$が共分散に含まれる理由は，各遺伝子座について見たとき，全きょうだいは同じ遺伝子型をもつことがあるからである[*17]．また，環境分散の一部が$V(E_C)$として共分散に加わる．たとえば，ショウジョウバエの飼育においては，通常，同一の母親から生まれた子どもは同じ飼育ビンで育てられる．このとき，飼育ビン間で環境条件が均一になるように配慮したとしても，飼育ビンごとに微小な環境の違い（たとえば，餌の成分の微妙な違い）が生じる．これが原因となって飼育ビン間に生じる分散は，同一の飼育ビン内の個体，すなわち全きょうだいに共通に働き，似通いを生じる環境効果として全きょうだい間の共分散に含まれる．このような環境効果を**共通環境効果**（common environmental effect）という．一般に哺乳動物では，分娩後に一定のあいだ，母親に子どもを哺育させる．このような母親による哺育や胎内環境も**母性効果**（maternal effect）として全きょうだいに共通環境効果を生じる可能性がある．

遺伝率の推定に際しては，まず二つの分散成分σ_S^2とσ_D^2を比較する．もしσ_D^2のほうがσ_S^2よりも大きければ，優性分散$V(D)$あるいは共通環境分散$V(E_C)$が無視できないことになる．この場合には，遺伝率を

$$h^2 = \frac{4\sigma_S^2}{\sigma_S^2 + \sigma_D^2 + \sigma_W^2}$$

として推定する．一方，$\sigma_S^2 = \sigma_D^2$ と見なせるなら，

$$h^2 = \frac{2(\sigma_S^2 + \sigma_D^2)}{\sigma_S^2 + \sigma_D^2 + \sigma_W^2}$$

として遺伝率を推定する．

最後に推定の例を見てみよう．キイロショウジョウバエの腹部剛毛数について遺伝率を推定するために，50個体（$k = 50$）の雄それぞれに4個体（$m = 4$）の雌を交配し，各雌から生まれた10個体（$n = 10$）の子どもについて腹部剛毛数を調べた．表14.13は分散分析の結果である．

表14.13 キイロショウジョウバエの腹部剛毛数に関する分散分析の結果

変動因	自由度	平均平方
父 親	49	110.05
父親内母親	150	35.76
母親内子ども	1800	11.72

まず三つの分散成分が，表14.7から次のように得られる．

$$\sigma_S^2 = \frac{110.05 - 35.76}{4 \times 10} = 1.86$$

$$\sigma_D^2 = \frac{35.76 - 11.72}{10} = 2.40$$

$$\sigma_W^2 = 11.72$$

σ_D^2 のほうが σ_S^2 よりも大きいので，優性分散 $V(D)$ あるいは共通環境分散 $V(E_C)$ が無視できないと考えられる．したがって遺伝率の推定値は，半きょうだい間の共分散から，

$$h^2 = \frac{4 \times 1.86}{1.86 + 2.40 + 11.72} = 0.47$$

として推定できる．

(3) 自殖性作物の分離世代における遺伝率の推定

イネなどの自殖性作物では，品種は遺伝的に固定している．すなわち，同一品種内の個体はすべて同じ遺伝子型をもつホモ接合体であり，品種内に遺伝変異は存在しない．自殖性作物の育種では，品種間で交雑を行って F_1 世

代（雑種第1代）を作出し，その後，数世代が経過した分離世代において選抜を行うことが多い．F_1世代は，すべての個体が同一の遺伝子型をもつヘテロ接合体であるから，分散は環境分散のみからなる．すなわち

$$V(F_1) = V(E)$$

である．F_1世代を自殖させたF_2世代では，各遺伝子座で三つの遺伝子型が分離する．F_2世代の分散は，エピスタシス分散がないものとすれば，

$$V(F_2) = V(A) + V(D) + V(E)$$

となる．さらにF_3世代では，分散は

$$V(F_3) = \frac{3}{2}V(A) + \frac{3}{4}V(D) + V(E)$$

となる．これら3世代の分散が得られれば，連立方程式を解くことにより，$V(A)$, $V(D)$, $V(E)$ を求めることができ，広義および狭義の遺伝率が推定できる[*18]．

*18 一般にF_t世代の分散は
$$V(F_t) = \frac{2^{t-1}-1}{2^{t-2}}V(A)$$
$$+ \frac{2^{t-1}-1}{2^{2t-4}}V(D) + V(E)$$
と書ける．

(4) 品種比較試験における広義の遺伝率の推定

自殖性作物の育種では，複数の品種を同一の環境下で比較し，その環境で最も優れた品種を選抜することがある．この選抜によって，遺伝的に優れた品種を選ぶことができるかどうかは，品種間の遺伝変異の大きさに依存している．したがって，この選抜の効率は，品種を個体と見なした広義の遺伝率によって評価できる．

いま，自殖性作物のm品種について，各品種内でr個体の収量を調べたものとしよう．遺伝率を推定するためには品種を変動因として，表14.14のような一元配置の分散分析を行う．二つの分散成分σ_g^2とσ_e^2は，次のように解釈できる．

$$\sigma_g^2 = V(G)$$
$$\sigma_e^2 = V(E)$$

したがって，広義の遺伝率は

$$h_B^2 = \frac{\sigma_g^2}{\sigma_g^2 + \sigma_e^2}$$

表14.14 品種比較試験から遺伝率を推定するための分散分析

変動因	自由度	平均平方	平均平方の構成
品種（遺伝子型）	$m-1$	MS_V	$\sigma_e^2 + r\sigma_g^2$
残　差	$m(r-1)$	MS_E	σ_e^2

として推定できる．

14.3.6 形質間の相関

これまでに学んだ内容を複数の形質に拡張するためには，形質間の相関を考える必要がある．一つの形質について表現型値(P)を相加的遺伝子型値(A)とそれ以外の部分(e)に分解したのと同じように，二つの形質 X と Y の表現型値(P_X と P_Y)を

$$P_X = A_X + e_X$$
$$P_Y = A_Y + e_Y$$

と分解しよう．二つの形質のあいだの相関には以下に示す**表現型相関**(phenotypic correlation)，**遺伝相関** (genetic correlation)，**環境相関** (environmental correlation)の三つが考えられる[*19]．

$$表現型相関（表型相関）：r_P = \frac{COV(P_X, P_Y)}{\sqrt{V(P_X) \cdot V(P_Y)}}$$

$$遺伝相関：r_A = \frac{COV(A_X, A_Y)}{\sqrt{V(A_X) \cdot V(A_Y)}}$$

$$環境相関：r_E = \frac{COV(e_X, e_Y)}{\sqrt{V(e_X) \cdot V(e_Y)}}$$

[*19] 厳密には，遺伝相関は相加的遺伝子型値間の相関であり，相加的遺伝相関と呼ぶべきである．また，環境相関も非相加的遺伝効果による相関を含んでいる．しかし，量的遺伝の分野では，慣習的にこれら二つの相関を単に遺伝相関および環境相関と呼んでいる．

形質内あるいは形質間で A と e のあいだに相関がないものとすれば，

$$COV(P_X, P_Y) = COV(A_X, A_Y) + COV(e_X, e_Y)$$

であるから，三つの相関のあいだには

$$r_P \sigma_{P_X} \sigma_{P_Y} = r_A \sigma_{A_X} \sigma_{A_Y} + r_E \sigma_{e_X} \sigma_{e_Y}$$

の関係が成り立つ．ここで，σ は添え字で示した値の標準偏差（分散の平方根）を示す．

表現型相関はデータから容易に推定できるが，遺伝相関は共分散分析によって遺伝率の推定と同様にして推定する．最後に，環境相関の推定値は上に示した関係式から得ることができる．

一般に，遺伝相関と環境相関は同じ符号を示すこともあるが，ときには異なる符合を示すこともある．このような場合には，遺伝要因（厳密には相加的遺伝効果）と環境要因が異なる生理的機構を通して形質の発現に影響を与えていることを示唆している．

14.3.7 相関反応

一つの形質に選抜（選択）が働いたとき，その形質に生じる選抜反応の予測についてはすでに学んだ．このような選抜反応を，複数の形質の選抜反応について考える場合には，とくに**直接選抜反応** (direct selection response) という．一方，ある形質に働いた選抜によって，ほかの形質に生じる反応を**間接選抜反応** (indirect selection response) あるいは**相関反応** (correlated selection response) という．

形質 X に働いた選抜によって形質 Y に生じる相関反応 (CR_Y) を考えてみよう．形質 X に生じる直接選抜反応を R_X とし，二つの形質の表現型値はそれぞれの集団平均からの偏差として表されているものとする．すでに見たように，

$$R_X = ih_X\sqrt{V(A_X)} = ih_X\sigma_{A_X}$$

である．ここで，i は形質 X に関する選抜強度，h_X は形質 X の遺伝率の平方根である．なお R_X は，選抜された個体群の形質 X に関する相加的遺伝子型値の平均値でもある．形質 Y の相加的遺伝子型値の形質 X の相加的遺伝子型値への回帰係数は，

$$b_{(A)YX} = \frac{COV(A_X, A_Y)}{V(A_X)} = \frac{COV(A_X, A_Y)}{\sigma_{A_X}^2} = \frac{r_A \sigma_{A_Y}}{\sigma_{A_X}}$$

であるから，形質 Y に生じる相関反応 (CR_Y) は選抜された個体群の形質 Y の相加的遺伝子型値の平均値として，次のようにして予測できる．

$$CR_Y = b_{(A)YX} R_X = ih_X r_A \sigma_{A_Y} = ih_X h_Y r_A \sigma_{P_Y}$$

ここで，h_Y は形質 Y の遺伝率の平方根である．

相関反応の方向は，遺伝相関の符号によって決まることに注目してほしい．たとえば，負の遺伝相関をもつ二つの形質について，一方を増加させる方向に選抜すると他方には負の相関反応が生じる．相関反応を利用して，測定が困難な形質を改良することもある．たとえば，穀物において収量は，測定に多大な時間や労力を要する形質である．もし，穂の大きさや重量などの簡便に測定できるほかの形質が収量と遺伝相関をもつなら，その形質について選抜することで収量を改良することができる．この場合，測定した形質を増加させる方向に選抜するか，減少させる方向に選抜するかは，遺伝相関の符号によって決まる．

14.3.8 複数の形質の選抜

実際の育種においては，単一の形質が改良の対象となることはまれであり，

複数の形質を同時に改良するように要求されることが多い．ここでは，複数の形質の選抜方法として代表的な三つの方法を解説する．

(1) 順繰り選抜法

複数の形質の選抜方法として最も単純なものは，**順繰り選抜法**（tandem selection method）である．この方法は，まず一つの形質について選抜を行い，その形質の改良が終わった時点で，ほかの形質についても順次同様にして選抜・改良をするものである．この方法では，形質間に望ましくない遺伝相関がある場合，一つの形質を改良しているあいだに，もう一方の形質が相関反応によって望ましくない方向に変化してしまい，改良が進まないことがある．

(2) 独立淘汰水準法

独立淘汰水準法（independent culling levels method）では，改良したい形質のそれぞれに淘汰水準（ボーダーライン）を設け，それらをすべてクリアした個体を選抜する方法である．この選抜方法は，同一世代内ですべての形質に同時に選抜をかけることができる点で，順繰り選抜法よりも優れている．

図 14.13 (a) に独立淘汰水準法による 2 形質の選抜を模式的に示した．この選抜法では，図中 A で示したような一方の形質はきわめて優れていながら，他方の形質がわずかに淘汰水準に満たない個体は選抜されず，必ずしも最適な選抜法にはならない．

(3) 選抜指数法

選抜指数法（selection index method）による選抜では，m 個の形質を改良しようとする場合，それぞれの形質の集団平均からの偏差で表された表現型値（$P_1, P_2, \cdots, P_m$）を適当な重み付け値（$b_1, b_2, \cdots, b_m$）で重み付けした選抜指数

$$I = b_1 P_1 + b_2 P_2 + \cdots + b_m P_m$$

を，あたかも一つの形質のようにして選抜する．図 14.13 (b) には，2 形質

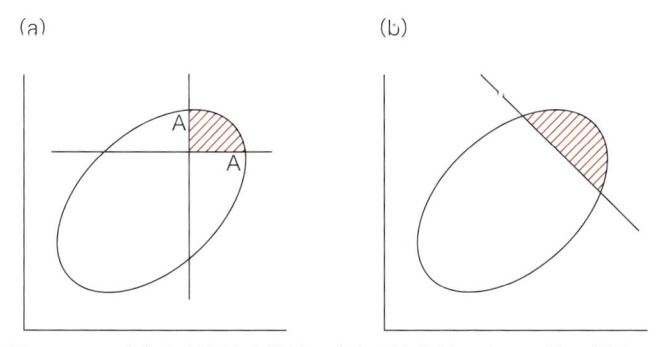

図 14.13 (a) 独立淘汰水準法と (b) 選抜指数による選抜の模式図
斜線部が選抜された個体群を示す．

の場合の選抜指数による選抜を模式的に示した．この選抜により，先に述べた独立淘汰水準法による選抜がもつ短所が克服されていることがわかる．

選抜指数の作成にあたっては，指数のなかの重み付け値（$b_1, b_2, \cdots, b_m$）をどのようにして求めるかが重要である．標準的な方法は以下のとおりである[20]．まず，改良しようとするm個の形質の相加的遺伝子型値を$A_1, A_2, \cdots, A_m$とし，個体の総合的メリット〔**総合育種価**（aggregate breeding value）あるいは**総合遺伝子型値**（aggregate genotypic value）〕を

$$H = a_1 A_1 + a_2 A_2 + \cdots + a_m A_m$$

と定義する．ここで$a_1, a_2, \cdots, a_m$は，m個の形質に対する相対的経済価値である[21]．選抜指数の重み付け値（$b_1, b_2, \cdots, b_m$）は，Hと選抜指数Iの相関係数r_{HI}が最大になるように決定する．

行列$\mathbf{P}$を形質間の表現型分散共分散行列，行列$\mathbf{G}$を形質間の（相加的）遺伝分散共分散行列，ベクトル$\mathbf{a}$をm個の形質の相対的経済価値のベクトル，ベクトル$\mathbf{b}$を求めるべき選抜指数のなかの重み付け値のベクトルとする．すなわち，

$$\mathbf{P} = \begin{bmatrix} V(P_1) & COV(P_1, P_2) & \cdots & COV(P_1, P_m) \\ COV(P_1, P_2) & V(P_2) & \cdots & COV(P_2, P_m) \\ \vdots & \vdots & \ddots & \vdots \\ COV(P_1, P_m) & COV(P_2, P_m) & \cdots & V(P_m) \end{bmatrix}$$

$$\mathbf{G} = \begin{bmatrix} V(A_1) & COV(A_1, A_2) & \cdots & COV(A_1, A_m) \\ COV(A_1, A_2) & V(A_2) & \cdots & COV(A_2, A_m) \\ \vdots & \vdots & \ddots & \vdots \\ COV(A_1, A_m) & COV(A_2, A_m) & \cdots & V(A_m) \end{bmatrix}$$

$$\mathbf{a} = \begin{bmatrix} a_1 \\ a_2 \\ \vdots \\ a_m \end{bmatrix} \quad \mathbf{b} = \begin{bmatrix} b_1 \\ b_2 \\ \vdots \\ b_m \end{bmatrix}$$

[20] 説明を単純にするために，改良の対象とする形質（総合育種価Hに含まれる形質）と選抜指数に含まれる形質は一致するものとしているが，ここで示した選抜指数では，これらは必ずしも一致している必要はない．たとえば，形質1と2を改良したい場合，選抜指数には，これら2形質に加えて，形質3を含めてもよい．この場合，形質3による情報量が付加されるため，形質1と2だけの選抜指数よりも選抜の正確度が向上する．逆に，三つの形質1，2および3を改良しようとするとき，選抜指数に含む形質は形質1と2のみとすることもある．たとえば形質3が，労力やコストの点から測定が不可能な場合や，ニワトリの雄の選抜における産卵率のように表現型値が得られない場合（ただし，雄の産卵率に関する遺伝子は雌の子孫に伝えられると発現する）に，このような選抜指数が用いられる．

[21] 選抜指数の作成にあたって，形質の相対的経済価値を求めるためには，形質が1単位変化したときの金銭価値を重回帰分析で求める必要がある．しかし，このような経済分析は不可能なことが多い．あらかじめ各形質に達成すべき目標値を設定し，この目標値を達成するように選抜指数のなかの重み付け値を求める方法も開発されている．この方法は，各形質の経済的重要性についての見積もりを必要としない．また，特定の形質の遺伝的改良量に対して制限を加えるように，選抜指数のなかの重み付け値を求める方法もある．

である．これらを用いると，総合育種価 H と選抜指数 I の相関係数 r_{HI} を最大にする重み付け値は，

$$\mathbf{b} = \mathbf{P}^{-1}\mathbf{Ga}$$

として得られる．

具体的な例で見てみよう．あるニワトリ(卵用鶏)の系統において，産卵率と卵重について，

$$\mathbf{P} = \begin{bmatrix} 100 & -4 \\ -4 & 16 \end{bmatrix} \quad \mathbf{G} = \begin{bmatrix} 30 & -3.1 \\ -3.1 & 8 \end{bmatrix} \quad \mathbf{a} = \begin{bmatrix} 3 \\ 5 \end{bmatrix}$$

が推定されているものとしよう．選抜指数のなかの重み付け値は，

$$\mathbf{b} = \begin{bmatrix} 100 & -4 \\ -4 & 16 \end{bmatrix}^{-1} \begin{bmatrix} 30 & -3.1 \\ -3.1 & 8 \end{bmatrix} \begin{bmatrix} 3 \\ 5 \end{bmatrix} = \begin{bmatrix} 0.83 \\ 2.13 \end{bmatrix}$$

として得られる．各個体の選抜指数値は，

$$I = 0.83 \times 産卵率 + 2.13 \times 卵重$$

によって算出できる．R を用いて計算するためのソースコードは以下のとおりである．

```
(P <- matrix(c(100, -4, -4, 16), nrow=2))    # 行列 P へ値を代入
(G <- matrix(c(30, -3.1, -3.1, 8), nrow=2))  # 行列 G へ値を代入
a <- c(3, 5)                                 # ベクトル a へ値を代入
b <- solve(P) %*% G %*% a    # 重み付け値の計算（solve( ) は逆行列を求める関数）
b
```

練習問題

1 次の式は，生物個体の成長に関する一般モデルの一つである〔West ら，*Nature*, **413**, 628 (2001)〕．このモデルを表 14.1 のデータに当てはめ，パラメータ m_0, M および a を推定しなさい．

$$\left(\frac{y_t}{M}\right)^{1/4} = 1 - \left\{1 - \left(\frac{m_0}{M}\right)^{1/4}\right\} e^{-at/(4M^{1/4})}$$

ただし，m_0, M および a は，それぞれ出生時体重，成熟体重および係数である．なお，R で計算する場合には，この式をあらかじめ $y_t = \cdots$ の形に変形して記述する必要がある．

2 1章の表1.4に示した日本人女性の身長と体重に，表14.2の非線形成長モデルを当てはめ，発育様相を図示しなさい．なお，22〜24か月齢は22か月齢として計算すること．

3 市販の牛肉417サンプルから脂肪を抽出し，いくつかの脂肪酸の組成をガスクロマトグラフにより測定した結果，下記の相関係数を得た．これら五つの脂肪酸の相関係数に対して主成分分析を適用し，各主成分の特徴と形質の分類を検討しなさい．

脂肪酸	C14:0	C16:0	C16:1	C18:0	C18:1
C14:0	1.000	0.692	0.146	0.132	−0.641
C16:0	0.692	1.000	−0.189	0.342	−0.816
C16:1	0.146	−0.189	1.000	−0.465	0.203
C18:0	0.132	0.342	−0.465	1.000	−0.767
C18:1	−0.641	−0.816	0.203	−0.767	1.000

4 マイクロアレイ法による実験から得られた遺伝子の発現量に関する以下のデータに対して，Rを用いて群平均法，最近隣法および最遠隣法によるクラスター分析を行い，三つの方法間で結果を比較しなさい．

遺伝子	実験1	実験2
1	5.31	6.21
2	3.12	2.33
3	3.98	6.86
4	1.01	0.09
5	2.14	2.08
6	0.61	0.53
7	4.29	0.48
8	1.83	2.22
9	1.03	3.14
10	2.54	1.99
11	0.33	0.51
12	0.13	0.14

5 表現型値を選抜基準とした選抜において，選抜の正確度，すなわち表現型値と相加的遺伝子型値の相関が遺伝率の平方根になることを示しなさい．

6 ガラパゴス諸島に生息する鳥のダーウィン・フィンチは，1977年に起こった干ばつで多くの個体が死亡した．この鳥は種子を食料としているが，干ばつのときに食料として利用できた種子は固く大きいものに限られた．このため干ばつ後に生き残った個体は，干ばつ前の個体に比べてくちばしが大きい傾向があった．干ばつ前の集団のくちばしの幅の平均値を9.40 mm，干ばつ後の集団のくちばしの幅の平均値を9.96 mmとしたとき，どのような進化的応答が期待できるか．なお，くちばしの幅の遺伝率は0.4とする．

7 ブロイラーのある系統で，5から9週齢のあいだの体重の増加量（増体量：グラム単位）を選抜によって改良するものとしよう．この系統における5から9週齢の増体量の遺伝率は $h^2 = 0.4$，表現型分散は $V(P) = 12,100$ であるとする．親世代で雌雄それぞれ100羽について増体量を測定し，雄では上位10羽，雌では上位40羽を選抜するものとしよう．したがって，雄の選抜率は $p_m = 10/100 = 0.1$，雌の選抜率は $p_f = 40/100 = 0.4$ である．この選抜によって子世代に期待される遺伝的改良量を求めなさい．

8 子どもの表現型値の中間親への回帰係数が，遺伝率の推定値を与えることを示しなさい．

9 あるブタの品種の体長について遺伝率を推定するために，30頭の雄のそれぞれに5頭の雌を交配し，各雌から生まれた3頭の子ブタについて測定した．得られたデータに分散分析を施して，以下のような結果を得た．このデータから遺伝率を推定しなさい．

変動因	平均平方
父 親	7.055
父親内母親	4.280
母親内子ども	2.870

10 ある自殖性作物の二つの品種間の交雑によって得た F_1 世代の草丈の分散は5.0であった．また，F_1 世代から自殖で得た F_2 および F_3 世代の分散は，それぞれ 30.0 および 35.0 であった．エピスタシス分散を無視して，広義および狭義の遺伝率を求めなさい．

11 イネ科の一年生植物ソルガム（モロコシ）の9品種について，品種内で2個体の収量を調べて品種比較試験を行い，次のような分散分析の結果を得た．この結果から，広義の遺伝率を推定しなさい．

変動因	平均平方
品種	104.4
誤差	24.2

12 卵用鶏の系統において，産卵率，飼料要求率，卵重について以下のデータが得られている．

(1) このデータから，表現型分散共分散行列 **P**，遺伝分散共分散行列 **G** を求めなさい

(2) 三つの形質を相対的経済価値に従って改良するための選抜指数における重み付け値を求めなさい．

形 質	表現型標準偏差	遺伝率	表現型相関（対角より上）遺伝相関（対角より下）		相対的経済価値
産卵率	10	0.3	−0.7	−0.1	3
飼料要求率	3	0.2	−0.6	−0.3	−7
卵 重	4	0.5	−0.2	−0.4	5

参考図書

1) 応用統計ハンドブック編集委員会編,『応用統計ハンドブック』, 養賢堂 (1978)
2) M. パガノ, K. ゴーブリー著, 竹内正弘監訳,『ハーバード大学講義テキスト 生物統計学入門』, 第2版, 丸善 (2003)
3) R. R. ソーカル, F. J. ロルフ著, 藤井宏一訳,『生物統計学』, 共立出版 (1983)
4) 山田剛史, 杉澤武俊, 村井潤一郎著,『Rによるやさしい統計学』, オーム社 (2008)
5) 青木繁伸著,『Rによる統計解析』, オーム社 (2009)
6) 及川卓郎, 鈴木啓一著,『ステップワイズ生物統計学』, 朝倉書店 (2008)
7) 来栖 忠, 濱田年男, 稲垣宣生著,『統計学の基礎』, 裳華房 (2001)
8) 石川 馨, 米山高範著,『分散分析法入門』, 日科技連出版社 (1979)
9) 吉田 実著,『畜産を中心とする実験計画法』, 養賢堂 (1975)
10) 山岸 宏著,『成長の生物学』, 講談社 (1977)
11) 奥野忠一, 久米 均, 芳賀敏郎, 吉澤 正著,『多変量解析法』, 日科技連出版社 (1971)
12) 奥野忠一, 芳賀敏郎, 矢島敬二, 奥野千恵子, 橋本茂司, 古河陽子,『続多変量解析法』, 日科技連出版社 (1976)
13) E. L. レーマン著, 鍋谷清治, 刈屋武昭, 三浦良造訳,『ノンパラメトリックス―順位にもとづく統計的方法』, POD版, 森北出版 (2007)
14) R. G. D. Steel, J. H. Torrie, D. A. Dickey, "Principles and Procedures of Statistics: A Biometrical Approach", 3 Sub-edition, McGraw-Hill (1996)
15) G. W. Snedecor, W. G. Cochran, "Statistical Methods", 8th edition, Iowa State University Press (1989)
16) J. H. Zar, "Biostatistical Analysis", 5th edition, Prentice Hall (2009)
17) D. S. Falconer, T. F. C. Mackay, "Introduction to Quantitative Genetics", 4th edition, Longman (1996)

付　表

付表 1　標準正規分布表(z よりも大きな数値が占める比率)

z	0	1	2	3	4	5	6	7	8	9*
0.0	0.500	0.496	0.492	0.488	0.484	0.480	0.476	0.472	0.468	0.464
0.1	0.460	0.456	0.452	0.448	0.444	0.440	0.436	0.433	0.429	0.425
0.2	0.421	0.417	0.413	0.409	0.405	0.401	0.397	0.394	0.390	0.386
0.3	0.382	0.378	0.375	0.371	0.367	0.363	0.359	0.356	0.352	0.348
0.4	0.345	0.341	0.337	0.334	0.330	0.326	0.323	0.319	0.316	0.312
0.5	0.309	0.305	0.302	0.298	0.295	0.291	0.288	0.284	0.281	0.278
0.6	0.274	0.271	0.268	0.264	0.261	0.258	0.255	0.251	0.248	0.245
0.7	0.242	0.239	0.236	0.233	0.230	0.227	0.224	0.221	0.218	0.215
0.8	0.212	0.209	0.206	0.203	0.201	0.198	0.195	0.192	0.189	0.187
0.9	0.184	0.181	0.179	0.176	0.174	0.171	0.169	0.166	0.164	0.161
1.0	0.159	0.156	0.154	0.152	0.149	0.147	0.145	0.142	0.140	0.138
1.1	0.136	0.134	0.131	0.129	0.127	0.125	0.123	0.121	0.119	0.117
1.2	0.115	0.113	0.111	0.109	0.108	0.106	0.104	0.102	0.100	0.099
1.3	0.097	0.095	0.093	0.092	0.090	0.089	0.087	0.085	0.084	0.082
1.4	0.081	0.079	0.078	0.076	0.075	0.074	0.072	0.071	0.069	0.068
1.5	0.067	0.066	0.064	0.063	0.062	0.061	0.059	0.058	0.057	0.056
1.6	0.055	0.054	0.053	0.052	0.051	0.050	0.049	0.048	0.047	0.046
1.7	0.045	0.044	0.043	0.042	0.041	0.040	0.039	0.038	0.038	0.037
1.8	0.036	0.035	0.034	0.034	0.033	0.032	0.031	0.031	0.030	0.029
1.9	0.029	0.028	0.027	0.027	0.026	0.026	0.025	0.024	0.024	0.023
2.0	0.023	0.022	0.022	0.021	0.021	0.020	0.020	0.019	0.019	0.018
2.1	0.018	0.017	0.017	0.017	0.016	0.016	0.015	0.015	0.015	0.014
2.2	0.014	0.014	0.013	0.013	0.013	0.012	0.012	0.012	0.011	0.011
2.3	0.011	0.010	0.010	0.010	0.010	0.009	0.009	0.009	0.009	0.008
2.4	0.008	0.008	0.008	0.008	0.007	0.007	0.007	0.007	0.007	0.006
2.5	0.006	0.006	0.006	0.006	0.006	0.005	0.005	0.005	0.005	0.005
2.6	0.005	0.005	0.004	0.004	0.004	0.004	0.004	0.004	0.004	0.004
2.7	0.004	0.003	0.003	0.003	0.003	0.003	0.003	0.003	0.003	0.003
2.8	0.003	0.003	0.002	0.002	0.002	0.002	0.002	0.002	0.002	0.002
2.9	0.002	0.002	0.002	0.002	0.002	0.002	0.002	0.002	0.001	0.001
3.0	0.001	0.001	0.001	0.001	0.001	0.001	0.001	0.001	0.001	0.001

*列の整数値(0〜9)は小数点2桁目の値である．

付表 2　上(右)側確率(p)に対応した標準正規分布の切断点(z)

p	0.1000	0.0500	0.0250	0.0100	0.0050	0.0025
z	1.2816	1.6440	1.9600	2.3263	2.5758	2.8070

付表 3 　t 分布表（t 分布の上（右）側を比率 p で区分する値）

自由度	p			
	0.050	0.025	0.010	0.005
1	6.314	12.706	31.821	63.657
2	2.920	4.303	6.965	9.925
3	2.353	3.182	4.541	5.841
4	2.132	2.776	3.747	4.604
5	2.015	2.571	3.365	4.032
6	1.943	2.447	3.143	3.707
7	1.895	2.365	2.998	3.500
8	1.860	2.306	2.897	3.355
9	1.833	2.262	2.821	3.250
10	1.813	2.228	2.764	3.169
11	1.796	2.201	2.718	3.106
12	1.782	2.179	2.681	3.055
13	1.771	2.160	2.650	3.012
14	1.761	2.145	2.625	2.977
15	1.753	2.131	2.603	2.947
16	1.746	2.120	2.584	2.921
17	1.740	2.110	2.567	2.898
18	1.734	2.101	2.552	2.878
19	1.729	2.093	2.540	2.861
20	1.725	2.086	2.528	2.845
21	1.721	2.080	2.518	2.831
22	1.717	2.074	2.508	2.819
23	1.714	2.069	2.500	2.807
24	1.711	2.064	2.492	2.797
25	1.708	2.060	2.485	2.787
26	1.706	2.056	2.479	2.779
27	1.703	2.052	2.473	2.771
28	1.701	2.048	2.467	2.763
29	1.699	2.045	2.462	2.756
30	1.697	2.042	2.457	2.750
40	1.684	2.021	2.423	2.705
60	1.671	2.000	2.390	2.660
80	1.664	1.990	2.374	2.639
120	1.658	1.980	2.358	2.617

付表 4 　χ^2 分布表（χ^2 分布の上（右）側を比率 p で区分する値）

自由度	p								
	0.975	0.95	0.9	0.5	0.1	0.05	0.025	0.01	0.005
1	0.001	0.0039	0.0158	0.4549	2.7055	3.8415	5.0239	6.6349	7.8794
2	0.0506	0.1026	0.2107	1.3863	4.6052	5.9915	7.3778	9.2103	10.5966
3	0.2158	0.3518	0.5844	2.366	6.2514	7.8147	9.3484	11.3449	12.8382
4	0.4844	0.7107	1.0636	3.3567	7.7794	9.4877	11.1433	13.2767	14.8603
5	0.8312	1.1455	1.6103	4.3515	9.2364	11.0705	12.8325	15.0863	16.7496
6	1.2373	1.6354	2.2041	5.3481	10.6446	12.5916	14.4494	16.8119	18.5476
7	1.6899	2.1673	2.8331	6.3458	12.017	14.0671	16.0128	18.4753	20.2777
8	2.1797	2.7326	3.4895	7.3441	13.3616	15.5073	17.5345	20.0902	21.955
9	2.7004	3.3251	4.1682	8.3428	14.6837	16.919	19.0228	21.666	23.5894
10	3.247	3.9403	4.8652	9.3418	15.9872	18.307	20.4832	23.2093	25.1882
11	3.8157	4.5748	5.5778	10.341	17.275	19.6751	21.92	24.725	26.7568
12	4.4038	5.226	6.3038	11.3403	18.5493	21.0261	23.3367	26.217	28.2995
13	5.0088	5.8919	7.0415	12.2398	19.8119	22.362	24.7356	27.6882	29.8195
14	5.6287	6.5706	7.7895	13.3393	21.0641	23.6848	26.1189	29.1412	31.3193
15	6.2621	7.2609	8.5468	14.3389	22.3071	24.9958	27.4884	30.5779	32.8013
16	6.9077	7.9616	9.3122	15.3385	23.5418	26.2962	28.8454	31.9999	34.2672
17	7.5642	8.6718	10.0852	16.3382	24.769	27.5871	30.191	33.4087	35.7185
18	8.2307	9.3905	10.8649	17.3379	25.9894	28.8693	31.5264	34.8053	37.1565
19	8.9065	10.117	11.6509	18.3377	27.2036	30.1435	32.8523	36.1909	38.5823
20	9.5908	10.8508	12.4426	19.3374	28.412	31.4104	34.1696	37.5662	39.9968
21	10.2829	11.5913	13.2396	20.3372	29.6151	32.6706	35.4789	38.9322	41.4011
22	10.9823	12.338	14.0415	21.337	30.8133	33.9244	36.7807	40.2894	42.7957
23	11.6886	13.0905	14.848	22.2369	32.0069	35.1725	38.0756	41.6384	44.1813
24	12.4012	13.8484	15.6587	23.3367	33.1962	36.415	39.3641	42.9798	45.5585
25	13.1197	14.6114	16.4734	24.3366	34.3816	37.6525	40.6465	44.3141	46.9279
26	13.8439	15.3792	17.2919	25.3365	35.5632	38.8851	41.9232	45.6417	48.2899
27	14.5734	16.1514	18.1139	26.3363	36.7412	40.1133	43.1945	46.9629	49.6449
28	15.3079	16.9279	18.9392	27.3362	37.9159	41.3371	44.4608	48.2782	50.9934
29	16.0471	17.7084	19.7677	28.3361	39.0875	42.557	45.7223	49.5879	52.3356
30	16.7908	18.4927	20.5992	29.336	40.256	43.773	46.9792	50.8922	53.672
40	24.433	26.5093	29.0505	39.3353	51.8051	55.7585	59.3417	63.6907	66.766
60	40.4817	43.188	46.4589	59.3347	74.397	79.0819	83.2977	88.3794	91.9517
80	57.1532	60.3915	64.2778	79.3343	96.5782	101.8795	106.6286	112.3288	116.3211
100	74.2219	77.9295	82.3581	99.3341	118.498	124.3421	129.5612	135.8067	140.1695

付表5　F分布表（自由度対(m, n)のF分布の上（右）側を比率 p = 0.05 で区分する値）

n \ m	1	2	3	4	5	6	7	8	9	10	12	14	16	20	24	30	40	60	120
1	161	200	216	225	230	234	237	239	241	242	244	245	246	248	249	250	251	252	253
2	18.51	19.00	19.16	19.25	19.30	19.33	19.35	19.37	19.38	19.40	19.41	19.42	19.43	19.45	19.45	19.46	19.47	19.48	19.49
3	10.13	9.55	9.28	9.12	9.01	8.94	8.89	8.85	8.81	8.79	8.74	8.71	8.69	8.66	8.64	8.62	8.59	8.57	8.55
4	7.71	6.94	6.59	6.39	6.26	6.16	6.09	6.04	6.00	5.96	5.91	5.87	5.84	5.80	5.77	5.75	5.72	5.69	5.66
5	6.61	5.79	5.41	5.19	5.05	4.95	4.88	4.82	4.77	4.74	4.68	4.64	4.60	4.56	4.53	4.50	4.46	4.43	4.40
6	5.99	5.14	4.76	4.53	4.39	4.28	4.21	4.15	4.10	4.06	4.00	3.96	3.92	3.87	3.84	3.81	3.77	3.74	3.70
7	5.59	4.74	4.35	4.12	3.97	3.87	3.79	3.73	3.68	3.64	3.57	3.53	3.49	3.44	3.41	3.38	3.34	3.30	3.27
8	5.32	4.46	4.07	3.84	3.69	3.58	3.50	3.44	3.39	3.35	3.28	3.24	3.20	3.15	3.12	3.08	3.04	3.01	2.97
9	5.12	4.26	3.86	3.63	3.48	3.37	3.29	3.23	3.18	3.14	3.07	3.03	2.99	2.94	2.90	2.86	2.83	2.79	2.75
10	4.96	4.10	3.71	3.48	3.33	3.22	3.14	3.07	3.02	2.98	2.91	2.86	2.83	2.77	2.74	2.70	2.66	2.62	2.58
11	4.84	3.98	3.59	3.36	3.20	3.09	3.01	2.95	2.90	2.85	2.79	2.74	2.70	2.65	2.61	2.57	2.53	2.49	2.45
12	4.75	3.89	3.49	3.26	3.11	3.00	2.91	2.85	2.80	2.75	2.69	2.64	2.60	2.54	2.51	2.47	2.43	2.38	2.34
13	4.67	3.81	3.41	3.18	3.03	2.92	2.83	2.77	2.71	2.67	2.60	2.55	2.51	2.46	2.42	2.38	2.34	2.30	2.25
14	4.60	3.74	3.34	3.11	2.96	2.85	2.76	2.70	2.65	2.60	2.53	2.48	2.44	2.39	2.35	2.31	2.27	2.22	2.18
15	4.54	3.68	3.29	3.06	2.90	2.79	2.71	2.64	2.59	2.54	2.48	2.42	2.38	2.33	2.29	2.25	2.20	2.16	2.11
16	4.49	3.63	3.24	3.01	2.85	2.74	2.66	2.59	2.54	2.49	2.42	2.37	2.33	2.28	2.24	2.19	2.15	2.11	2.06
17	4.45	3.59	3.20	2.96	2.81	2.70	2.61	2.55	2.49	2.45	2.38	2.33	2.29	2.23	2.19	2.15	2.10	2.06	2.01
18	4.41	3.55	3.16	2.93	2.77	2.66	2.58	2.51	2.46	2.41	2.34	2.29	2.25	2.19	2.15	2.11	2.06	2.02	1.97
19	4.38	3.52	3.13	2.90	2.74	2.63	2.54	2.48	2.42	2.38	2.31	2.26	2.21	2.16	2.11	2.07	2.03	1.98	1.93
20	4.35	3.49	3.10	2.87	2.71	2.60	2.51	2.45	2.39	2.35	2.28	2.23	2.18	2.12	2.08	2.04	1.99	1.95	1.90
21	4.32	3.47	3.07	2.84	2.68	2.57	2.49	2.42	2.37	2.32	2.25	2.20	2.16	2.10	2.05	2.01	1.96	1.92	1.87
22	4.30	3.44	3.05	2.82	2.66	2.55	2.46	2.40	2.34	2.30	2.23	2.17	2.13	2.07	2.03	1.98	1.94	1.89	1.84
23	4.28	3.42	3.03	2.80	2.64	2.53	2.44	2.37	2.32	2.27	2.20	2.15	2.11	2.05	2.01	1.96	1.91	1.86	1.81
24	4.26	3.40	3.01	2.78	2.62	2.51	2.42	2.36	2.30	2.25	2.18	2.13	2.09	2.03	1.98	1.94	1.89	1.84	1.79
25	4.24	3.39	2.99	2.76	2.60	2.49	2.40	2.34	2.28	2.24	2.16	2.11	2.07	2.01	1.96	1.92	1.87	1.82	1.77
26	4.23	3.37	2.98	2.74	2.59	2.47	2.39	2.32	2.27	2.22	2.15	2.09	2.05	1.99	1.95	1.90	1.85	1.80	1.75
27	4.21	3.35	2.96	2.73	2.57	2.46	2.37	2.31	2.25	2.20	2.13	2.08	2.04	1.97	1.93	1.88	1.84	1.79	1.73
28	4.20	3.34	2.95	2.71	2.56	2.45	2.36	2.29	2.24	2.19	2.12	2.06	2.02	1.96	1.91	1.87	1.82	1.77	1.71
29	4.18	3.33	2.93	2.70	2.55	2.43	2.35	2.28	2.22	2.18	2.10	2.05	2.01	1.94	1.90	1.85	1.81	1.75	1.70
30	4.17	3.32	2.92	2.69	2.53	2.42	2.33	2.27	2.21	2.16	2.09	2.04	1.99	1.93	1.89	1.84	1.79	1.74	1.68
32	4.15	3.29	2.90	2.67	2.51	2.40	2.31	2.24	2.19	2.14	2.07	2.01	1.97	1.91	1.86	1.82	1.77	1.71	1.66
34	4.13	3.28	2.88	2.65	2.49	2.38	2.29	2.23	2.17	2.12	2.05	1.99	1.95	1.89	1.84	1.80	1.75	1.69	1.63
36	4.11	3.26	2.87	2.63	2.48	2.36	2.28	2.21	2.15	2.11	2.03	1.98	1.93	1.87	1.82	1.78	1.73	1.67	1.61
38	4.10	3.24	2.85	2.62	2.46	2.35	2.26	2.19	2.14	2.09	2.02	1.96	1.92	1.85	1.81	1.76	1.71	1.65	1.59
40	4.08	3.23	2.84	2.61	2.45	2.34	2.25	2.18	2.12	2.08	2.00	1.95	1.90	1.84	1.79	1.74	1.69	1.64	1.58
60	4.00	3.15	2.76	2.53	2.37	2.25	2.17	2.10	2.04	1.99	1.92	1.86	1.82	1.75	1.70	1.65	1.59	1.53	1.47
120	3.92	3.07	2.68	2.45	2.29	2.18	2.09	2.02	1.96	1.91	1.83	1.78	1.73	1.66	1.61	1.55	1.50	1.43	1.35

付表 6　F 分布表（自由度対 (m,n) の F 分布の上（右）側を比率 $p = 0.025$ で区分する値）

n \ m	1	2	3	4	5	6	7	8	9	10	11	12	14	16	20	24	30	40	60	120
1	647.789	799.5	864.163	899.583	921.848	937.111	948.217	956.656	963.285	968.627	973.025	976.708	982.528	986.919	993.103	997.249	1001.414	1005.598	1009.800	1014.020
2	38.506	39	39.166	39.248	39.298	39.332	39.355	39.373	39.387	39.398	39.407	39.415	39.427	39.435	39.448	39.456	39.465	39.473	39.481	39.490
3	17.443	16.044	15.439	15.101	14.885	14.735	14.624	14.540	14.473	14.419	14.374	14.337	14.277	14.232	14.167	14.124	14.081	14.037	13.992	13.947
4	12.218	10.649	9.979	9.605	9.365	9.197	9.074	8.980	8.905	8.844	8.794	8.751	8.684	8.633	8.560	8.511	8.461	8.411	8.360	8.309
5	10.007	8.434	7.764	7.388	7.146	6.978	6.853	6.757	6.681	6.619	6.568	6.525	6.456	6.403	6.329	6.278	6.227	6.175	6.123	6.069
6	8.813	7.260	6.599	6.227	5.988	5.820	5.696	5.600	5.523	5.461	5.410	5.366	5.297	5.244	5.168	5.117	5.065	5.013	4.959	4.904
7	8.073	6.542	5.890	5.523	5.285	5.119	4.995	4.899	4.823	4.761	4.710	4.666	4.596	4.543	4.467	4.415	4.362	4.309	4.254	4.199
8	7.571	6.060	5.416	5.053	4.817	4.652	4.529	4.433	4.357	4.295	4.243	4.200	4.130	4.076	4.000	3.947	3.894	3.840	3.784	3.728
9	7.209	5.715	5.078	4.718	4.484	4.320	4.197	4.102	4.026	3.964	3.912	3.868	3.798	3.744	3.667	3.614	3.560	3.506	3.449	3.392
10	6.937	5.456	4.826	4.468	4.236	4.072	3.950	3.855	3.779	3.717	3.665	3.621	3.550	3.496	3.419	3.365	3.311	3.255	3.198	3.140
11	6.724	5.256	4.63	4.275	4.044	3.881	3.759	3.664	3.588	3.526	3.474	3.430	3.359	3.304	3.226	3.173	3.118	3.061	3.004	2.944
12	6.554	5.096	4.474	4.121	3.891	3.728	3.607	3.512	3.436	3.374	3.322	3.277	3.206	3.152	3.073	3.019	2.963	2.906	2.848	2.787
13	6.414	4.965	4.347	3.996	3.767	3.604	3.483	3.388	3.312	3.250	3.198	3.153	3.082	3.027	2.948	2.893	2.837	2.780	2.720	2.659
14	6.298	4.857	4.242	3.892	3.663	3.501	3.380	3.285	3.209	3.147	3.095	3.050	2.979	2.923	2.844	2.789	2.732	2.674	2.614	2.552
15	6.200	4.765	4.153	3.804	3.576	3.415	3.293	3.199	3.123	3.060	3.008	2.963	2.892	2.836	2.756	2.701	2.644	2.585	2.524	2.461
16	6.115	4.687	4.077	3.729	3.502	3.341	3.219	3.125	3.049	2.986	2.934	2.889	2.817	2.761	2.681	2.625	2.568	2.509	2.447	2.383
17	6.042	4.619	4.011	3.665	3.438	3.277	3.156	3.061	2.985	2.922	2.870	2.825	2.753	2.697	2.616	2.560	2.502	2.442	2.380	2.315
18	5.978	4.560	3.954	3.608	3.382	3.221	3.100	3.005	2.929	2.866	2.814	2.769	2.696	2.640	2.559	2.503	2.445	2.384	2.321	2.256
19	5.922	4.508	3.903	3.559	3.333	3.172	3.051	2.956	2.880	2.817	2.765	2.720	2.647	2.591	2.509	2.452	2.394	2.333	2.270	2.203
20	5.872	4.461	3.859	3.515	3.289	3.128	3.007	2.913	2.837	2.774	2.721	2.676	2.603	2.547	2.465	2.408	2.349	2.287	2.223	2.156
21	5.827	4.420	3.819	3.475	3.250	3.090	2.969	2.874	2.798	2.735	2.682	2.637	2.564	2.507	2.425	2.368	2.308	2.247	2.182	2.114
22	5.786	4.383	3.783	3.440	3.215	3.055	2.934	2.839	2.763	2.700	2.647	2.602	2.529	2.472	2.389	2.332	2.272	2.210	2.145	2.076
23	5.750	4.349	3.751	3.408	3.184	3.023	2.902	2.808	2.731	2.668	2.615	2.570	2.497	2.440	2.357	2.299	2.239	2.176	2.111	2.042
24	5.717	4.319	3.721	3.379	3.155	2.995	2.874	2.779	2.703	2.640	2.587	2.541	2.468	2.411	2.327	2.269	2.209	2.146	2.080	2.010
25	5.686	4.291	3.694	3.353	3.129	2.969	2.848	2.753	2.677	2.614	2.560	2.515	2.441	2.384	2.301	2.242	2.182	2.118	2.052	1.981
26	5.659	4.266	3.670	3.329	3.105	2.945	2.824	2.729	2.653	2.590	2.536	2.491	2.417	2.360	2.276	2.217	2.157	2.093	2.026	1.955
27	5.633	4.242	3.647	3.307	3.083	2.923	2.802	2.707	2.631	2.568	2.514	2.469	2.395	2.337	2.253	2.195	2.133	2.069	2.002	1.930
28	5.610	4.221	3.626	3.286	3.063	2.903	2.782	2.687	2.611	2.547	2.494	2.448	2.374	2.317	2.232	2.174	2.112	2.048	1.980	1.907
29	5.588	4.201	3.607	3.267	3.044	2.884	2.763	2.669	2.592	2.529	2.475	2.430	2.355	2.298	2.213	2.154	2.092	2.028	1.959	1.886
30	5.568	4.182	3.589	3.250	3.027	2.867	2.746	2.651	2.575	2.511	2.458	2.412	2.338	2.280	2.195	2.136	2.074	2.009	1.94	1.866
32	5.531	4.149	3.557	3.219	2.995	2.836	2.715	2.620	2.543	2.480	2.426	2.381	2.306	2.248	2.163	2.103	2.041	1.975	1.906	1.831
34	5.499	4.120	3.529	3.191	2.968	2.809	2.688	2.593	2.516	2.453	2.399	2.353	2.278	2.220	2.135	2.075	2.012	1.946	1.875	1.799
36	5.471	4.094	3.505	3.167	2.944	2.785	2.664	2.569	2.492	2.429	2.375	2.329	2.254	2.196	2.110	2.049	1.986	1.919	1.848	1.772
38	5.446	4.071	3.483	3.145	2.923	2.763	2.643	2.548	2.471	2.407	2.354	2.307	2.232	2.174	2.088	2.027	1.963	1.896	1.824	1.747
40	5.424	4.051	3.463	3.126	2.904	2.744	2.624	2.529	2.452	2.388	2.334	2.288	2.213	2.154	2.068	2.007	1.943	1.875	1.803	1.724
60	5.286	3.925	3.343	3.008	2.786	2.627	2.507	2.412	2.334	2.270	2.216	2.169	2.093	2.033	1.945	1.882	1.815	1.744	1.667	1.581
120	5.152	3.805	3.227	2.894	2.674	2.515	2.395	2.299	2.222	2.157	2.102	2.055	1.977	1.916	1.825	1.760	1.690	1.614	1.530	1.433

付表7　F分布表(自由度対 (m, n) の F 分布の上(右)側を比率 $p = 0.01$ で区分する値)

m\n	1	2	3	4	5	6	7	8	9	10	11	12	14	16	20	24	30	40	60	120
1	4052	5000	5403	5625	5764	5859	5928	5981	6022	6056	6083	6106	6143	6170	6209	6235	6261	6287	6313	6339
2	98.50	99.00	99.17	99.25	99.30	99.33	99.36	99.37	99.39	99.40	99.41	99.42	99.43	99.44	99.45	99.46	99.47	99.47	99.48	99.49
3	34.12	30.82	29.46	28.71	28.24	27.91	27.67	27.49	27.35	27.23	27.13	27.05	26.92	26.83	26.69	26.60	26.50	26.41	26.32	26.22
4	21.20	18.00	16.69	15.98	15.52	15.21	14.98	14.80	14.66	14.55	14.45	14.37	14.25	14.15	14.02	13.93	13.84	13.75	13.65	13.56
5	16.26	13.27	12.06	11.39	10.97	10.67	10.46	10.29	10.16	10.05	9.96	9.89	9.77	9.68	9.55	9.47	9.38	9.29	9.20	9.11
6	13.75	10.92	9.78	9.15	8.75	8.47	8.26	8.10	7.98	7.87	7.79	7.72	7.60	7.52	7.40	7.31	7.23	7.14	7.06	6.97
7	12.25	9.55	8.45	7.85	7.46	7.19	6.99	6.84	6.72	6.62	6.54	6.47	6.36	6.28	6.16	6.07	5.99	5.91	5.82	5.74
8	11.26	8.65	7.59	7.01	6.63	6.37	6.18	6.03	5.91	5.81	5.73	5.67	5.56	5.48	5.36	5.28	5.20	5.12	5.03	4.95
9	10.56	8.02	6.99	6.42	6.06	5.80	5.61	5.47	5.35	5.26	5.18	5.11	5.01	4.92	4.81	4.73	4.65	4.57	4.48	4.40
10	10.04	7.56	6.55	5.99	5.64	5.39	5.20	5.06	4.94	4.85	4.77	4.71	4.60	4.52	4.41	4.33	4.25	4.17	4.08	4.00
11	9.65	7.21	6.22	5.67	5.32	5.07	4.89	4.74	4.63	4.54	4.46	4.40	4.29	4.21	4.10	4.02	3.94	3.86	3.78	3.69
12	9.33	6.93	5.95	5.41	5.06	4.82	4.64	4.50	4.39	4.30	4.22	4.16	4.05	3.97	3.86	3.78	3.70	3.62	3.54	3.45
13	9.07	6.70	5.74	5.21	4.86	4.62	4.44	4.30	4.19	4.10	4.02	3.96	3.86	3.78	3.66	3.59	3.51	3.43	3.34	3.25
14	8.86	6.51	5.56	5.04	4.70	4.46	4.28	4.14	4.03	3.94	3.86	3.80	3.70	3.62	3.51	3.43	3.35	3.27	3.18	3.09
15	8.68	6.36	5.42	4.89	4.56	4.32	4.14	4.00	3.89	3.80	3.73	3.67	3.56	3.49	3.37	3.29	3.21	3.13	3.05	2.96
16	8.53	6.23	5.29	4.77	4.44	4.20	4.03	3.89	3.78	3.69	3.62	3.55	3.45	3.37	3.26	3.18	3.10	3.02	2.93	2.84
17	8.40	6.11	5.19	4.67	4.34	4.10	3.93	3.79	3.68	3.59	3.52	3.46	3.35	3.27	3.16	3.08	3.00	2.92	2.83	2.75
18	8.29	6.01	5.09	4.58	4.25	4.01	3.84	3.71	3.60	3.51	3.43	3.37	3.27	3.19	3.08	3.00	2.92	2.84	2.75	2.66
19	8.18	5.93	5.01	4.50	4.17	3.94	3.77	3.63	3.52	3.43	3.36	3.30	3.19	3.12	3.00	2.92	2.84	2.76	2.67	2.58
20	8.10	5.85	4.94	4.43	4.10	3.87	3.70	3.56	3.46	3.37	3.29	3.23	3.13	3.05	2.94	2.86	2.78	2.69	2.61	2.52
21	8.02	5.78	4.87	4.37	4.04	3.81	3.64	3.51	3.40	3.31	3.24	3.17	3.07	2.99	2.88	2.80	2.72	2.64	2.55	2.46
22	7.95	5.72	4.82	4.31	3.99	3.76	3.59	3.45	3.35	3.26	3.18	3.12	3.02	2.94	2.83	2.75	2.67	2.58	2.50	2.40
23	7.88	5.66	4.76	4.26	3.94	3.71	3.54	3.41	3.30	3.21	3.14	3.07	2.97	2.89	2.78	2.70	2.62	2.54	2.45	2.35
24	7.82	5.61	4.72	4.22	3.90	3.67	3.50	3.36	3.26	3.17	3.09	3.03	2.93	2.85	2.74	2.66	2.58	2.49	2.40	2.31
25	7.77	5.57	4.68	4.18	3.86	3.63	3.46	3.32	3.22	3.13	3.06	2.99	2.89	2.81	2.70	2.62	2.54	2.45	2.36	2.27
26	7.72	5.53	4.64	4.14	3.82	3.59	3.42	3.29	3.18	3.09	3.02	2.96	2.86	2.78	2.66	2.58	2.50	2.42	2.33	2.23
27	7.68	5.49	4.60	4.11	3.78	3.56	3.39	3.26	3.15	3.06	2.99	2.93	2.82	2.75	2.63	2.55	2.47	2.38	2.29	2.20
28	7.64	5.45	4.57	4.07	3.75	3.53	3.36	3.23	3.12	3.03	2.96	2.90	2.79	2.72	2.60	2.52	2.44	2.35	2.26	2.17
29	7.60	5.42	4.54	4.04	3.73	3.50	3.33	3.20	3.09	3.00	2.93	2.87	2.77	2.69	2.57	2.49	2.41	2.33	2.23	2.14
30	7.56	5.39	4.51	4.02	3.70	3.47	3.30	3.17	3.07	2.98	2.91	2.84	2.74	2.66	2.55	2.47	2.39	2.30	2.21	2.11
32	7.50	5.34	4.46	3.97	3.65	3.43	3.26	3.13	3.02	2.93	2.86	2.80	2.70	2.62	2.50	2.42	2.34	2.25	2.16	2.06
34	7.44	5.29	4.42	3.93	3.61	3.39	3.22	3.09	2.98	2.89	2.82	2.76	2.66	2.58	2.46	2.38	2.30	2.21	2.12	2.02
36	7.40	5.25	4.38	3.89	3.57	3.35	3.18	3.05	2.95	2.86	2.79	2.72	2.62	2.54	2.43	2.35	2.26	2.18	2.08	1.98
38	7.35	5.21	4.34	3.86	3.54	3.32	3.15	3.02	2.92	2.83	2.75	2.69	2.59	2.51	2.40	2.32	2.23	2.14	2.05	1.95
40	7.31	5.18	4.31	3.83	3.51	3.29	3.12	2.99	2.89	2.80	2.73	2.66	2.56	2.48	2.37	2.29	2.20	2.11	2.02	1.92
60	7.08	4.98	4.13	3.65	3.34	3.12	2.95	2.82	2.72	2.63	2.56	2.50	2.39	2.31	2.20	2.12	2.03	1.94	1.84	1.73
120	6.85	4.79	3.95	3.48	3.17	2.96	2.79	2.66	2.56	2.47	2.40	2.34	2.23	2.15	2.03	1.95	1.86	1.76	1.66	1.53

付表8　Q表（スチューデント化された範囲）　α = 0.05

$a(n-1)$	a									
	2	3	4	5	6	7	8	9	10	11
5	3.635	4.602	5.218	5.673	6.033	6.330	6.582	6.801	6.995	7.167
6	3.460	4.339	4.896	5.305	5.628	5.895	6.122	6.319	6.493	6.649
7	3.344	4.165	4.681	5.060	5.359	5.606	5.815	5.997	6.158	6.302
8	3.261	4.041	4.529	4.886	5.167	5.399	5.596	5.767	5.918	6.053
9	3.199	3.948	4.415	4.755	5.024	5.244	5.432	5.595	5.738	5.867
10	3.151	3.877	4.327	4.654	4.912	5.124	5.304	5.460	5.598	5.722
11	3.113	3.820	4.256	4.574	4.823	5.028	5.202	5.353	5.486	5.605
12	3.081	3.773	4.199	4.508	4.750	4.950	5.119	5.265	5.395	5.510
13	3.055	3.734	4.151	4.453	4.690	4.884	5.049	5.192	5.318	5.431
14	3.033	3.701	4.111	4.407	4.639	4.829	4.990	5.130	5.253	5.364
15	3.014	3.673	4.076	4.367	4.595	4.782	4.940	5.077	5.198	5.306
16	2.998	3.649	4.046	4.333	4.557	4.741	4.896	5.031	5.150	5.256
17	2.984	3.628	4.020	4.303	4.524	4.705	4.858	4.991	5.108	5.212
18	2.971	3.609	3.997	4.276	4.494	4.673	4.824	4.955	5.071	5.173
19	2.960	3.593	3.977	4.253	4.468	4.645	4.794	4.924	5.037	5.139
20	2.950	3.578	3.958	4.232	4.445	4.620	4.768	4.895	5.008	5.108
30	2.888	3.486	3.845	4.102	4.301	4.464	4.601	4.720	4.824	4.917
40	2.858	3.442	3.791	4.039	4.232	4.388	4.521	4.634	4.735	4.824
60	2.829	3.399	3.737	3.977	4.163	4.314	4.441	4.550	4.646	4.732
120	2.800	3.356	3.685	3.917	4.096	4.241	4.363	4.468	4.560	4.641

a：因子の水準数，n：水準内の繰返し数．

付表9　Q表（スチューデント化された範囲）　α = 0.01

$a(n-1)$	a									
	2	3	4	5	6	7	8	9	10	11
5	5.7023	6.9757	7.8042	8.4215	8.9131	9.3209	9.6687	9.9715	10.2393	10.4791
6	5.2431	6.3305	7.0333	7.5560	7.9723	8.3177	8.6125	8.8693	9.0966	9.3003
7	4.9490	5.9193	6.5424	7.0050	7.3730	7.6784	7.9390	8.1662	8.3674	8.5477
8	4.7452	5.6354	6.2038	6.6248	6.9594	7.2369	7.4738	7.6803	7.8632	8.0272
9	4.5960	5.4280	5.9567	6.3473	6.6574	6.9145	7.1339	7.3251	7.4945	7.6463
10	4.4820	5.2702	5.7686	6.1361	6.4275	6.6690	6.8749	7.0544	7.2133	7.3559
11	4.3923	5.1460	5.6208	5.9701	6.2468	6.4759	6.6713	6.8414	6.9921	7.1272
12	4.3198	5.0459	5.5016	5.8363	6.1011	6.3202	6.5069	6.6696	6.8136	6.9426
13	4.2600	4.9635	5.4036	5.7262	5.9812	6.1920	6.3717	6.5280	6.6664	6.7905
14	4.2099	4.8945	5.3215	5.6340	5.8808	6.0847	6.2583	6.4095	6.5432	6.6631
15	4.1673	4.8359	5.2518	5.5558	5.7956	5.9936	6.1621	6.3087	6.4384	6.5547
16	4.1306	4.7855	5.1919	5.4885	5.7223	5.9152	6.0793	6.2221	6.3483	6.4615
17	4.0987	4.7418	5.1399	5.4301	5.6586	5.8471	6.0074	6.1468	6.2700	6.3804
18	4.0707	4.7034	5.0942	5.3788	5.6028	5.7874	5.9443	6.0807	6.2013	6.3093
19	4.0460	4.6694	5.0539	5.3336	5.5535	5.7346	5.8886	6.0223	6.1406	6.2465
20	4.0239	4.6392	5.0180	5.2933	5.5095	5.6876	5.8389	5.9703	6.0865	6.1905
30	3.8891	4.4549	4.7992	5.0476	5.2418	5.4012	5.5361	5.6531	5.7563	5.8485
40	3.8247	4.3672	4.6951	4.9308	5.1145	5.2648	5.3920	5.5020	5.5989	5.6855
60	3.7622	4.2822	4.5944	4.8178	4.9913	5.1330	5.2525	5.3558	5.4466	5.5276
120	3.7016	4.1999	4.4970	4.7085	4.8722	5.0055	5.1176	5.2143	5.2992	5.3748

a：因子の水準数，n：水準内の繰返し数．

索　引

アルファベット

Cook の距離	151
csv 形式	140
DNA チップ	167
F 検定	35, 44, 72
F 比	72
F 分布	34
F_1 世代	105, 183
F_2 世代	105, 184
k-平均法	172
Logistic モデル	158
R	137
R の関数	139
SAS	155
Type I の平方和	154
Type III の平方和	154
t 検定	36, 42
t 分布	35
T 変換	35
UPGMA 法	170
Z 変換	27
χ^2 検定	34, 103
χ^2 分布	32

あ

赤池の情報量基準	150
アロメトリー式	156

い

イエーツの補正	109
育種価	174
1 因子分散分析	68
一元配置分散分析	68
一次従属	154
一次独立	154
一様分布	142
一様乱数	54, 145
一峰性	8
遺伝子型値	172
遺伝子座	106, 173
遺伝子発現	167
遺伝相関	185
遺伝的改良量	177
遺伝分散	175
遺伝率	176
異分散	45
因子	68
因子負荷量	164

う

ウィルコクソンの順位和検定	130
ウィルコクソンの符号付順位検定	127
上側確率	27
ウェルチの t 検定	45

え

エピスタシス効果	174
エピスタシス分散	176
エピスタシス偏差	174
円グラフ	5
演算子	138, 141

お

横断的成長	157
応答変数	95
重み付け値	187
親子回帰	179

か

回帰	91
回帰係数	95
回帰診断	151
回帰直線	95
回帰定数	95
階級	3
階数	154
階層的クラスター分析	172
外挿法	101
ガウス分布	24
確率関数	29
確率分布	23
確率分布関数	142
確率変数	23
確率密度関数	142
過誤	41
仮説検定	20, 39

片側検定	42
傾き	95
環境効果	173
環境相関	185
環境分散	175
環境偏差	173
関数	141, 142
間接選抜反応	186
緩尖	13
完全無作為化法	61
観測度数	103
官能検査	130
ガンマ分布	142

き

幾何平均	7, 8
棄却域	40
棄却限界値	41
危険率	41
擬似相関	101
擬似乱数	54
期待値	17
期待度数	103
帰無仮説	39
逆行列	147, 154
級間平均平方	72
級間変動	68
急尖	13
級内相関	181
級内平均平方	72
級内変動	68
狭義の遺伝率	176
きょうだい間の相関	180
共通環境効果	182
行列	142, 147
行列式	154
局所管理	60
寄与率	99, 148, 163
近交系	20

く

偶然誤差	59
区間推定	20, 49
クラスター分析	166

索　引

群平均法	170

け

計数値	1
系統誤差	59
系統樹	166
計量値	1
決定係数	99, 148
検出力	41, 59
ケンドールの順位相関係数	133
検量線	13

こ

広義の遺伝率	176
交互作用	77, 81, 84, 154
交絡	60
誤差の正規性	73
誤差の等分散性	73
誤差の独立性	73
誤差の不偏性	73
誤差変動	68
個成長	157
固定因子	78
固定効果	78
固有値	150, 162
固有ベクトル	162
固有方程式	162
コルモゴロフ・スミルノフ検定	121

さ

最遠隣法	170
最近隣法	170
最小二乗推定値	96, 154, 155
最小二乗分散分析	151
最小二乗法	147
最頻値	7, 8
最尤推定量	19
三元配置分散分析	85
残差	73, 150
算術平均	7
散布図	144

し

シェフェの方法	75
シグモイドカーブ	5
自然選択	176
視聴率	118
実現遺伝率	178
実験計画法	59
実験配置	59
質的形質	172
四分位偏差	122
ジャック・ベラ検定	43, 121
シャピロ・ウィルク検定	121
重回帰	97
重回帰式	147
重回帰分析	147
修正項	74
重相関係数	99
従属変数	95
縦断的成長	157
自由度	32
自由度調整済み寄与率	150
樹形図	171
主効果	68
主成分分析	160
順位相関係数	133
順位データ	2
順位和	127
順繰り選抜法	187
純系	105
順序データ	2
情報量基準	150, 159
食味試験	104
人為選択	176
信頼区間	50, 114
信頼限界	50, 114

す

水準	68
水準平均	69
推定誤差	99
推定値	16
推定量	16
ステューデント化された範囲の分布	75
スピアマンの順位相関係数	133

せ

正規 Q-Q プロット	151
正規性の検定	121
正規分布	12, 24
正規方程式	147
正規乱数	142
正則な行列	154
生存率	108
成長曲線	157
成長モデル	157
正方行列	154
積率相関係数	92
切断型選抜	177
切片	95
説明変数	95
全きょうだい	180
線グラフ	5
線形	158
線形性	73
線形モデル	147
全数調査	15
尖度	12
選抜	176
選抜強度	177
選抜差	177
選抜指数法	187
選抜の正確度	178
選抜反応	177
選抜率	178
全平均	73, 152

そ

相加的遺伝子型値	174
相加的遺伝子効果	174
相加的遺伝分散	176
相加的血縁係数	182
相関	91
相関係数	91
相関反応	186
総合育種価	188
総合遺伝子型値	188
相互作用	174
相乗平均	9
相対的経済価値	188
相対頻度	3
総平均	69
層別抽出法	16
総変動	68

索 引

た

タイ	127
第1四分位数	8, 122
第1主成分	163
第1主成分得点	163
第一種の過誤	41
第3四分位数	8, 122
大数の法則	117
第2四分位数	8, 122
第二種の過誤	41
代表値	7
対立遺伝子	174
対立仮説	40
多項式回帰	97
多重共線性	150
多重比較	68
多重比較検定	75
ダミー変数	152
単位行列	162

ち

中位数	8
中央値	7, 8, 122
中間親	180
中心極限定理	24
中尖	12
調和平均	7, 9
直接選抜反応	186
直交	163

つ

つり合い型データ	78

て

定誤差	59
適合度検定	103
データフレーム	138
テューキーのHSD法	75
点推定	20, 49
転置	147
デンドログラム	171

と

統計的推測	15
統計量	6

等分散	42, 44
等分散の検定	44
特異行列	154
独立	17
独立性の検定	108
独立淘汰水準法	187
独立の法則	105
独立変数	95
度数分布	3
度数分布表	3
トレース	163

な

内挿法	101

に

2因子分散分析	77
二元配置分散分析	77
2項	2
二項分布	29
2値	1
二値変数	152
二峰性	8

の

ノンパラメトリック検定	121

は

バイオインフォマティクス	166
はずれ値	8
パーセンタイル	8, 122
発芽率	114
半きょうだい	180
反復	60

ひ

ピアソンの積率相関係数	92
非階層的クラスター分析	172
ヒストグラム	4, 143
非線形	158
非線形成長曲線	157
非相加的遺伝子型値	175
表型分散	175
表現型相関	185
表現型値	172
表現型分散	175

標準化	27
標準誤差	10, 11
標準正規分布	26
標準偏回帰係数	150
標準偏差	10, 11
標準方格	64
標本	15
標本抽出	15
標本分散	10, 18
標本分布	31
標本平均	16
頻度分布	3

ふ

フィッシャーのPLSD	75
フィッシャーの3原則	60
副次級	77
符号検定	123
不つり合い型データ	78, 152
不偏共分散	93
不偏推定量	11, 17
不偏性	17
不偏分散	11, 18
ブロック	60
ブロック因子	86
分割表	108
分散	10
分散比	44, 72
分散分析	67
分散分析表	72
分布関数	25
分離世代	184

へ

平均	6, 7
平均成長	157
平均平方	10, 71
平衡状態	5
平方和の加法性	71, 85
ベクトル	138, 147
ベータ分布	142
ヘテロ接合体	184
偏回帰係数	147
変曲点	25
偏差値	27
偏差平方和	10

索 引

変数 23
変数選択法 151
変数名 139
偏相関係数 101
変動 68
変動因 68
変動係数 10, 11
変量因子 78
変量効果 78

ほ

ポアソン分布 29
棒グラフ 4
補外法 101
補間法 45, 101
母集団 15
母数 16
母数因子 78
母数効果 78
母性効果 182
母比率 114
母比率の検定 116
母分散 16, 18
母平均 16
ホモ接合体 183
ポリジーン 172

ま

マイクロアレイ 167
マハラノビスの汎距離 168

み

密度関数 25

む

無限母集団 15
無作為化 60
無作為抽出 16

め

名目データ 1
メディアン 8
メンデル遺伝の分離比 105

も

モデルの適合度 159
モード 8

ゆ

有意 40
有意水準 40, 72
有限母集団 15
優性 105
優性効果 174
優性分散 176
優性偏差 174
ユークリッド距離 168

よ

要因 68
要素 138

ら

ラグランジュの未定乗数 162
ラテン方格法 63
乱塊法 62

乱序数 62
乱数 3
乱数列 54
ランダム誤差 59

り

罹患率 116
離散確率変数 28
離散データ 2
両側検定 42
量的遺伝学 174
量的形質 172
理論度数 103

る

類似度 168
累積寄与率 164
累積相対頻度 3
累積度数 3

れ

劣性 105
連鎖 106
連続確率変数 28
連続性の補正 126
連続データ 2

わ

歪度 12

編著者略歴

向井　文雄（むかい　ふみお）
1949 年　大阪府生まれ
1975 年　京都大学大学院農学研究科博士課程退学
現　　在　(公社)全国和牛登録協会会長
　　　　　神戸大学名誉教授
専　　門　応用動物遺伝学(家畜育種学)，量的遺伝学
農学博士

基礎生物学テキストシリーズ9　**生物統計学**

第1版　第1刷　2011年3月10日	編　著　者　向井　文雄
第10刷　2024年9月10日	発　行　者　曽根　良介
	発　行　所　㈱化学同人

検印廃止

JCOPY 〈出版者著作権管理機構委託出版物〉

本書の無断複写は著作権法上での例外を除き禁じられています．複写される場合は，そのつど事前に，出版者著作権管理機構（電話 03-5244-5088，FAX 03-5244-5089，e-mail: info@jcopy.or.jp）の許諾を得てください．

本書のコピー，スキャン，デジタル化などの無断複製は著作権法上での例外を除き禁じられています．本書を代行業者などの第三者に依頼してスキャンやデジタル化することは，たとえ個人や家庭内の利用でも著作権法違反です．

〒600-8074　京都市下京区仏光寺通柳馬場西入ル
編　集　部　Tel 075-352-3711　FAX 075-352-0371
企画販売部　Tel 075-352-3373　FAX 075-351-8301
　　　　　　振　替　01010-7-5702
e-mail　webmaster@kagakudojin.co.jp
URL　http://www.kagakudojin.co.jp

印刷・製本　㈱太洋社

Printed in Japan　© Fumio Mukai *et al.*　2011　無断転載・複製を禁ず　ISBN978-4-7598-1109-4
乱丁・落丁本は送料小社負担にてお取りかえいたします．